BIBLIOTHEQUE

DES

PHILOSOPHES

CHIMIQUES.

NOUVELLE EDITION.

BIBLIOTHEQUE

DES

PHILOSOPHES

CHIMIQUES.

NOUVELLE EDITION;

Revûë, corrigée & augmentée de plufieurs Philofophes, avec des Figures & des Notes pour faciliter l'intelligence de leur Doctrine.

Par Monfieur J. M. D. R.

TOME I.

A PARIS.

Chez ANDRÉ CAILLEAU, Place de Sorbonne, au coin de la ruë des Maçons, à S. André.

M. DCC. XL.

Avec Approbation & Privilége du Roi.

TRAITÉS

CONTENUS

Dans ce premier Volume.

AVERTISSEMENT.

LES Amateurs de la Science Hermétique ne pouvant raſſembler chacun en particulier les Ecrits des meilleurs Auteurs qui en ont traité, à cauſe que les Editions, qui en ont été faites ſéparément, & en différens temps, ſe trouvent maintenant diſperſées dans nos Provinces & chez les Etrangers, & que les Exemplaires en étant devenus fort rares & très-chers, on a cru qu'on leur épargneroit des ſoins & de la dépenſe, en ajoûtant, dans une nouvelle Edition, aux Adeptes, que M. Salomon a inſérez dans ſa *Bibliothéque des Philoſophes-Chimiques*, ceux auxquels il auroit pû y donner place, ſi ſa ſanté lui avoit permis de la continuer. Ce ſçavant Médecin, dans ſa Préface en deux Parties, a ſi bien parlé dans la prémiére de la vérité de la Science Hermétique, & dans la ſeconde, de l'obſcurité des Philoſophes qui en

Tome I.

ont écrit, qu'on n'a pas jugé à propos de la fupprimer, pour en donner une nouvelle, dans laquelle on n'auroit pû dire que ce qu'il a dit lui-même avec beaucoup d'érudition. On en a feulement retranché quelques particularités, qui ne font point effentielles, non plus que fes Leçons Latines, lefquelles enfemble n'auroient fervi, dans cette Edition, qu'à en multiplier les Volumes, & en augmenter inutilement le prix. On ne s'eft pas, non plus que lui, attaché à placer ici précifément les Philofophes dans l'ordre des temps où ils ont écrit, parce qu'outre qu'il ne feroit pas aifé d'en fixer les Epoques, la peine qu'on prendroit pour le faire, feroit inutile ; cependant nous avons obfervé une efpéce de Chronologie, afin de diftinguer les Anciens d'avec les Modernes. A l'égard des Interprétations qu'il a données fur le fond de cette Science, on les a placées dans le Corps de l'Ouvrage, pour difpenser le Lecteur d'y avoir recours par *Renvoi* à la fin de chaque Traité, & on y a mis son nom pour les distinguer des autres, qu'on a parsemées dans les endroits les plus obscurs de ces Traités, pour aider ceux qui commencent à étudier les Philosophes à comprendre plus facilement le sens de leurs Ecrits, principalement leurs Paraboles & leurs Enigmes, qui pourroient les dégoûter d'une Etude ennuyeuse, au lieu de les encourager à démêler le vrai de leur Doctrine d'avec le faux, dont ils l'enveloppent, pour en cacher la connoissance aux Studieux, qui, pour ainsi dire, ne sont pas prédestinez pour en avoir l'intelligence ; car, selon ces Philosophes, cette connoissance est un Don de Dieu, qu'il n'accorde qu'à ces Sages désintéressez, qui ne veulent, par leur Art, imiter la Nature dans les Opérations, que pour employer en Oeuvres de Miséricorde le fruit de leurs travaux, & non pas à ces

Hommes avides, qui ne voudroient
transmuer les Métaux que pour satisfaire leur volupté & leur ambition. Pour donner encore du courage à ces Enfans d'Hermès, & leur
ôter le dégoût d'étudier dans quelques-uns de ces mêmes Traités,
dont les Traductions anciennes auroient pû aussi leur paroître d'un
Stile embarassant & grossier, on les
a remises dans un Langage plus intelligible, & moins désagréable.
Mais en lisant les Philosophes, il faut
prendre gârde que s'ils s'accordent
sur le Principe essentiel de leur Mercure, ils diffèrent sur ses) Principes
matériels, ce qui cause d'abord de
la confusion dans l'esprit de ceux
qui ne sont pas encore familiers
avec eux, & les jette dans le doute
d'une véritable Concordance, jusqu'à ce qu'étant devenus plus éclairez par une lecture assiduë, ils par-
viennent à connoître ces derniers
Principes, & à concevoir l'usage
différent que ces Philosophes en

ont fait. Pour faire leur grand Oeuvre, les uns se font fervi du Mercure vulgaire, rendu homogéne à
l'Or, par la voie que Géber enfeigne dans fa *Somme de la Perfection*:
Les autres, en fuivant la Doctrine
du Trévifan, on fait un Mercure
double, plus actif que le prémier,
en fe fervant de celui-ci, comme
de *Moyen*, pour extraire d'un Minéral, non encore mûr, un Mer-
cûre Principe des Métaux, avec
lequel ce Mercure vulgaire, rendu
homogéne, s'incorpore par l'entre-
mife des Colombes de Diane, qui,
en abforbant leurs Soufres arféni-
caux, favorifent cette incorporation: Et pour animer encore davantage ce Mercure double, d'autres, comme Bafile Valentin, y ont
ajoûté de l'Or, préparé philofophi-
quement, & ont tiré de ce Compofé une Eau Mercurielle, pondé-
reufe & pénétrante, qui diffout fans
violence les Métaux parfaits, & les
remet en leur prémiére Matiére. On

* iij

verra en quelque façon, dans les Eclairciſſemens que nous donnerons ſur le Coſmopolite & ſur Philaléthe, la maniére de procéder pour acquérir ce double Mercure animé, dont les Philoſophes ont parlé avec tant de réſerve, qu'on auroit eu de la peine à en découvrir la Compoſition, ſi les eſpéces de Diſputes, qui ſe ſont élevées entre quelques Philoſophes Modernes, n'avoient donné lieu à pénétrer dans leur Secret le plus caché. Un de ceux-ci a beaucoup contribué au développement de ce Miſtére, par les Ecrits qu'il a publiez contre le dernier Adepte que nous venons de nommer, & s'il en avoit uſé à ſon égard avec plus de modération, nous ſerions moins en état de bien faire entendre ce Philoſophe, que nous placerons dans le ſixiéme Volume de cette Bibliothéque. Ces différens Mercures s'acquierent par deux voies, l'une *humide* & l'autre *ſéche*. Le Mercure, ac-

quis par la voie humide, moüille les
mains ; celui, qui s'acquiert par la
voie féche, ne les moüille point,
& la plûpart des Philofophes fem-
blent préférer la prémiére voie à la
feconde. Il y a un autre Mercure,
plus précieux, que les trois dont
nous venons de parler ; on en pren-
dra quelque connoiffance dans cette
nouvelle Bibliothéque. Artéphius
& le Cofmopolite en laiffent entre-
voir quelque chofe dans leurs Ouvrages ; & le Commentateur du
Poëme intitulé, *La Lumiere fortant
par foi-même des Ténébres*, s'en explique affez clairement, en difant
que la Nature ayant exercé fur l'Or
fon action dans toute fon étenduë,
il feroit très-difficile, & prefqu'impoffible de travailler fur lui, à moins
que d'avoir cette Eau éthérée, le
Ciel des Philofophes, & leur vrai
Diffolvant. Mais, pour ne pas amu-
fer plus long-temps les jeunes Amateurs de la Science, nous les ren-
voyons à la Préface fuivante, par

la lecture de laquelle ils se formeront de la Philosophie Hermétique une idée plus juste que nous ne la leur donnerions par un Discours plus étendu : Nous leur recommandons seulement de ne point oublier de prier Dieu de leur inspirer par son Saint Esprit, l'intelligence de ce qu'ils trouveront de difficile à entendre dans les Livres des Philosophes, & de se souvenir dans leurs Priéres de celui qui a fait ce qu'il a pû pour leur éclaircir des difficultés, qui auroient retardé le progrès de leurs Etudes ; c'est ce qu'il attend de leur pieté pour la récompense de son zèle & de son Travail.

PREFACE.

des Préfentes. A ces CAUSES, voulant traiter favorablement ledit Expofant, Nous lui avons
permis & permettons par ces Préfentes, de faire
imprimer lefdits Livres ci-deffus fpecifiés, en
un ou plufieurs Volumes, conjointement ou
féparément, & autant de fois que bon lui femblera, fur bon papier & caracteres, conformes à
ladite feuille imprimée & attachée fous le contre-
fcel, & de les vendre, faire vendre & débiter
par tout notre Royaume pendant le tems de
fix années confecutives, à compter du jour
de la datte defdites Préfentes. Faifons défenfes
à toutes fortes de perfonnes de quelque qualité
& condition qu'elles foient, d'en introduire
d'impreffion étrangere dans aucun lieu de notre
obéiffance; comme auffi à tous Libraires,
Imprimeurs & autres, d'imprimer, faire imprimer, vendre, faire vendre, débiter ni con-
trefaire lefdits Livres ci-deffus expofez, en tout
ni en partie, ni d'en faire aucuns Extraits fous
quelque prétexte que ce foit d'augmentation,
correction, changement de titre ou autrement,
fans la permiffion expreffe & par écrit dudit
Expofant, ou de ceux qui auront droit de lui,
à peine de confifcation des Exemplaires con-
trefaits, de trois mille livres d'amende contre
chacun des contrevenans, dont un tiers à Nous,
un tiers à l'Hôtel-Dieu de Paris, l'autre tiers
audit Expofant, & de tous dépens, dommages
& intérêts. A la charge que ces Préfentes feront enregiftrées tout au long fur le Regiftre de
la Communauté des Libraires & Imprimeurs
de Paris dans trois mois de la datte d'icelles.
Que l'Impreffion de ces Livres fera faite dans
notre Royaume & non ailleurs, & que l'Im-
trant fe conformera en tout aux Reglemens de
la Librairie, & notamment à celui du dixié
Avril mil fept cens vingt-cinq; & qu'avant q

de les expoſer en vente, les Manuſcrits ou im-
primés qui auront ſervi de copie à l'impreſſion
deſdits Livres ſeront remis dans le même é-
tat où l'Approbation y aura été donnée, ès
mains de notre très-cher & féal Chevalier le
Sieur Chauvelin, Garde des Seaux de France,
& Commandeur de nos Ordres, & qu'il en ſera
enſuite remis deux Exemplaires de chacun dans
notre Bibliotheque publique, un dans celle de
notre Château du Louvre, & un dans celle de
notredit très-cher & féal Chevalier, Garde des
Seaux de France, le Sieur Chauvelin, Commandeur de nos Ordres, le tout à peine de
nullité des Préſentes ; du contenu deſquelles
vous mandons & enjoignons de faire joüir
l'Expoſant, ou ſes ayans cauſe, pleinement &
paiſiblement, ſans ſouffrir qu'il leur ſoit fait aucun trouble ni empêchement: Voulons que la
Copie deſdites Préſentes qui ſera imprimée
tout au long au commencement ou à la fin deſdits
Livres, foi ſoit ajoutée comme à l'Original.
Commandons au premier notre Huiſſier ou Ser-
gent, de faire pour l'exécution d'icelles, tous
Actes requis & néceſſaires, ſans demander autre
permiſſion, & nonobſtant Clameur de Haro,
Charte Normande, & Lettres à ce contraire:
Car tel eſt notre plaiſir. Donne' à Paris le
vingt-troiſiéme jour de Novembre, l'an de grace
mil ſept cens trente-ſix, & de notre Regne le
vingt-deuxiéme. Par le Roy en ſon Conſeil.

SAINSON.

*Regiſtré ſur le Regiſtre IX. de la Chambre Royale
des Libraires & Imprimeurs de Paris, N°. 387.
fol. 346. conformément aux anciens Reglemens,
confirmés par celui du 18 Février 1723. A Paris
le 10 Décembre 1736.*

G. MARTIN, Syndic.

PREFACE.

PREMIE'RE PARTIE.

De la vérité de la Science.

LE deſſein que j'ai de donner au Public en notre Langue un Recueil des Oeuvres choiſies des Philoſophes, ou des Auteurs les plus approuvez, qui depuis Hermès Triſmégiſte juſqu'à préſent ont écrit de la Tranſmutation des Métaux imparfaits en Argent & en Or; ou, pour parler plus proprement, de leur Perfection, par le moyen de la Poudre de projection, qu'on appelle autrement la Pierre Philoſophale; m'oblige, avant toutes choſes, d'établir la vérité de la Science, ou de l'Art, qui enſeigne à faire cette Tranſmutation, & d'en faire voir la poſſibilité.

Car ſi ce n'eſt qu'un pur caprice de l'imagination des Hommes, comme la plus part en ſont perſuadez, & de ceux-là même qui paroiſſent les plus ſenſez & qui ſont dailleurs très-habiles dans les autres Sciences; Si ce n'eſt qu'une tromperie inventée par des Impoſteurs, pour abuſer par l'espérance d'un bien immense les Avares & les Simples, comme il ne s'en voit tous les jours que trop d'exemples : Si ce n'est du moins que l'Ouvrage de l'ambition de l'Esprit humain, qui veut s'élever avec empire au dessus du pouvoir de la Nature ; qui se flate qu'il est plus industrieux que cette sage Mére ; qu'en une ou deux années il fera l'Or qui est son Chef-d'œuvre, & à la production de qui elle employe plusieurs siécles ; qu'il peut par son artifice faire les Perles & les Pierreries, qu'un Ancien appelle *tout le Recueil & le Racourci de la Majesté de la Nature* ; qu'il prolongera la durée de sa vie, & l'étendra au-de-là des bornes ordinaires : Si l'Art de la Chimie, qui doit produire un si merveilleux effet, n'est ni véritable ni possible : Enfin si la Pierre Philosophiale n'est qu'une *Pierre d'achopement & de scandale*, qui ruine & des-honore tous ceux qui la cherchent : Il est certain qu'on feroit un très-grand mal de faire revivre des Livres si pernicieux, puisque, par la publication de ce Traités, au lieu de rendre service au Public, (qui est la fin qu'on se doit proposer en ces sortes de choses) ce seroit causer un très-grand préjudice à tout le Monde, & encore principalement à ceux de notre Nation, que de les engager par ces Livres dans une erreur, qui sans cela feroit inconnuë à la plûpart dentr'eux ; & de les obliger, par l'efpérance d'un bien imaginaire, à s'appliquer à la recherche d'une Chimére, parce qu'ils y employe- roient inutilemént leur temps, y dépenfe- roient mal-heureufement leurs biens, & ne recueilleroient enfin de tout leur travail & de leur dépenfe, que de la fumée & de l'infamie.

Mais au contraire, fi ce que ces Au- teurs enfeignent eft effectivement poffible & véritable : S'il eft vrai que Dieu ait per- mis que les Hommes pûffent en cela imiter la Nature, & l'obliger à faire un effort au de-là de fes Productions ordinaires, en l'aydant par leur induftrie : S'il eft vrai que l'on puiffe faire la Pierre Philofophale, & par le moyen d'un peu de fa Poudre chan- ger en moins d'une heure les Métaux im- parfaits en Argent & en Or : S'il eft vrai que par fon moyen l'on puiffe faire les Perles & les Pierreries les plus précieufes : Et fi cet Elixir, qui fait un effet fi fur- prenant fur les Métaux imparfaits, en les dépoüillant de leur impureté, a la même vertu, & agît avec la même efficace fur tout ce qui eft d'impur dans nos humeurs: S'il fait le même miracle fur les maladies des Hommes les plus défefpérées : Si cette admirable Médecine a le pouvoir de prolonger la vie, & de conferver nos corps dans une santé parfaite ; ainsi que tous les Philosophes l'assurent : Il faut nécessairement avoüer qu'on ne sçauroit servir plus utilement le Public qu'en lui donnant des Maîtres qui lui apprennent une Science si merveilleuse, & qu'on ne sçauroit trop soigneusement recueillir les paroles & les préceptes des véritables Philosophes, ni rechercher avec trop d'empressement les Livres de ces grands Hommes, puisque ce sont les seuls qui peuvent nous apprendre le moyen d'acquérir un si rare trésor, qui nous donne tout à la fois la possession légitime des Richesses, & une santé assurée, sans laquelle les Biens nous seroient inutiles ; & la vie même, qui est le plus grand de tous les Biens, seroit un supplice perpétuel.

Car quoi que tous les Philosophes retenus, comme ils disent, par la crainte de Dieu, ayent tous écrit fort obscurément, pour ne pas profaner & rendre publique une chose si précieuse, & qui, si elle étoit commune, causeroit un désordre & un bouleversement prodigieux dans la Société humaine. Quoi que, comme ils disent, ils n'ayent écrit que pour les Enfans de la Science, c'est-à-dire pour ceux qui sont initiez dans leurs mistéres, & que par cette raison il soit fort difficile aux Apprentifs d'entendre & de déchiffrer leurs

Livres, qu'ils ont à deſſein embaraſſé d'E-
nigmes, & rempli de contradictions: Quoi
qu'il paroiſſe d'abord preſqu'impoſſible de
pouvoir, par la lecture de leurs Ecrits ſi
embroüillez, développer un ſi grand Sécret; de choiſir la réalité parmi tant de
ſophiſtications, & de reconnoître la vérité parmi tant de menſonges qui s'y rencontrent : Quoi qu'enfin ce ne ſoit principalement que du Pére des Lumiéres que
nous devons eſpérer la révélation d'un ſi
grand miſtére : Il eſt pourtant très-aſſuré,
que ſi Dieu, ou quelque Ami, ne nous le
révéle, ce n'eſt que parmi toutes ces contradictions & ces menſonges apparents que
nous trouverons la vérité. Nous ne pouvons voir la Lumiére que parmi ces Obſcurités & ces Enigmes : Ce n'eſt que parmi ces Epines que cuillerons cette Roſe
miſtérieuſe : Nous ne ſçaurions entrer dans
les riches Jardins des Heſpérides pour y
voir ce bel Arbre d'Or, & en cueillir les
fruits ſi précieux, qu'après avoir deffait
le Dragon qui veille toujours & qui en
deffend l'entrée : Et nous ne pouvons enfin aller à la conquête de cette Toiſon
d'Or que par les agitations & par les é-
cueils de cette Mer inconnuë, qu'en paſ-
ſant entre ces Rochers qui ſe choquent &
ſe combattent, & après avoir ſurmonté les
Monſtres épouvantables qui la gardent.

Et en effet, tous ceux qui ont ſçû & qui ont appris d'eux mêmes la Pierre Philoſophale, & qui, dans leurs Livres, ont écrit de quelle maniéré ils ſont parvenus à cette Connoiſſance, avoüent qu'après avoir long-temps travaillé en vain aux Sophiſtications, & fait un grand nombre d'Eſſais & d'Opérations inutiles ſur de différentes Matiéres, c'eſt enfin par la ſeule lecture des Oeuvres des véritables Philoſophes qu'ils ſe ſont détrompez de leurs erreurs. Ils confeſſent tous que c'eſt dan? leurs Livres qu'ils ont appris à connoître la véritable Matiére, & la ſeule maniére de la préparer ; en quoi conſiſte tout le ſécret & tout l'artifice. Et ils diſent que c'eſt par leurs Ecrits ſeulement qu'ils ont été inſtruits des Operations & du Régime qui ſont néceſſaires pour y réuſſir.

Mais parce que, comme il a dèja été dit, ces Livres, qui par la Science extraordinaire qu'ils enſeignent, devoient être ſi eſtimez & ſi recherchez, ſi elle eſt véritable ; ſeroient au contraire très-pernicieux & très-préjudiciables, ſi cette même Science eſt fauſſe & imaginaire. Pour donner de la créance à l'autorité des Philoſophes & du crédit à leurs Livres, il faut néceſſairement faire voir que la Tranſmutation & la Pierre Philoſophale, qu'ils enſeignent, eſt véritable & poſſible.

Pour le faire avec quelque ordre, parce qu'il faut prémiérement demeurer d'accord de ce que l'on veut établir : Je com-
mencerai par la Défination de l'Art de la
Chimie, qui enseigne à faire la Transmutation : puis je donnerai l'idée de son Effet
par la description éxacte que je serai de la
Pierre Philosophale ; qui est la chose en
question. Et ensuite, j'en prouverai la
possibilité par les deux moyens dont on a
acccoûtumé de prouver une vérité contestée, qui sont l'Autorité & la Raison. Et
parce qu'il s'agit ici d'une Question de
fait, j'y ajoûterai l'Expérience, qui suffiroit toute seule pour établir cette vérité,
étant en ces sortes de matiéres la preuve
la plus assurée & la plus convaincante. Et
quoi que sans doute je sois le moins éclai-
ré de tous ceux qui ont écrit pour la dé-
fense de cette vérité, j'espére néanmoins,
quelque décriée qu'elle soit, d'en faire si
bien voir l'évidence & la certitude, que
je me promets que ceux qui voudront se
donner la peine d'éxaminer sans passion &
sans préoccupation d'esprit, les preuves
que je rapporterai pour l'établir, s'ils ne
sont entiérement convaincus de la vérité
de la Pierre Philosophale, ils seront du
moins persuadez que ce n'est pas une imposture, comme la plûpart qui jugent des
choses sans les connoître, se l'imaginent,

& que si elle est fort difficile à faire, il n'est pas pour cela impossible d'y réüssir.

Je ne m'arrêterois pas d'abord à expli-quer le nom de Chimie ni à en chercher l'éthimologie ; mais parce que nous ne connoissons & ne parlons des choses que par leur nom, & qu'ainsi, il faut avoir la connoissance des noms auparavant que de connoître les choses ; Je dirai seulement en passant, qu'il y a plus d'apparence que ce mot de Chimie vient de celui de *Che-mia*, qui est le nom que les Prêtres an-ciens donnoient à l'Egypte dans la Lan-gue sacrée & mystérieuse de leur Religion, au rapport de Plutarque que du mot χύειν, qui veut dire fondre, ni de celui de χυμὸς, qui signifie suc ou liqueur, parce que c'est l'Art de Chimie qui a appris à fondre les Métaux & à tirer & distiller les liqueurs des Corps mixtes, ce qui est cause qu'on l'appelle quelquefois *Art distillatoire*, & les Chimistes *Distillateurs*. Si bien que ce mot *Chémie*, ou, pour parler comme le vulgaire, *Chimie* ou *Alchimie*, en y ajoû-tant l'article Arabe, *Al*, signifie propre-ment l'Art ou la Science d'Egypte, où vrai-semblablement elle a commencé, puis-qu'Hermès, que les Philosophes recon-noissent pour en être l'Auteur, & que pour cette raison ils appellent leur Pére, en étoit Roi, au rapport de Cicéron, Grand Prê-

tre & de plus Prophéte ou Philosophe. Ce
qui fut cause qui fut appellé τρισμέγιϛος
Trismegiste ; c'est - à - dire trois fois très-
grand, où parce qu'il avoit les trois plus
grandes & plus excellentes qualités que les
Hommes puissent posséder, parce que,
comme il est dit dans sa Table d'Emeraude, il avoit la connoissance de toutes les
choses de la Nature, c'est-à-dire des Minéraux, des Végétaux & des Animaux.
Et de là vient que les-Philosophes appellent souvent la Chimie l'Art ou la Science
Hermétique, & la maniére avec laquelle
ils scélent leur Vaisseau, le Sceau d'Hermès. De sorte que, pour parler propre-
ment, il faudroit dire Chémie & non pas
Chimie, puisque même Eusébe, Suidas,
Heliodore, & les autres Philosophes l'écri-
vent χημεῖα avec un *éta* & non pas χυμεῖα
avec un *upsilon*. Mais parce que dans le
langage il faut suivre l'usage le plus reçû,
sur tout quand on n'en connoît pas moins
la chose dont il s'agit ; je me sers du mot
de Chimie, qui est le plus connu, & le
plus usité.

On définit la Chimie un Art, ou une
Science pratique, qui enseigne à resoudre les Corps mixtes dans leurs Principes
naturels, & par ce moyen à les rendre
très-purs & très-efficaces, pour servir de
Médecine, ou pour les maladies, ou

pour parfaire les Métaux imparfaits.

Ainsi la Chimie, ayant pour sa fin de faire un Ouvrage qui demeure, & qui subsiste après son action, comme ont tous les Arts, & les Sciences, qu'on appelle pratiques, il se voit par la Définition qu'on vient d'en donner, qu'elle se propose deux diverses fins, & qu'elle se termine à deux Opérations différentes. La prémiére, est de faire des Remédes plus simples & plus épurez, & partant plus efficaces que les Remédes ordinaires, par les Extraits, les Sels & les Essences qu'elle tire de trois Règnes ou Familles de la Nature, qui sont les Minéraux, les Végétaux & les Animaux, dont je parlerai peut-être quelque jour dans un Traité particulier. La seconde, qui est celle dont nous parlons, & qui est sans comparaison plus excellente que l'autre (étant elle-même une Médecine incomparable pour toutes les maladies les plus rebelles) est de faire la Pierre Philosophale, par le moyen de laquelle les Métaux imparfaits sont convertis en Argent & en Or.

On donne plusieurs noms à cette admirable Opération, & à cet Effet prodigieux de la Chimie. Car prémiérement on l'appelle *le grand Oeuvre*, ou à cause de son excellence, ou parce qu'il est fort difficile, ou pour la différence qu'il y a entre ce

Chef-d'œuvre, & les Teintures particuliéres, autrement appellez *Particuliers*, à
quoi s'occupent les Sophiftes. Secondement les Auteurs Grecs lui donnent le
nom de *Poudre de projeftion*, parce que
comme ils le difent, lorfque ce merveilleux Ouvrage eft à fa derniére perfeftion,
ou pour le Blanc ou pour le Rouge (qui
eft lorfqu'il eft Fondant, Pénétrant &
Tingent) il eft véritablement Poudre ,
blanche ou rouge, reduite en très-menuës
parties & en atômes imperceptibles , que
l'on jette fur les Métaux fondus ou fur
le Mercure échauffé , pour en faire la
Tranfmutation. Troifiémement, on la nomme communément *Pierre Philofophale* ,
comme qui diroit une Pierre faite par la
Chimie ou Philofophie ; (Car ces deux
noms ne fignifient fouvent que la même
chofe , fi ce n'eft que le prémier eft plus
général & plus étendu que le fecond ;)
c'eft-à-dire par l'Art ou par la Science fé-
crette & cabaliftique des Sages. Or on
l'appelle Pierre , dit Zachaire , parce que
c'eft une chofe, qui par la cuiffon ou dé-
coftion , eft enfin renduë fixe , & qui ne
s'enfuit point du feu ; les Philofophes
ayant , dit-il , accoûtumé d'appeller Pierre
toutes les chofes que le feu ne peut point
faire évaporer ni fublimer : Ou parce que,
comme difent le Trévifan & la Complain-

te ou Remontrance de Nature, c'eſt un
Moyen digne entre Mercure & Métail.
Comme s'ils vouloient dire que la Pierre
Philoſophale n'eſt pas une choſe coulante
& liquide ainſi que le Mercure vulgaire,
parce que c'eſt une Poudre qui eſt ſolide;
mais auſſi ce n'eſt pas une choſe malléable,
ni qui ſe puiſſe étendre ſous le marteau
comme le Métail, parce qu'elle eſt *fran-
gible* & caſſante comme une pierre, &
qu'elle reſſemble une pierre miſe en poudre; quoi que d'ailleurs elle ſoit fondante
comme de la cire, & qu'elle entre & pénétre par ſon extrême ſubtilité dans le
corps des Métaux quand ils ſont en fuſion.
On l'appelle encore *Magiſtére* du mot
Latin *Magiſterium*, comme ſi l'on diſoit
Maîtriſe ou Chef-d'œuvre. Et enfin *Elixir*, ou pour prononcer comme font les
Arabes, *Aléxir*, qui ſignifie perfection,
& compoſition de l'Or, ou Force.

    Or la Pierre Philoſophale, n'eſt autre
choſe, ſelon les Philoſopes qu'une Poudre blanche ou rouge, compoſée du Mercure des Philoſophes, & du Mercure de
l'Or, unis inſéparablement dans une même Eſſence, que la Nature fait, étant ai-
déc de l'Art, & qu'elle éléve juſqu'au
ſouverain dégré de fixité & de perfection,
qui conſiſte en ce qu'elle eſt fondante &
pénétrante, & qu'elle a une Teinture blan-

che ou rouge sur-abondante, que son Soufre intérieur & incombustible, & la chaleur extérieure lui donnent, par le moyen
dequoi, étant projettée sur l'Argent-vif
échauffé, & sur les Métaux imparfaits,
lorsqu'ils sont en fusion, elle pénétre,
teint & fixe véritablement en Argent ou
en Or leur Mercure, qui est de sa même
nature, & avec lequel elle s'unit & en sépare tout ce qu'ils ont de Soufre impur,
& de crasse terrestre.

Voici de quel maniére les Philosophes
disent que la chose se fait. Le Mercure
des Philosophes (qu'ils appellent la Fémelle) étant joint & amalgamé avec l'Or
(qui est le Mâle) bien pur & en feüilles
ou en limaille, & mis dans l'Oeuf philo-
sophal (qui est un petit Matras fait en
ovale, que l'on doit sceller Hérmétique-
ment, de peur que rien de la Matiére ne
s'éxhale.) On pose cet Oeuf dans une écuelle pleine de cendres, qu'on met dans le
Fourneau, & lors ce Mercure, par la
chaleur de son Soufre intérieur, excité par
le feu que l'Artiste allume au dehors, &
qu'il entretient continuellement dans un
dégré & dans une proportion nécessaire,
ce Mercure, dis-je, dissout l'Or sans violence, & le réduit en atômes, puis en son
Mercure, qui est sa Semence ; ce qu'il
fait, parce qu'il est de même nature que

le Mercure de l'Or, mais un peu plus âcre, n'étant pas si digéré, à raison de quoi les Philosophes, l'appellent leur Eau pontique, & leur Vinaigre très-aigre. Dans cette Opération l'Aigle devore le Lion, le Fixe devient Volatil le Corps Esprit & aussi le Volatil, devient Fixe, & l'Esprit se corporifie. Ainsi la Dissolution de l'un est la Fixation de l'autre. L'Esprit tire l'Ame hors du Corps, & l'Ame unit l'Esprit & le Corps ensemble. Ensuite la Matiére devient comme de la poix fonduë, puis insensiblement d'un Noir très noir. C'est ce que les Philosophes ont appellé *la Tête du Corbeau*, leur *Plomb*, ou *Saturne*, & *les Ténébres Cimmériennes* : & cette couleur marque que la Putréfaction se fait, qui est le *Cahos* & le *Tombeau* d'où l'Esprit doit sortir & glorifier son Corps. Puis la Matiére étant devenuë plus liquide, elle commence à se blanchir, ce qui paroît prémiétement au bord du Vaisseau & en se desséchant peu à peu, elle devient très-blanche & étant lors en petits atômes, c'est la Lune & la Teinture blanche pour l'Argent, l'Huile de Talc, & la Matiére propre pour faire les Perles de la maniére que l'enseigne Raymond Lulle. Il faut alors augmenter un peu le feu, & la Matiére deviendra liquide & volatile, passera par plusieurs Couleurs, dont la Verte sera la prémiére

& principale, & s'étant deſſéchée peu à peu, elle ſe fera Poudre rouge de la couleur de Pavot. C'eſt alors la *Salamandre* qui vit dans le feu, c'eſt-à-dire le *Soufre incombuſtible*, & il ne peut plus de lui même : & étant tout ſeul, être porté ni élevé à une plus haute perfection. Mais en l'imbibant avec le Mercure des Philoſophes, on le multiplie, & à chaque Multiplication qu'on lui donne, on augmente ſa vertu & ſa qualité Tingente, de dix fois autant qu'elle étoit auparavant. De maniére, que ſi un grain de la Poudre de projection, pouvoit (avant qu'elle ſoit multipliée) teindre & perfectionner en Or dix grains de Métail imparfait, après la prémiére Multiplication, ce grain de Poudre teindra & perfectionnera en Or cent grains du même Métail. Et ſi l'on multiplie la Poudre une ſeconde fois, un grain en teindra mille de Métail, & à la troiſiéme fois, dix mille ; à la quatriéme, cent mille ; & ainſi toujours en augmentant juſqu'à l'infini ; ce qui eſt une choſe que l'Eſprit humain ne ſçauroit comprendre.

On augmente tout de même cette Poudre en quantité, en la fermentant avec l'Or de la maniére que Philaléthe & les autres Philoſophes l'enſeignent.

Ainſi, toute la difficulté ne conſiſte qu'à faire, & à préparer le Mercure des Philo-

fophes. Il n'y a que cela feul qu'ils ont
caché, & qu'ils difent qu'il eft impoffible
aux Hommes de pouvoir trouver & s'imaginer d'eux-mêmes, fi Dieu ou un Ami
ne le leur révéle. C'eft leur Enfant qu'i's
forment, non pas en le créant (parce qu'il
n'y a que Dieu qui peut tirer les chofes
du néant, & que l'Art ne travaille que fur
une Matiére qui à dèja été produite pàr la
Nature) mais en le tirant & faifant fortir
des chofes où il eft enfermé. L'Art ne
fçauroit pourtant faire cette admirable production tout feul, il faut néceffairement
qu'il foit fecouru de la Nature, & qu'elle
y travaille, & c'eft elle qui fait la plus
grande partie de l'Ouvrage. Mais fa maniére d'agir dans cette Opération eft inconnuë aux Hommes, quoi qu'ils en ayent
continuellement des éxemples devant les
yeux, parce qu'elle eft trop fimple & trop
naturelle. Et c'eft affurément le *Fourneau
fecret*, dont parle Philaléthe, que jamais
l'œil corporel n'a vû. C'eft à ce Mercure
& à la préparation que l'Artifte lui donne,
que doivent fe rapporter la plûpart des chofes qui nous paroiffent des Enigmes & des
difficultés fi embroüillées dans les Livres
des Philofophes. C'eft ce même Mercure,
qu'ils ont pris plaifir de déguifer fous tant
de différens noms, qu'ils ont appellé *le
Mercure animé, le Mercure double, le
Mercure*

Mercure deux fois né, le Lion & le Ser-
pent Vert, le Dragon igné, le fang du-
quel s'incorpore avec le fuc de la Saturnie
végétable ; c'eſt leur *Eau pontique,* leur
Vinaigre, le Fils & le Lait de la Vierge.
C'eſt dans la production de ce Mercure
que les Philoſophes diſent que nous devons imiter la Nature ; c'eſt-à-dire que
nous devons nous ſervir de la même Matiére dont la Nature ſe ſert pour faire des
Métaux, qui n'eſt autre choſe qu'une Nature Mercurielle, & que nous devons faire
les mêmes Opérations que fait la Nature
dans les Mines ; dont la prémiére eſt *la*
Sublimation, dit Zachaire. C'eſt enfin de
ce Mercure que les Philoſophes aſſurent
qu'on peut de lui ſeul faire l'Oeuvre plus
efficacement, plus facilement & plûtôt,
qu'en le mêlant avec l'Or, & que c'eſt là
leur véritable voye, mais qui eſt rare, &
que Dieu a réſervée pour les Pauvres qui
le craignent. Voilà toute l'œconomie de
cet Ouvrage miſtérieux.

Tous les Philoſophes lui attribuent trois
vertus ou trois uſages. Le prémier, eſt
la *Tranſmutation* ou la perfection du Mercure des Métaux imparfaits en Argent &
en Or, qui ſe fait de la maniére qu'il a
été dit.

Le ſecond, eſt de *guérir les maladies*
qui ſont incurables par les Rémédes ordi-

naires, ce que cette Médecine fait par son extrême subtilité & pureté, étant le Beaume universel & l'Humide radical de la Nature. Van Helmont ne peut croire qu'elle ait cette vertu, à cause qu'étant extrêmement, fixe elle ne peut, dit-il, s'unir à nôtre corps ; & que ceux qui l'ont ne vivent pas plus long-temps. Mais cet Elixir étant fusible & pénétrant, Qui empêche que notre chaleur naturelle n'agisse sur lui? Outre que sa fixité n'est qu'active. Les Philosophes peuvent bien se conserver la vie ; mais ils ne peuvent pas s'immortaliser, & qui sçait s'ils n'en vivent pas plus?

Le troisiéme usage est, Que l'orsqu'elle est au Blanc, on en peut *faire des Perles*, comme l'on en fait des *Rubis* & d'autres *Pierreries*, quand elle est au Rouge parfait ; ainsi que l'enseigne Raimond Lulle.

Quelques Philosophes assurent qu'outre cela cet Elixir peut rendre le *Verre malléable*, c'est-à-dire lui donner la dureté & l'extension de Métail, ce qui seroit d'une grande utilité pour faire des Vaisseaux de verre & de crystal, de toutes maniéres, qu'on ne pourroit assez estimer, s'ils n'étoient point fragiles. Et peut-être que cela même pourroit être d'un grand usage aux Mathématiciens pour tailler des Verres hyperboliques pour leurs Lunettes ; Ce que Monsieur des Cartes a autre-fois tant

souhaité de pouvoir faire , parce que les
Verres taillez de cette figure feroient beaucoup plus d'effet que ceux dont on fe fert
préfentement.

J'ai vû un petit Traité de Buthler, An-
glois, qui lui attribuë encore d'autres vertus, que je ne rapporterai point. Car outre qu'elles font fuperfticieufes & impies,la
précaution que cet Auteur veut qu'on apporte à faire la Multiplication de la Pierre,
& l'Armure ridicule dont il dit qu'il fe faut
fervir pour cela, fait voir évidemment
qu'il n'a jamais rien fcû dans la Science,
& qu'ainfi il n'a pas pû faire l'expérience
de ces ufages.

Je ne croi pas auffi qu'il foit néceffaire
de dire ici les chofes prodigieufes qu'on
veut que les Fréres de la *Rofe-Croix* (qui
eft, à ce qu'on croit, une Cabale de
Philofophes en Allemagne) faffent par le
moyen de cette Connoiffance. Car on veut
nous faire croire qu'ils fpiritualifent leurs
corps, qu'ils fe tranfportent en peu de
temps en des lieux fort éloignez, qu'ils
peuvent fe rendre invifibles quand il leur
plaît,& qu'ils font beaucoup d'autres chofes
qui paroiffent incroyables.

Mais voici un autre effet que les Philofophes attribuent à la Pierre Philofophale,
qui n'eft pas moins admirable que tous
ceux dont nous venons de parler ; mais

qui eſt ſans doute d'autant plus conſidérable & plus inutile que tous les autres, *que
la poſſeſſion de toute la Terre & de toutes
ſes Richeſſes ne ſerviroit de rien aux Hommes, s'ils perdoient leurs Ames.* Ceux, diſent les Philoſophes, qui ſont aſſez heureux
pour avoir la connoiſſance de cet Art, &
la poſſeſſion de ce rare Tréſor ; quelques
méchans & vicieux qu'ils fuſſent auparavant (*s'il eſt poſſible que la Sageſſe puiſſe
entrer dans une Ame ſouillée de vices, &
que Dieu, qui eſt le juſte Diſpenſateur de
tous les Biens, faſſe une grace ſi particuliére à un Méchant*) ſont changez dans
leurs mœurs, & deviennent Gens de bien.
De ſorte que ne conſidérant plus rien ſur
la Terre qui mérite leur affection, &
n'ayant plus rien à ſouhaiter en ce Monde,
ils ne ſoupirent plus que pour Dieu, &
pour la bien-heureuſe Eternité, qu'ils ont
inceſſemment préſente devant les yeux. Et
ils diſent comme le Prophéte : *Seigneur, il
ne me reſte plus que la poſſeſſion de votre
Gloire pour être entiérement ſatisfait.*

Voilà les effet prodigieux de la Pierre
Philoſophale, ce Chef-d'œuvre admirable de la Nature & de l'Art. Ce n'en eſt
aſſurément que trop, pour la faire ſouhaiter à tout le monde. Mais peut-être auſſi
qu'il y en a trop, pour que perſonne puiſſe la croire véritable. Il faut donc faire

voir qu'elle est possible. C'est ce que je
prétends faire maintenant, & d'en établir
la preuve sur l'*Autorité*, sur la *Raison*, &
sur l'*Expérience*. Commmençons par la
prémiére.

Encore que la vérité ne soit pas assez
solidement soutenuë ni affermie sur le témoignage des Hommes, s'il n'est appuyé
de la révélation de Dieu, qui seul est infaillible ; il est pourtant très assuré que si,
l'on ne recevoit cette preuve, qui est au-
torisée par les Loix Divines & Humaines,
il n'y auroit rien dont on ne pût douter.
Et ainsi toutes les Histoires ne seroient que
des Fables. Tout ce que les Anciens nous
ont laissé par écrit ne seroit que des Con-
tes faits à plaisir. Et tout ce qu'on nous
raconte des Pays qui nous sont inconnus,
seroit des mensonges & des impostures.
Mais ce nous seroit assurément une pré-
somption & une vanité insupportable, si
parce que nous ne pouvons pas comprendre qu'une chose puisse être, nous voulions là dessus démentir des Hommes, qui,
pour leur rare doctrine sont en estime & en
vénération parmi tous les Sçavans ; & si,
nous voulions rejetter comme trompeur le
témoignage de plusieurs grands Personna-
ges, qui dans tous les Siécles se sont rendus recommendables par leur mérite & par
leur vertu. Que si avec la Doctrine & la

Science, la Probité des mœurs & la Sain-
teté de vie se trouve jointes ; il est sans
doute que leur autorité en est d'autant plus
recevable, qu'il n'est pas croyables que des
Hommes si sçavans & si pieux, ayent voulu mentir à la face de toute la Terre, &
faire passer à toute la Postérité une imposture de cette conséquence, pour une vérité indubitable.

Ainsi, pour ne parler point d'Hermès,
qui mérita le sur nom de trois fois très-
grand, comme il a dèja été dit, qui est un
des plus anciens Auteurs que nous ayons,
puisqu'on demeure d'accord qu'il étoit auparavant Moïse ; pour ne rien dire de Pythagore, si estimé parmi les Anciens pour
sa profonde Science ; sans faire valoir l'authorité des Arabes ; de Géber, de Calid,
d'Artéphius, & d'autres, qui la plûpart
ont été Rois ; Que peut-on dire contre
Morien ; qui, animé de l'Esprit de Dieu
en la fleur de son âge, quitta Rome, lors
la Capitale du Monde où il étoit né, pour
s'aller confiner dans les Déserts de la Pa-
lestine, où il consomma saintement sa vie
Et pour ne parler que de ceux dont on ne
sçauroit contester les Ouvrages ; que dira-
ton contre l'un des plus Sçavans Hommes
de notre France, Arnaud de Villeneuve,
grand Théologien & très-fameux Médecin ; Que peut-on dire contre son Disci-

plo S. Raymond Lulle, qui a si profondément pénétré dans toutes les Sciences, &
qui poussé par le zèle du Christianisme,
ayant passé dans la Barbarie pour convertir
les Infidelles, a versé son sang pour la vérité de la Foi ? Et qu'alléguera-t'on contre
le témoignage du bien-heureux Albert,
qui a mérité le surnom de Grand ; & parce qu'il a été un grand Evèque, le grand
ornement d'un Ordre très-illustre dans
l'Eglise, & un grand Docteur ? Peut-on
croire que des Hommes si pieux & si sçavans ayent non-seulement voulu dire que
la Pierre Philosophale étoit une chose possible & véritable ; mais encore d'assurer
qu'il l'ont faite, & d'en écrire des Livres
pour l'enseigner, si ce n'eût été qu'une
Chimère & qu'une imposture ? Et est-il
vrai-semblable qu'ayant écrit si doctement
& si sincérement dans les autres Sciences,
ils eussent voulu, par leur autorité, engager tous les Hommes dans une telle erreur, qui n'eût pû les faire passer que pour
des Fourbes, & leur attirer des malédictions. Et si *le Diable est le Père du Mensonge, comme Dieu est l'Auteur de la Vérité ; Quelle communication peut-il y avoir
entre Dieu & Belial ?* Entre les Saints &
les Démons ? Entre les Défenseurs de la
vérité & les Protecteurs du mensonge ? Et
puisqu'on leur adjoûte foi, & qu'on les

ſuit avec raiſon dans les autres Sciences qu'ils ont profeſſé, pourquoi refuſera-t'on de les croire dans celle ci ? & d'autant plus même qu'elle ne dépend pas de la ſeule ſpéculation, qui peut être fautive ; parce que le plus ſouvent elle ne conſiſte que dans la pure imagination des Hommes ; mais qui étant appuyée ſur la vérité des Sens, & fondée ſur l'expérience, & ſur les effets infaillibles de la Nature ; eſt plus aſſurée & moins ſujette à l'erreur.

Ajoûtons à ceci que dans toute l'étenduë des temps & dans la ſuite continuelle de tous les ſiécles, preſque tous les grands Hommes, qui ont été fameux dans toutes les Sciences, demeurent d'accord de cette vérité, & la plûpart aſſurent même qu'ils ont vû la Tranſmutation.

Il eſt vrai qu'il y en a auſſi pluſieurs, & qui ſont très-illuſtres dans les Sciences, qui ne ſont pas dans ce ſentiment. Mais il ne s'en faut pas étonner, parce que c'eſt une choſe, qui, quoi que ſimple & naturelle, eſt néanmoins toute extraordinaire : Et elle paroîtra toûjours impoſſible à ceux qui n'ont pas une aſſez exacte connoiſſance des Principes réels, & des véritables Opérations de la Nature ; & qui n'en ſçavent rien de plus, que ce qu'ils s'en imaginent par ces termes confus de l'Ecole, *Matiére prémiére, Sujet, Puiſſance, Forme, Acte, Privation,*

Privation, Disposition, & semblables. D'ailleurs, comme ils n'ont aucune raison, ni
convaincante ni valable pour en faire voir
l'impossibilité, quelque réputation qu'ils se
soient acquis dans le Monde, leur opinion
ne suffit pas pour détruire le témoignage
de tant de sçavans Hommes, qui assurent,
ou qu'ils ont fait l'Oeuvre, ou qu'ils en
ont vû l'expérience.

Et certes, si c'est avec justice qu'on a
une déférence entiére pour le sentiment du
grand Hippocrate dans la Médecine : Si
l'autorité d'Aristote ne peut-être des-
avoüée dans la Philosophie de l'Ecole :
Si l'on voit tous les jours que les décisions
de Cujas, ou d'un autre fameux Juriscon-
sulte, sont reçuës comme des Loix dans
le Bareau : Si dans les Sciences l'on croit
avoir raison de se soûmettre aveuglément
au sentiment d'un seul Homme qui est
célébre, & si l'on ne fait point d'autre réponse à ceux qui combattent & qui détruisent sa Doctrine par l'évidence de la raison ou de l'expérience, que celle des Disciples de Pythagore ΑΥΤΟΣ ΕΦΑ, *Il l'a dit:*
Si c'est enfin une Maxime approuvée de
tout le monde, & établie par les Loix,
Qu'il faut croire chaque habile Homme en
sa profession ; peut-on raisonnablement
refuser d'ajouter créance au témoignage si
auténtique de tant de grands Hommes, qui

se sont rendus illustres & par leur doctrine
& par leur vertu, qui nous assurent tous
unanimement que la Pierre Philosophale
est véritable, qu'ils l'ont faite, qu'ils en
on vû les effets, & qui même en ont écrit
pour l'enseigner.

Cette preuve, établie sur la bonne foi
seroit suffisante toute seule pour persuader
cette vérité. Mais parce qu'il n'est pas juste d'avoir une soumission aveugle à la seule
autorité des Hommes, quelque crédit que
leur grand sçavoir leur ait acquis dans le
monde ; & qu'aucontraire on la doit rejetter comme fautive, & la condamner comme trompeuse, si elle ne se trouve pas
conforme à la raison & à l'expérience, qui
sont les deux Pierres de touche, & les
deux seules & indubitables Epreuves de
la vérité, il faut faire voir que ce que
ces Auteurs ont dit est véritable ; non-seulement parce que ce sont des Gens sçavans
& de probité qui l'ont dit, mais encore
parce que la raison démontre que ce qu'ils
ont dit, est possible.

Pour le bien faire, & pour en établir
solidement la preuve, il faut considérer la
Nature de près, en examiner les Opérations, & suivre pas à pas toutes les démar-
ches qu'elle fait dans la production des
Métaux.

Albert le Grand, & tous ceux qui ont

écrit des Métaux, demeurent d'accord avec les Philosophes, qu'ils sont tous faits d'une même Matiére, qui est l'Argent-vif, qu'ils appellent leur Semence, & qui est uni & mêlé avec une Terre visqueuse & subtile, qu'ils appellent Soufre. Et ils assurent que toute la différence qui se rencontre entre-eux, ne vient que de la différence de la cuisson, qui digérant diversement cet Argent-vif, en sépare différemment le Soufre impur, jusqu'à ce qu'il n'y en reste plus; & alors, disent-ils, c'est de l'Or, qui n'est que de l'Argent-vif parfaitement digéré. Et en effet, l'expérience nous fait voir que l'Argent-vif est la Matiére des Métaux, tant parce qu'il s'attache & s'unit à eux, & principalement à l'Or, qui est le plus parfait; ce qu'il ne feroit pas s'ils n'étoient pas tous deux d'une même nature, qu'à cause que les Fondeurs de Plomb sont sujets aux mêmes accidens & incommodités que ceux qui travaillent avec l'Argent-vif; qu'ils ont les mêmes tremblemens de Nerfs; & que les uns & les autres deviennent perclus & entrepris des mains, ce même effet ne pouvant venir que de la même cause.

Ce Principe étant posé: Puisque la Nature n'employe qu'une seule & même Matiére, qui est l'Argent-vif; pour faire tous les Métaux; & qu'elle ne se sert pour cet

effet que d'un feul moyen & d'une même
action, qui eft la cuiffon; il faut néceffairement avoüer que fon intention, en les
produifant, n'eft pas de faire du Plomb,
du Fer, du Cuivre, de l'Etain, ni même
de l'Argent, quoi que ce Métail foit dans
le prémier dégré de perfection, mais de
faire de l'Or. Car cette fage Ouvriére veut
toujours donner le dernier dégré de perfection à fes Ouvrages, & lorfqu'elle y
manque & qu'il s'y rencontre quelques défauts, c'eft malgré elle que cela fe fait.
Ainfi ce n'eft pas elle qu'il en faut accufer;
mais, ou l'impureté de la Matiére, dont
elle eft obligée de fe fervir; ou le manquement des Caufes extérieures, qui doivent
lui prêter leurs fecours, & agir de concert
avec elle. De forte que s'il ne fe trouvoit
point d'empêchemens au dehors qui s'op-
pofaffent à l'éxécution de fes deffeins, toutes fes productions feroient toujours ache-
vées, & elles feroient tout autant de Chef-
d'œuvres, parce que toutes fes Opérations feroient toujours fort juftes & foit
réguliéres. C'eft pourquoi nous devons
confidérer la naiffance des Métaux imparfaits, comme celle des Avortons & des
Monftres, qui n'arrive que parce que la
Nature eft détournée dans fes actions, &
qu'elle trouve une réfiftance qui lui lie les
mains, & des obftacles qui l'empêchent

d'agir aussi réguliérement, qu'elle a accoûtumé de faire. Cette résistance que trouve la Nature dans la production des Métaux imparfaits, c'est la crasse & l'ordure que l'Argent-vif, qui en est la Matiére, a contracté par l'impureté de sa Matrice, c'est-à-dire du Lieu où il se trouve pour former l'Or; & par l'alliance qu'il fait en ce même Lieu avec un Soufre mauvais & combustible. Ces obstacles, c'est le défaut de la chaleur; soit qu'elle vienne ou du Centre, conduite par l'*Archée*, ou du Soleil; soit qu'elle se fasse de l'union de ces deux. Parce que la chaleur n'étant pas assez forte pour séparer ces crasses & ces impuretés d'avec l'Argent-vif, elle laisse cette Matiére cruë ou à demi cuite, & partant imparfaite. De maniére que le principal effet de la chaleur étant d'unir les choses qui sont d'une même Nature, & de desunir celles qui ne le sont pas, & qu'on appelle hétérogénes; ainsi selon les diverses impressions que fait la chaleur sur ce Mercure, & selon les divers dégrés de coction qu'elle lui donne, elle le purifie plus ou moins de ses impuretés & en sépare une moindre ou une plus grande quantité de ce mauvais Soufre. De là vient qu'encore qu'elle ne veüille produire qu'un seul Métail, elle est néanmoins contrainte d'en faire plusieurs. Il n'y en a

pourtant qu'un feul, qui eft l'Or, qui foit
l'*Enfant de fes défirs*, & fon Fils légitime,
parce qu'il n'y a que l'Or qui foit fa véritable production. Car une même Caufe,
qui, par une même action, agit fur une
même Matiére, doit néceffairement produire toujours le même Effet, s'il ne fur-
vient quelque empêchement du dehors. Et
partant les autres Métaux (fi ce n'eft qu'ils
ayent été tirez trop tôt de leur Matrice,
& qu'ils n'ayent pas eu le temps de fe perfectionner, comme les fruits qu'on détache encore tous verds de deffus l'arbre)
font effectivement des Monftres, ou du
moins des Avortons, qui font demeurez
imparfaits, parce que cette bonne Mére
manquant du fecours de la chaleur qui lui
étoit néceffaire ; travaillant dans un lieu
impur & contraire à fes deffeins, & ayant
trop de difficultés à furmonter, elle à été
trop foible pour pouvoir digérer parfaitement leur Argent-vif, & n'a pas eu affez
de force pour le dégager du mauvais Soufre, & des autres impuretés qui font unies
avec lui : Et par ainfi, cet Argent-vif eft
demeuré volatil ; ce qui eft caufe qu'à la
referve de l'Argent, qui eft un Métail
prefque parfait & fixe, tous les autres s'en
vont en fumée à la Coupelle : Parce que
le Plomb que l'on y met en plus grande
quantité, ayant beaucoup de Mercure

crud & fort volatil, (comme il fe connoît
en ce qu'il eft le plus mou & le plus aifé à
fondre de tous) ce Mercure enléve &
emporte avec foi tous les autres.

Pour pouvoir donc accomplir l'intention de la Nature, & pour perfectionner
ces Métaux, il n'y a que deux chofes à
faire, à féparer leur Mercure de fon mauvais Soufre, & le détacher de fes autres
impuretés, & à lui donner la Fixité & la
Teinture de l'Argent ou de l'Or. Car de
lui même il a prefque tout le poids de l'Or,
& il acquiert aifément ce qui lui en manque
par cette féparation. Parce qu'en la dé-
gageant de ces impuretés (parmi lefquelles il fe rencontre une humidité fuperfluë
qui le rend hidropique) il fe trouve réduit
à un plus petit *volume*, & par ainfi plus
péfant.

La Poudre de projection fait ces deux
chofes, & elle fupplée à ces deux man-
quemens de la Nature. Car cette Poudre
n'étant, ainfi qu'il a été remarqué, que
l'incorporation, pour ainfi dire, du Mercure des Philofophes & de celui de l'Or,
qui a acquis par la cuiffon le fouverain dégré de Fixité & de Subtilité, avec Teinture furabondante ; Cette Poudre, jettée
fur les Métaux imparfaits lorfqu'ils font
fondus, acheve prefque en un moment,
ce que la Nature n'auroit fait qu'en plu-

fieurs années, fi elle n'en avoit pas été empêchée. Car prémiérement, en ne fe mêlant qu'avec le Mercure des Métaux, qui eft de fa même Nature, elle en fépare tout ce qui n'en eft pas ; & ainfi elle en fépare tout ce qui n'eft pas Mercure, c'eft-à-dire le Soufre impur, & les *terreftréités*, & tout ce qui ne peut pas être converti en Or. Secondement, cette Poudre, en pénétrant intimement le Mercure des Métaux, elle lui communique fa Fixité & fa Teinture, c'eft-à-dire la Fixité & la Teinture de l'Or, (comme l'on fera voir ci-après) mais qui font éxaltées par la cuiffon à un dégré beaucoup au-delà de celles qui fe trouvent dans l'Or minéral. C'eft pourquoi le Mercure des Métaux imparfaits fe trouve véritablement changé en Or, puifqu'en ayant la Matiére, il en a auffi réellement toutes les qualités & les propriétés qui font la Fixité, la Teinture ou la Couleur, & le Poids

Ainfi, nous avons dans le Mercure des Métaux imparfaits une Matiére capable de recevoir les impreffions & les vertus de l'Elixir. Et partant voilà toutes les difficultés levées que l'on pourroit former contre la poffibilité de la Tranfmutation de la part de ces mêmes Métaux, comme n'étant pas une Matiére propre à la recevoir.

Auffi, quand il feroit vrai que les Mé-

taux imparfaits feroient de différentes Efpéces ; & quand il feroit vrai encore que
les Efpéces ne pourroient pas être changées les unes en les autres, ainfi qu'on le
prétend, parce que chaque Efpéce a fes
propriétés particuliéres, qui la rendent différentes des autres & incommunicable aux
autres, & qui par conféquent empêchent
que cette métamorphofe & ce changement
monftrueux fe puiffe faire. Encore, dis-je,
que cela fût véritable, on ne pourroit pas
raifonnablement conclurre ni inférer de là,
que la Tranfmutation ou Perfection métallique fût impoffible. Parce que la Matiére,
dans laquelle fe fait ce changement, ou
(pour parler le langage de l'École) le Sujet où fe fait ce mouvement & l'introduc-
tion de cette Forme, ce n'eft ni le Plomb,
ni l'Etain, ni le Fer, ni le Cuivre, ni
même le Mercure vulgaire tout entier.
Mais c'eft le Mercure du Plomb, le Mercure de l'Etain, le Mercure du Fer, le Mercure du Cuivre ; & (ce qui femblera peut-
être un galimatias) le Mercure du Mercure
vulgaire. Et tous ces Mercures ne font
qu'une même efpéce de Mercure, & une
même Matiére, que la Nature a formé
pour en faire de l'Or.

D'ailleurs, outre que les Métaux imparfaits ne font différens entr'eux que par
les différens dégrés de coction, felon qu'el-

le purifie plus ou moins leur Mercure, ainſi qu'il a été remarqué ; on ne peut diſconvenir que ces Métaux ſont des Corps mixtes, qui paroiſſent, & que l'on peut ſoutenir être homogénes ; parce qu'ils ne ſont pas viſiblement compoſez de parties différentes, comme ſont les Plantes & les Animaux. Et ainſi cette conféquence ne ſeroit pas valable. *Les Eſpéces des Végétaux & des Animaux ne peuvent être changées les unes en les autres. Donc, les Métaux imparfaits, qui ſont différens en eſpéces, ne peuvent pas être changez en Argent & en Or.* Puiſqu'Ariſtote ſur l'autorité duquel on établit ce raiſonnement, avoüe *au ſecond Livre de la Génération & de la Corruption,* que les Elémens ſe peuvent changer entre eux. Voici comme il en parle : *De l'Air il s'en fera de l'Eau, ſi la chaleur* [*de l'Air*] *eſt ſurmontée par le Froid* [*de l'Eau*] *parce que l'Air eſt chaud & humide, & l'Eau froide & humide. Et ainſi la chaleur étant changée il ſera Eau.* Et tous les Scholaſtiques ſont dans ce même ſentiment.

Mais il y a dequoi s'étonner, de ce que demeurant d'accord avec leur Maître de la Tranſmutation des Elémens, ils oſent aſſurer que les Eſpéces, [c'eſt-à-dire les Individus de deux Eſpéces différentes) ne puiſſent pas ſe changer les uns en les autres. Car en cela, outre qu'ils sont contraires à Aristote, ils dementent manifestement l'Expérience, & une Expérience qui se fait tous les jours chez eux-mêmes. La voici. Il est certain que le Blé & l'Eau ne sont pas de même espéce que le Sang, que la Chair, que les Os, & que les autres parties de nos corps similaires ou simples en apparence. Cependant ils ne sçauroient nier que le Blé, étant réduit en farine, & cette farine pétrie avec de l'eau, il ne s'en fasse du Pain. Que mangeant ce Pain & bûvant de l'Eau, ce Pain & cette Eau se changent en Chile dans l'Estomac, & que ce Chile est une espéce différente du Pain & de l'Eau que nous avons pris. Ce Chile se change ensuite en une autre espéce différente de lui, parce qu'il s'en fait du Sang dans le Cœur. Et ce Sang étant porté dans tout le Corps par les Artéres, il se change en Chair & en Os, & en toutes nos autres Parties *similaires*, qui toutes sont de différentes espéces. Car enfin, toutes les parties de notre Corps se nourrissent & s'augmentent de ce Pain & de cette Eau, par le moyen de ces divers changemens.

Les Laboureurs ne sçavent que trop que le Blé, qu'ils sement dans leurs champs, se change en Yvroye. Les Jardiniers remarquent qu'il y a plusieurs graines qui dé-

générent en d'autres Espéces. Tout le
monde fçait que les Grénoüilles n'ont rien
moins, au commencement qu'elles fe forment, que l'apparence & la figure de Grénoüilles, n'étant compofées que d'une
groffe tête & d'une petite queuë, & qu'elles demeurent long-temps en cet état auparavant que d'être entiérement formées.
La même chofe arrive aux Crapauts qui fe
font de femence & par la voye ordinaire
de la Nature. Et quand Ariftote n'auroit
pas dit que les Chenilles fe changent en
Papillons, & que de ces Chenilles il y en
a qui fe forment fur les feüilles vertes des
herbes, & fur tout du choux, perfonne
n'en pourroit douter. Mais que dira-t-on
des Macreufes, qui fe font d'un bois
pourri dans la Mer? Comment faudra t'il
appeller la production des Rats, des Arai-
gnées, des Mouches, des Vers, & d'u-
ne infinité d'autres Infectes, dont parle le
même Ariftote au ς. Livre de l'Hiftoire
des Animaux qui naiffent de la putréfaction de plufieurs chofes qui n'ont aucune
reffemblance, ni en la Matiére (du moins
en ce que l'Ecolle appelle *Matiére feconde*) ni dans ce qu'elle nomme *Qualité*,
avec ces Infectes & ces autres Animaux
qui s'en forment?

Que fi l'expérience nous fait voir que
les Efpéces des Végétaux & des Animaux

qui font de Corps faits de parties de différente nature, & qui font plus compofez
que les Métaux, fe changent tous les jours
les unes aux autres, Pourquoi voudra-
t-on nier que les Métaux imparfaits, qui
font des Mixtes plus fimples, encore que
chacun d'eux fût d'une Efpéce particuliére, fe puiffent changer en Argent & en
Or ? Sur tout puifqu'il n'y a que leur
Mercure qui fe change, & que ce changement fe fait dans l'ordre & felon l'intention
de la Nature. Ces Métaux ne faifant en
cela que fe perfectionner, & venir au partage d'un bien, dont cette bonne Mére
avoit deftiné de leur donner la poffeffion,
fi elle eût eu la liberté de le faire. De forte que l'Art pouvant en cela faciliter les
moyens à la Nature d'éxécuter fes deffeins,
il eft conftant qu'il n'y a rien de la part
des Métaux imparfaits qui puiffe fervir
d'obftacle à leur perfection. Et ainfi l'on
peut dire que la Matiére eft toute prête &
toute difpofée à revevoir la Tranfmutation.

Mais comme il ne fuffit pas d'avoir les
Matériaux propres, tous prêts pour faire
un Palais, fi l'on n'a l'Architecte pour en
conduire le deffein, & les Ouvriers pour
le bâtir ; auffi ce n'eft pas affez que les
Métaux imparfaits foient capables de recevoir la Tranfmutation ; que rien ne puif-

so empêcher qu'ils soient convertis en Argent & en Or, & que leur Mercure ait
toutes les dispositions à recevoir cette
derniére perfection ; Il faut encore faire
voir que la Poudre de projection, qui
est l'Argent qui peut faire ce merveilleux
effet, en donnant la Fixité & la Teinture
à ce Mercure des Métaux imparfaits, est
possible, & qu'on la peut faire

J'avouë qu'il est assez difficile de prouver démonstrativement cette possibilité ;
tant parce que les Philosophes, qui sont
fort réservez là-dessus, & qui font avec
raison un grand mistére de leur Science,
cachent soigneusement leurs Causes & les
Principes de cette merveilleuse production
de l'Art & de la Nature ; ou, s'ils en parlent, ce n'est qu'en des termes métaphori-
ques & fort obscurs, & qui le plus souvent
ont deux sens contraires. A cause que la
Question étant ici de sçavoir si une chose
se peut faire, il n'y a que la seule Expérience qui en soit la véritable preuve, &
qui puisse pleinement convaincre de cette
possibilité, parce qu'il n'y a que l'Expérience qui puisse en faire voir l'effet.

Si néanmoins, en établissant cette possibilité sur la preuve que l'Ecole appelle
Négative, on pouvoit en demeurer satis-
fait, il ne seroit pas mal-aisé de faire voir
qu'il n'y a aucune impossibilité à faire la

Poudre de projection. Prémiérement, il n'y a point de raison convaincante qui puisse démontrer qu'elle soit impossible. Secondement, cette impossibilité ne pourroit venir que de l'impuissance ou de la Matiére, ou de celle de l'Agent. Elle ne peut venir de la Matiére, puisque c'est la même dont la Nature se sert à produire l'Or, & que c'est l'Or lui-même, à qui, par la préparation & par la cuisson, on donne une Fixité & une Teinture plus abondante & plus grande que celles qu'il avoit reçû dans les Mines.

. L'impossibilité ne peut pas venir aussi de l'Agent, qui est double ; l'un qui agit au dehors, & l'autre au dedans, l'Art & la Nature. Le prémier ne fait autre chose que préparer la Matiére, & entretenir la chaleur au dehors dans un dégré nécessaire pour faire la cuisson, parce qu'il n'agit que pour seconder le dessein du principal Agent, qui est la Nature. Et ainsi, en suivant les régles établies par les Philosophes c'est-à-dire en proportionnant la chaleur comme ils l'ordonnent, selon l'éxigence de la Matiére & l'intention de la Nature, l'Art ne peut faillir. Et quand il manqueroit (ce qui ne pourroit arriver que par le deffaut d'expérience, ou par précipitation) sa faute ne seroit pas irréparable ; & il pourroit aisément se corriger & se redres-

fer ; puifque nous voyons que tous les
Arts fe perfectionnent par l'ufage & par la
pratique. Pour ce qui eft de la Nature, il
eft conftant qu'elle ne manque jamais dans
fes productions lorfqu'elle a une Matiére
propre & bien préparée : & parce que c'eft
une fage Ouvriére, qui agit toujours fort
réguliérement ; & parce que c'eft une Caufe néceffaire, qui ayant toutes chofes prêtes & bien préparées pour faire fon action,
ne peut s'empêcher d'agir ; & qu'elle agit
toujours d'une maniére, pourvû qu'elle ne
foit point interrompuë par quelque empêchement.

Mais afin de prouver encore mieux cette poffibilité, il faut éxaminer ce que c'eft
que la Poudre de projection. Philaléthe
a dit que ce n'eft autre chofe que l'Or é-
xalté & élevé a un dernier dégré de pureté, qui confifte dans une Fixité très-fubti-
le, & dans une Teinture fur-abondante.
Si l'Or peut donc être porté à cette fou-
veraine pûreté, par l'artifice ; il eft conftant que la Poudre de projection eft poffible. Les Philofophes affurent que cela
fe peut, parce que l'Or pèut être diffous
& réduit en fon Mercure ; l'Art peut enfuite, par la cuiffon, réduire ce Mercure,
uni avec celui des Philofophes, en Poudre blanche ou en Poudre rouge, fondante, & qui pénétrant les Métaux imparfaits,
lorfqu'ils

lorſqu'ils ſont en fuſion, donne à leur Mercure la véritable Teinture d'Argent &
d'Or, ce qui eſt la Poudre de projection.
Il n'y a donc qu'a voir ſi l'Or peut être
diſſous naturellement, c'eſt-à-dire réduit
en ſon Mercure. Car tandis qu'il demeurera dans ſa nature, & comme il eſt ſorti de
la Mine, il ne peut recevoir aucun changement ni aucune altération, puiſque nous
voyons que ni le plus fort des Animaux
naturels, qui eſt le Feu, ni le plus violent que l'Art ait pû inventer, qui eſt l'Eau
régale, ne le ſçauroient détruire, & que
tous leurs efforts ne ſervent qu'à le purifier.
Or le Mercure des Philoſophes fait cet
effet, parce qu'il diſſout l'Or radicalement,
doucement, & ſans violence, & le réduit
en ſon Mercure. Et quoi qu'on ne puiſſe
point prouver cet effet que par l'expérience, les principales Cauſes du Mercure des
Philoſophes nous étant inconnuës il n'eſt
pas néanmoins difficile de faire voir que le
Mercure des Philoſophes peut diſſoudre
l'Or, par l'exemple de la glace, qui dans
l'eau chaude ſe fond & ſe reſoud en eau,
parce que ce n'eſt que de l'eau qui eſt con-
gelée. Car l'Or n'étant tout de même
qu'un Mercure très-pur coagulé ; & le
Mercure des Philoſophes étant cette *Eau
Celeſte*, qui eſt la *Mére de l'Or*, comme
dit le *Coſmopolite*, *dont l'Or, tous les*

PREFACE.

Métaux & toutes les choses ont pris leur origine. Il est certain que l'Or peut être dissous, & *reincrude* dans ce Mercure, qui est de sa même Nature. Et d'autant plus aisément, que ce Mercure est aidé de la chaleur extérieure ; & qu'étant crud & indigest, il a une certaine acrimonie, que les Pphilosophes appellent *Ponticité*, qui ronge & qui détruit l'Or sans violence, en ouvrant les pores de ce Corps, afin que sa Semence (dit le même Auteur) *qui est cuite & digérée, soit poussée dehors & mise dans sa Matrice* ; c'est à dire dans ce Mercure pour être unie inséparablement avec lui, élevée par la chaleur artificielle à la derniére perfection pour recevoir cette Fixité très-subtile, & cette Teinture sur-abondante. Ainsi le Mercure des Philosophes est à l'égard de l'Or, ce que le Verjus est a l'égard du Vin ; car le Verjus est de la même nature que le Vin & ne diffère du Vin que parce qu'il est encore crud & n'est pas assez digéré ni muri ; ce qui fait qu'il a une acreté (s'il est permis de se servir de ce terme) qui ne se trouve pas dans le Vin bien mur, qui le rend en quelque façon corrosif. Et ainsi, comme il est dit dans le Ciel Terrestre, *l'Or qui est victorieux sur les plus forts, est vaincu par le plus foible* : faisant comme un Brave, qui repousse vigoureusement les

Ennemis qui l'attaquent, & qui tend les
bras à un Ami qui le visite ; ou comme le
Voyageur de la Fable, qui resista à la violence du Vent, qui vouloit lui ôter ses ha-
bits, & que le Soleil, en l'échauffant peu
à peu, lui fait dépoüiller de lui-même.

L'Or pouvant donc être dissout naturellement & sans violence par un Agent qui
est conforme à sa Nature ; il est très-assu-
ré que cet Or, qui s'est réincrudé & remis en ses prémiers Principes, s'unissant &
s'incorporant avec le Mercure des Philosophes, il peut être digéré en peu de tems
par la chaleur artificielle, & que cette chaleur étant plus forte, la digestion en sera
plus grande ; & ainsi l'Or peut acquérir &
une Fixité plus grande & une Teinture
plus abondante, qu'il n'avoit ; Car la chaleur artificielle, qui fait cette digestion,
est la même que celle du Soleil, qui digéré cette même Matiére dans les Mines,
& qui du Mercure en fait de l'Or. Et quoique la plûpart des Scolastiques ne soient
pas de cette opinion, ces deux chaleurs
sont constamment d'une même espéce. Et
parce qu'elles sont également détruites par
le même contraire, qui est le Froid (pour
me servir de leurs propres armes contre
eux-mêmes) & parce que l'expérience
nous fait voir que la chaleur du Soleil,
étant ramassée & réfléchie par les Miroirs

ardens, il s'en fait du feu, qui est le même que le feu que l'on appelle Elémentaire, puisqu'il a les mêmes propriétés & le même effet, échauffant & brûlant de la même manière, & même avec plus de violence, parce qu'il est plus uni ; comme il se voit par l'expérience du Miroir ardent, qui est dans la Bibliotheque du Roi, qui calcine les cailloux & les briques, & les vitrisie, & qui fond les Métaux & l'Or même presque en un instant. Et parce que la chaleur du feu vivifie & a le même effet que la chaleur naturelle de l'Animal. Car on sçait que dans l'Egypte on ne fait couver les Oeufs que dans des fours. Et Vigénére dans son Traité du Feu & du Sel, assure que par un semblable Feu il a fait éclore à Rome cent ou six vingt Poulets tout à la fois.

Il ne nous reste donc plus, pour l'accomplissement de cette preuve, qu'à faire voir comment la Multiplication de la Poudre se peut faire, & comment un seul Grain de cette Poudre peut donner la véritable Teinture & la Fixité de l'Or à plusieurs onces d'Argent-vif & de Mercure des Métaux imparfaits.

On peut aisément concevoir la prémiére par l'éxemple que la Nature nous en fournit tous les jours. Car ne voyons nous pas qu'un seul grain de blé, mis en terre produit plusieurs autres grains de sa même nature, & que chacun de ces grains, mis pareillement en terre, produit tout de même plusieurs autres grains semblables? Et cette Multiplication se fait incessamment, & plus ou moins, selon que la terre se trouve ou mieux ou plus-mal préparée. Il est vrai que ce grain, pour en produire plusieurs autres, se détruit; mais il est vrai aussi que c'est moins une destruction qui lui arrive, qu'une Multiplication & une Régénération qui se fait, puisque tous ces grains qu'il produit, ne sont qu'une diffusion & un épanchement, pour ainsi dire, de ce seul grain, qui s'est partagé & divisé en plusieurs grains, par le moyen de l'aliment que la terre lui fournit, & dont ce même grain avoit tiré sa nourriture & son augmentation. Il en est de même de la Multiplication de la Pierre Philosophale. Un Grain de cette Pierre est comme la Semence, qui étant mise dans le Mercure des Philosophes, qui est sa propre terre, dont ce Grain & cette Sémence ont été formez; il fructifie en cette terre & produit plusieurs autres Grains semblables. De manière que chaque Multiplication est comme une nouvelle *Semaison* (pour me servir du terme des Laboureurs) qui produit toujours une nouvelle & très-abondante moisson, parce que la terre, où germe cette Semence, est de la même nature que la Semence même qu'elle reçoit. De même que le Blé vient plus abondamment dans une terre qui est bien fumée, parce que le fumier vient d'une nature végétable aussi bien que le Blé ; n'étant autre chose que la paille & le chaume du Blé, qui sont pourris, & le foin & les herbes que l'Animal a digéré.

La communication & le partage qui se fait de la Teinture d'un seul Grain de la Poudre à plusieurs Grains de ce Mercure, ne sera pas plus difficile à concevoir, si l'on considère qu'elle vient de deux Causes. La prémiére, c'est la forte Teinture de la Poudre de projection, qu'elle a beaucoup plus abondante que l'Or vulgaire, qui lui vient de sa digestion plus parfaite, qu'elle a acquise par une chaleur plus grande. Car qui ne sçait pas que c'est elle qui donne le beau coloris aux fruits de nos Espaliers & de nos Arbres en les meurissant, & qu'ils sont plus teints & plus colorez du côté qu'ils sont exposez au Soleil ? Ainsi cette poudre, qui est si fortement teinte donne la Teinture de l'Or à beaucoup de Mercure; comme une pinte de vin rouge fort couvert, peut donner à plusieurs pintes de vin blanc la couleur de vin clairet; Et comme un peu de Saffran colore une grande quantité d'eau.

La seconde cause de la communication

de cette Teinture, c'eſt le Soufre pur du Mercure des Métaux imparfaits, qui de lui-même a dèja la Teinture de l'Or. Car étant une ébauche de l'Or, il eſt conſtant qu'il en a la Teinture, renfermée dans lui-même, qui n'eſt autre choſe que ſon Soufre pur (ainſi que dit le Tréviſan) qui eſt profondément caché dans ſon centre. C'eſt pourquoi les Philoſophes diſent, & les Chimiſtes le trouvent par expérience, que *le Mercure eſt blanc au dehors, & rouge dans ſon intérieur.* Ainſi cette Poudre lui communique aiſément la Teinture de l'Or, parce qu'il en a dèja la prémiére couche : Et c'eſt alors que ſe fait ce que diſent les Philoſophes: *Que ce qui eſt occulte & caché, devient apparent & manifeſte.*

Pour la Fixité. Cette Poudre ayant acquis une Fixité très ſubtile par la très-forte union des deux Mercures avec leurs Soufres purs incombuſtibles, & par une très - parfaite digeſtion , qui, en cuiſant , fixe ce qui eſt volatil, & n'étant que la Quinteſſence & l'Eſprit de l'Or, très-fixe, ainſi que l'appelle Philaléthe ; il ne faut pas s'étonner ſi preſque dans un moment, elle peut donner la Fixité de l'Or, au Mercure, par la ſéparation qu'elle fait de ſes impuretés & de ſon humidité ſuperfluë & volatile, puiſque nous voyons que la ſeule vapeur du Plomb, qui n'eſt, diſent les Philoſophes, que la prémiére coagulation

de l'Argent-vif, le fige tout auffi-tôt. Qui
ne fçait qu'un peu de Préfure, ou une petite pincée de fleur de Cardon d'Efpagne
caille plufieurs pintes de lait ? Et l'on voit
en plufieurs endroits fouterrains, l'Eau fe
fixer en Criftaux, à mefure qu'elle décou-
le de la voûte des Rochers, comme j'en
ai vû l'expérience dans une Caverne ou
Carriére à Langoiran, proche de la Ga-
ronne, à trois lieuës au deffus de Bor-
deaux. Et tout le monde fçait ce que les
Hiftoires rapportent du changement qui
s'eft fait, & même de notre temps, d'Hommes & d'Animaux, qui ont été changez &
fixez tout d'un coup en fel & en pierres.
Et l'on a remarqué en cette ville que l'effet fi foudain du venin de la Vipére ne
vient que de ce qu'il fixe & coagule le
fang dans les veines, ce qui eft caufe de
la mort fi prompte de l'Animal que la Vipére a mordu, parce que la circulation
du fang ne fe peut plus faire. Cependant
le venin que la Vipére & l'Afpic jettent
par leur morfure eft fi peu de chofe, que
ce n'eft pas peut-être la quatriéme partie
d'un grain, qui corrompt & coagule
pourtant toute la maffe du fang d'un Homme, qui felon les Anatomiftes, eft de fei-
ze à vingt livres.

Je fçai bien que des Effects fi furprenans
& fi merveilleux que produifent les Efprits,

paroîtront

paroîtront incroyables à ceux qui ne reconnoissent point d'autres actions que celles qui se font par l'attération & la contrariété de ce qu'ils appellent prémiéres Qualités. Mais ces Effets, tous extraordinai-
res & incroyables qu'ils semblent être, ne
sont pas si difficiles à concevoir que les
Propriétés qu'ils attribuënt à leur Matiére
prémiére, qui est, comme le dit M. d'Espagnet, le fondement chimérique de leur
Physique. Car ils veulent que cette Matiére prémiére, qui n'est rien effectivement,
soit pourtant toute chose en puissance, &
qu'elle donne tout ce qu'elle n'a point. Ils
*disent que C'est une chose qui n'a ni Qualités
ni Accidents, & qui est néanmoins le prémier Sujet des Accidens, & des Qualités: qui
n'a point de Quantité, & qui donne l'Extension à toutes choses: Qui est Simple, &
qui soufre néanmoins les Contraires, & est
le champ de bataille où ils se combattent:
Qui ne veut être connuë par les Sens, & qui
est pourtant la base de toute la sensibilité:
Qui est diffuse par tout, & qui ne se remarque en aucun lieu: Qui a un appetit desor-
donné pour toutes les Formes, & qui n'en
garde pas une: Qui est le fondement de tous
les Corps, & qui cependant ne peut être
connuë que par l'imagination.* Si les Chimiques fondoient leur Science sur des
Principes aussi imaginaires & aussi rhineux,

& s'ils avançoient des choses aussi incroyables, que pourroient-ils dire ?

Voici une autre raison, que l'on estimera
peut-être la moins considérable ; mais que
je croi assez puissante toute seule pour
convaincre de la vérité de la Pierre Philosophale ceux qui la voudront sérieusement
examiner. Je la prens de la conformité
qui se rencontre dans les Livres de tous
les véritables Philosophes. Car quoi qu'ils
ayent presque tous écrit différemment ; &
par ce qu'ils ont écrit en divers temps &
en diverses langues ; & parce qu'ils se sont
servis de différentes expressions, pour s'é-
noncer, & sur - tout quand ils parlent de
leurs Principes & de leur Matiére ; n'y en
ayant presque aucun qui ne donne à leur
Mercure un nom tout différent des autres,
& qui même a un sens tout opposé aux autres : Néanmoins par ses divers noms, par
ces termes particuliers, & par ces expressions différentes, ils ne disent tous cons-
tament que la même chose ; & dans cette
diversité où ils semblent bien souvent être
contraires, ils sont tous unanimement d'accord. Car de tous ces différens noms qu'ils
donnent à leur Mercure, ils se trouve que
chacun de ces noms en explique ou un
Principe, ou une Propriété, ou une Opération, ou une Circonstance particuliére.
Et qu'ainsi il n'y a aucune contrariété, ni

entre ces noms, ni entre les Philofophes, qui fe trouvent tous conformes en tout & par tout. Jufques-là même que fans avoir eu aucune communication enfemble, fans s'être vûs, ni connus, fans avoir lû les Ouvrages les uns des autres, ils fe font expliquez & éclaircis les uns les autres, & l'un a ajoûté ce que les autres avoient obmis, & bien fouvent un feul a dit claire-ment, ce que tous les autres avoient enve-loppé & dit fort obfcurément. Ce qui eft un témoignage évident, qu'encore qu'ils fe foient expliquez différemment, ils n'ont pourtant tous connu ni voulu dire que la même chofe. Et en effet, fi la Pierre Phi-lofophale n'étoit qu'une chofe controuvée par quelqu'un d'entre-eux, fi ce n'étoit qu'une impofture que les Philofophes euf-fent pris les uns des autres ; fi ce n'étoit qu'une Fable qu'ils euffent empruntée & coppiée les Livres de ceux qui l'auroient inventée, fans doute qu'ils fe feroient fer-vis des mêmes paroles & des mêmes ex-preffions par tout, pour ne pas découvrir leurs fourberies par la diverfité de leurs difcours ; & cependant, quoi que leurs termes & leur manière de s'énoncer foient tout à fait différens, il femble néanmoins qu'ils ayent tous parlé par une même bou-che, & tenu un même langage, & que tous ces Auteurs n'ayent eté qu'un même

Auteur. De manière que nous pouvons
dire avec quelque proportion touchant les
contradictions apparentes qui se trouvent
dans les Livres des Philosophes, ce que
S. Jean-Chrysostome a dit de la différence qui se rencontre entre les Evangelistes
dans des circonstances qui ne sont pas im-
portantes ni considérables : Que non-seulement ces contrariétés ne détruisent pas
la vérité de ce que les Philosophes enseignent : qu'au contraire c'est une preuve
très-forte de cette même vérité.

Ces raisons, à les examiner sans passion,
seroient assurément suffisantes pour persuader cette vérité. Mais nous avons encore
dequoi l'établir plus solidement sur des
preuves plus fortes, puisqu'elles sont fondées sur l'Expérience, qui toute seule peut
convaincre les plus obstinez & les plus
ignorans.

S'il étoit vrai ce que l'on a dit d'un
Cloud, qui se voyoit dans le Trésor de Flo-
rence, dont la moitié d'en bas vers la pointe
étoit d'or ; parce que cette partie ayant été
rougie au feu, avoit été trempée dans une
Huile ou Liqueur, qui l'avoit changée en
Or ; & l'autre moitié, que la Liqueur n'a-
voit point touchée, étoit demeurée dans
sa première nature de Fer. Si cela, dis-je,
étoit arrivé ainsi, & s'il étoit vrai que ce
Cloud fût effectivement moitié Fer & moi-

tié Or, sans autre artifice que d'avoir été
trempé de la sorte ; Ce seroit une Expérience indubitable de la vérité de la Pierre
Philosophale, un Cloud fait de cette maniére ne pouvant pas être l'ouvrage de la
Nature.

Mais s'il est vrai qu'il y ait eu un Cloud
qui parût de cette sorte, comme plusieurs
l'assurent, il faudroit que ce fût une dorure
ou teinture seulement superficiele sur la
moitié de ce Cloud, ou une enture & sou-
dure fort délicate. Aussi depuis quelques
années on ne le montre plus ; sans doute
parce que les Microscopes, qui grossissent
prodigieusement les objets, en ont découvert l'artifice. Et je m'étonne qu'une
telle imposture ait pû s'accréditer & sub-
sister si long-temps, sans qu'on s'en soit
apperçu. Mais ce qui est le plus surpre-
nant, est que des Personnes, qui ont voulu
passer pour Philosophes, ou du moins,
pour fort intelligents dans la Chimie,
l'ayent crû véritable, & s'en soient servis
comme d'une preuve convaincante de la
Transmutation métallique. Car il faut être
tout à fait ignorant dans la Science, pour
ne pas sçavoir qu'une Transmutation d'une
partie d'un Cloud de Fer en Or, faite par
une Liqueur, le Cloud demeurant tout entier en sa prémiére figure, étoit impossible.

Prémiérement, la Pierre Philosophale,

n'est pas une Liqueur, c'est une Poudre; dont la consistance est solide, comme tous les Philosophes l'assurent, & comme la raison & l'expérience le demontrent. Parce que toute sorte de coction se fait en épaississant & en desséchant ; ainsi qu'Aristote l'a remarqué. Ce qui a fait dire aux Philosophes *que leur Oeuvre doit être prémiérement Eau , & puis non Eau ; & que pour faire le Magistére , il n'y a qu'à convertir les Elémens , c'est-à-dire de l'Eau en faire de la Terre.* Car le Feu est enfermé dans la Terre , comme l'Air est contenu dans l'Eau. C'est pourquoi Orsulus dit dans la Tourbe latine (*in Arte Auriferâ*) que *convertir les Elémens, c'est faire l'humide sec , & le volatil fixe.*

Secondement , il est impossible que la moitié de ce Cloud eût été convertie en Or, & qu'elle eût retenu la même figure qu'elle avoit auparavant, pour deux raisons. La prémiére , parce que le Métail imparfait doit être en fusion pour pouvoir être perfectionné & changé en Or. Car encore que la Poudre de projection soit fondante & pénétrante, elle ne peut néanmoins s'unir intimement avec le Mercure du Métail, ni en séparer les impuretés, s'il n'est en fusion, ainsi que tous les Philosophes l'assurent ; puisqu'il faut que l'Argent-vif, même tout liquide qu'il est, soit échauffé

pour être tranſmué. Ainſi, il ne ſuffiroit
pas que ce Cloud eût été ſeulement rougi
au feu, mais il devoit être fondu pour être
converti en Or. Et partant il n'a pû être
changez en Or, & retenir la figure de
Cloud. La ſeconde raiſon eſt qu'il faudroit
que la moitié de ce Cloud, qui eſt d'Or,
pour avoir retenu ſa prémiére figure, après
ſa Tranſmutation, eût été entiérement convertie en Or, ſans aucune diminution. Ce
qui eſt impoſſible, à cauſe qu'il n'y a que
le ſeul Mercure des Métaux imparfaics qui
puiſſe être perfectionné & changé en Or.
Parce qu'il n'y a que ce ſeul Mercure qui
ſoit de même nature que l'Or, & qui avoit
été deſtiné par la Nature à le devenir. Le
reſte du Métail imparfait (qui eſt un mauvais Soufre & des craſſes & terreſtréités,
qui n'ont aucune affinité avec l'Or, ni aucune diſpoſition pour l'être) étant incapables de cette perfection ; puiſque c'eſt
cela même qui empêchent la Nature de
pouvoir donner dans les Mines cette perfection au Métail imparfait. Voilà pourquoi il y a toujours du déchet dans la
Tranſmutation des Métaux imparfaits, &
plus aux uns qu'aux autres, ſelon qu'ils
ont plus ou moins de Mercure & de Soufre
impur,& ſelon qu'ils ſont plus ou moins digérez ;ainſi que le témoigne Zachaire. Or il
eſt conſtant que le Fer eſt celui des Métaux

qui a le plus de mauvais Soufre & d'impuretés terreftres, & le moins de Mercure;
ce qui le rend fi fec, & fi difficile à pouvoir
être fondu une feconde fois. Et partant la
Tranfmutation de la moitié de ce Cloud a
été impoffible.

Quelques-uns rapportent pour un témoignage évident de la Pierre Philofophale
les Lampes inextinguibles qu'on a trouvé
dans les Tombeaux des Anciens, comme
étoit celle qui fut trouvée près de Padouë
dans le Tombeau de Maximus Olybius,
laquelle, felon l'Infcription qui y étoit, devoit avoir demeuré allumée 1500. ans,
& celle qui fut trouvée de notre temps
dans le Tombeau de Tulliola, fille de Ci-
ceron. Mais c'eft fans aucun fondement
qu'on prétend fe fervir de ces Lampes pour
une preuve de la Pierre Philofophale,
parce que ce n'eft pas une Liqueur, &
que la matiére de cette Lampe d'Olybius,
fe mit toute en menuë poudre lorfqu'on y toucha, au rapport du fçavant
Vives, dans les notes qu'il a fait fur la Cité de Dieu, de S. Auguftin. Ce qui a
donné lieu à cette créance; c'eft, à mon
avis, les noms que les Philofophes donnent à leur Elixir de *Soufre & d'Huile incombuftible*, comme ils l'appellent auffi
Pierre & Salamandre, parce qu'étant très-
fixe, elle réfifte au feu. Il eft vrai que dans

les vers qui étoient gravez fur cette Tombe & au dedans, il eſt parlé d'une Eau qui ne doit jamais manquer, d'une mixtion des Elémens fort éxacte & fort laborieuſe, & de Mercure avec ſon chapeau ; ce qui a quelque rapport au grand'Oeuvre ; mais ce n'en eſt pas une preuve ſuffiſante, ni une conviction

On pourroit avec plus de fondement & & de raiſon alléguer pour une expérience & pour une preuve du grand'Oeuvre, la Fable de la Toiſon d'Or, qui étoit à Colchos. Car outre que les Fables ne ſont fondées que ſur de véritables Hiſtoires ; qu'elles n'étoient que pour cacher les Miſtéres de la Théologie & de la Philoſophie des Anciens ; & que Suidas aſſure avec beaucoup de vrai-ſemblance, cette Toiſon d'Or, (qu'il eſt impoſſible qui ait jamais été) n'étoit autre choſe qu'un Livre en parchemin où étoit écrite la maniére de faire l'Or par la Chimie. Toutes les circonſtances qui ſe trouvent dans cette Hiſtoire, ont un rapport ſi juſte avec les opérations & les effets de la Pierre Philoſophale, qu'on ne ſçauroit raiſonnablement l'expliquer autrement.

Voici l'application qu'en a fait un des plus ſçavans Médecins de ce ſiécle. *Le Dragon qui veilloit toûjours pour garder cette Toiſon, n'eſt, dit-il, autre choſe que le Mercure qu'il eſt mal-aiſé de pouvoir* endormir; c'est-à-dire , qu'il est difficile de l'arrêter & de le fixer. La Toison étoit enfermée dans le Temple de Mars , parce qu'on met la Matiére pour faire la Pierre dans un Athanor ou Fourneau. [qui est un Fort en partie de Fer , dit Zachaire.] Les Taureaux qui gardoient ce Temple , & qui jettoient le feu par les narrines, c'est le feu qu'il faut conduire par dégrés. Les dents du Dragon que Jason sema , dont il naquit des Soldats qui s'entretuerent , sont les deux Dragons , qui sont la Matiére de la Pierre Philosophale , lesquels se tuënt l'un l'autre. Jason endormit le Dragon par l'invention que lui en donna Medée : Cela veut dire que le Mercure , par les soins de l'Artiste , de volatil devient fixe & une Médecine admirable , par le moyen de laquelle , Médée (qui veut dire Médecine) fit rajeunir Æson , parce que l'un des effets de la Pierre est de conserver la santé & de prolonger la vie.

La Fable des Jardins des Hespérides , où il y avoit des Arbres qui portoient des fruits d'Or , que gardoit un Dragon qui veilloit toujours , & qu'Hercule fut obligé de tuer pour pouvoir cueillir de ces fruits , ne peut encore être bien entenduë , ni expliquée autrement que de la Pierre Philosophale. Car le Dragon veillant n'est autre chose que le Mercure , qui est dans un perpétuel mouvement & volatil , jus-

qu'à ce qu'Hercule, qui est l'Artiste labo-
rieux, ait tué ce Monstre ; c'est-à-dire,
l'ait fixé, avec bien de la peine , & alors il
a en sa possession l'Arbre d'Or, dont parle
le Cosmopolite', qui porte des fruits d'Or,
& qui multiplie sans qu'il soit besoin d'en
replanter.

On pourroit rapporter ici pour une expérience de la Pierre Philosophale, ce que
dit Suidas, dans le mot χημεία que Dio-
cletien ayant vaincu les Égyptiens qui s'é-
toit soûlevez, il les traita fort mal & qu'il
fit chercher & brûler tous les Livres des
Anciens qui traitoient de la Chimie, qui
est l'Art de faire l'Or & l'Argent, afin que
leur ôtant le moyen de s'enrichir, ils n'eussent plus la hardiesse de se revolter sur la
confiance de leurs richesses.

Mais il faut qu'il n'y ait point de bonne
foi parmi les Hommes, ou la Pierre Philosophale a été faite , puisque tant de personnes de toutes sortes de Professions &
de Nations , assurent qu'ils ont vû faire la
Transmutation du Mercure vulgaire & des
Métaux imparfaits en Argent & en Or,
par le moyen d'un peu de Poudre de projection; & que cet Argent & cet Or , ayant
été examinez, se sont trouve meilleurs &
plus fins que l'Argent & l'Or qui viennent
des meilleures Mines. Il faudroit faire un
gros Volume pour rapporter toutes les

Hiſtoires de la Tranſmutation, qui ſont
dans les Livres. Je me contenterai d'en
choiſir trois ou quatre de celles qui ſont
plus aiſées à vérifier dans leurs Auteurs.

Jean André, très-célébre Juriſconſulte
d'Italie, comme il ſe voit dans les Eloges
du fameux Abbé Trithéme, & comme ſes
Ouvrages le témoignent, dit : *Que de*
ſon temps à Rome Arnaud de Villeneuve,
qu'il appelle tres ſçavant Theologien, très-
habile Médecin, & très-grand Chimiſte,
faiſoit des verges ou lames d'Or, qu'il ſoû-
mettoit à toutes ſortes d'épreuves. (1)

(1) Raymond Lulle, Diſci-
ple d'Arnaud de Villeneuve,
aiant été préſenté à Edouard
III. Roi d'Angleterre par
un Abbé de Weſtminſter,
qui l'avoit amené de Milan à
Londres, fit des Tranſmuta-
tions conſidérables pour ce
Prince, qu'il lui faiſoit entendre qu'il armoit contre
les Turcs. Mais quelque
temps après Raymond Lulle
voyant qu'Edouard tournoit
ſes Armes contre le Roi de
France, il ſe plaignit à E-
douard de l'uſage qu'il faiſoit de la quantité d'Or qu'il
ne lui avoit fourni que
pour faire la guerre aux
Infidelles. De peur que
Raymond Lulle ne ſe re-
tirât chez ſon Ennemi, E-
douard le fit empriſonner,
& le remit enſuite en liberté ſous la garde de ſon Médecin, ſur la propoſition que
fit Raimond Lulle de fondre
une Cloche d'Or, qui ſe-
roit entenduë dans tout le
Monde. Pendant qu'il tranſ-
muoit des Métaux impar-
faits pour cette Opération,
il corrompit ce Médecin
en lui promettant le Sécret
de la Tranſmutation. Celui-
ci gagna un Maître de Barque, qui les paſſa l'un &
l'autre d'Angleterre en
France, dans le temps que
ſes Matiéres étoient ſur le
point d'être jettées en fonte
pour faire la Cloche qu'il
avoit promiſe. Edouard
ayant appris l'évaſion de
Raymond Lulle, le fit
pourſuivre, mais inutile-
ment. Pour conſerver à la
Poſtérité la mémoire de
cet événement. Edouard fit
battre une monoye, qui
s'appelle *Roſa nobilis*, &
que les Curieux conſervent

Van-Helmont, qui est connu dans toute l'Europe pour un Personne de qualité,
de probité, & pour un Illustre dans les
Sciences, dit en trois différens endroits
de son Livre, qu'il a vû la Transmutation,
& que lui-même l'a faite. Voici comme il
en parle dans ce Traité, qui a pour titre
Vita æterna. J'ai vû & j'ai touché plus
d'une fois la Pierre Philosophale ; la couleur en étoit comme du Safran en poudre,
mais pésante & luisante, comme du verre
pulvérisé. On m'en donna une fois la quatriéme partie d'un grain. J'appelle un grain,
dont les six cents font une once. Je fis la projection de cette quatriéme partie de grain,
que j'envelopai dans du papier, sur huit
onces d'Argent-vif, échauffé dans un Creu-
set. Et d'abord tout l'Argent-vif, ayant
fait un peu de bruit, s'arrêta & ne fut plus
coulant ; & s'étant congelé, il se rassit en
une masse jaune. L'ayant fait fondre à fort
feu, je trouvai huit onces d'Or très-pur,
moins onze grains. De maniére qu'un grain

encore aujourd'hui comme
une Médaille précieuse; sur
laquelle on voit empreinte
une Rose audessus d'une
Barque, qui fait voile
& s'éloigne à force de ra-
mes. Voici ce que Raymond
Lulle dit lui-même à la fin
de la treiziéme Expérience.
*De quâ Medicinâ pote-
ris perfectionem facere super reliqua Metalla im-*
*perfecta ; præsertim Super
Martem & Venerem, &
convertentur in Aurum,
melius omne Auro mine-
rali. Hoc operati sumus pro
Rege Anglico, qui finxit
se contra Turcam pugna-
turum, & postea contra
Regem Galliæ pugnavit,
meque incarceravit, &
tandem evasi.*

de cette Poudre auroit changé en très-bon;
Or dix-neuf mil cent quatre - vingt - six
grains d'Argent-vif.

George Hornius, Holandois, dans la
Differtation qu'il a mife au commencement
des Oeuvres de Géber, imprimées à Leyde l'an 1668. dit *Qu'il s'eft fait une Expérience de la Tranfmutation à la Haye, en
Hollande, en 1667. qui eft indubitable.
Un Homme inconnu, dit-il, qui étoit ha-
billé comme un Hollandois, & qui en par-
loit la langue, alla trouver Jean Frédéric
Helvétius, Docteur en Médecine, & après
avoir parlé de beaucoup de chofes, il lui
donna gros comme un grain de Millet de
Teinture [Philofophique] qui lui dit de
jetter fur du Plomb fondu; ce qu'il fit, &
une demie livre de Plomb fut entiérement
en Or fans aucun déchet. Et cet Or ayant
été examiné par les Monoyeurs, qui le firent paffer par toutes les épreuves; tant s'en
faut qu'il perdît rien de fon poids, qu'au
contraire il augmenta de deux grains à l'In-
cart. C'eft une chofe, adjoûte-t-il, qui,
par la relation qu'en ont fait plufieurs Perfonnes dignes de foi, a été fçuë & connuë
dans toute la Haye, & qui a perfuadé &
convaincu tous ceux qui ne croyoient pas
que la Tranfmutation des Métaux fût poffible, puifque même elle a été faite de notre temps.* Pour moi je doute que tout le

Plomb ait été changé en Or, pour les raisons que j'ai dèja dites. (1)

Mais il n'est pas nécessaire d'aller chercher bien loin des témoignages de cette
vérité, puisque nous en avons depuis près

(1) Voici ce que dit lui-même Jean Frédéric Helve-tius dans son Livre intitulé *Vitulus Aureus*, qui est dans la Bibliothèque de S. Victor à Paris. *Uxor mea involvit lapidis Materiam in ceram, & simulaique Plumbum liquefactum fuerat, ipsa globulum injecit, qui gobulus cum sibilatione & flatuositate in Crucibulo bene obturato, ita perfecit Opérationem, ut intra horæ quadrantem tota Plumbi massa in Aurum optimum fuerit transmutata. Certè ego tametsi vel Ovidii vixissem sæculo, rariorem non credidissem Artis Chimiæ Metamorphosin, quin imò si centum inspectassem oculis Argi, vix admirabilius vidissem ullum Naturæ Opus.*

L'Empereur Ferdinand III. ayant fait de sa propre main la projetion d'une partie de Teinture sur dix mille parties d'Argent-vif, les convertit en Or très-parfait, dont il fit frapper une Médail, qui se conserve dans un Cabinet du Palais Impérial. D'un côté de cette Médaille est un Apollon, tenant dans sa main droite une Lyre, & dans la gauche un Caducée, avec cette *Inscription* au dessus de la Figure. *Divina Metamorphosis.* Et au dessous est écrit: *Exhibita Pragæ XV. Janv. A. M. DC. XLVIII. in præsentiâ Sac. Cæs. Magest. Ferdinandi tertii.* Sur le revers de cette Médaille on lit ces paroles: *Raris hæc ut Hominibus est Ars ita raro in lucem prodit. Laudetur Deus in æternum, qui partem suæ infinitæ potentiæ nobis suis abjectissimis Creaturis communicat.* L'Estampe de cette Médaille se voit dans un Livre de Jean Joachim Bécher, intitulé *Laboratorium portatile*

Auguste II. Roi de Pologne, fit il y a environ vingt ans à Dresde, Capitale de la Saxe, une Transmutation en présence de toute sa Cour. On en reçut à Londres la nouvelle chez M. le-Marquis de Montéleon, alors Ambassadeur d'Espagne en Angleterre. Il y a actuellement à Paris des Personnes qui ont vû faire cette Transmutation.

de trois siécles une preuve si authentique
dans Paris; qui n'est pas seulement la Ville
Capitale du prémier de tous les Royau-
mes, mais la prémiére de l'Univers, & par
la grandeur de son étenduë, & par le
nombre prodigieux de ses Habitans, &
par la magnificence de ses Edifices, &
par l'abondance de ses Richesses, & par
l'affluence des Hommes illustres & sçavans
qui excellent en toutes sortes d'Arts & de
Sciences. Et il semble qu'il auroit manqué
quelque chose aux grands avantages qu'à
cette merveilleuse Ville par dessus toutes
les autres, si ayant l'honneur d'être la demeure des premiers & des plus grands Rois
du Monde; du premier & du plus auguste
de tous les Parlemens; de la prémiére &
de la plus célébre de toutes les Universités,
elle n'avoit pas encore cela de particulier,
& que pas une autre Ville n'a qu'elle seule, d'avoir en ces Figures une Ecole publique de la plus admirable, de la plus
curieuse, & de la plus utile de toutes les
Sciences & de tous les Arts. Et en cela
ces Figures sont sans doute imcomparable-
ment plus considérables, que ni les Pira-
mides d'Egypte, ni que le Mausolée d'Ar-
themise, ni que les Amphitéâtres & les
autres ornemens de l'ancienne Rome, ni
que tous les superbes restes de l'Antiquité; puisque la dépense excessive & le grand

travail

travail de leur structure, ne peut servir qu'à faire voir la profusion de leurs Auteurs, & l'industrie de leurs Architectes: Au lieu que ces Figures font des leçons à tout le monde, & leur enseignent publiquement à faire tout ce que la Nature & l'Art peuvent produire de plus merveilleux; & tout ce que l'Esprit humain peut imaginer & inventer de plus beau, de plus grand, de plus parfait, & de plus utile pour les Hommes. Et certes il y a dequoi s'étonner que l'on ait si peu de soin de conserver une chose qui, quoique grossiérement & irréguliérement faite, est assurément l'une des plus curieuses de cette grande Ville, & qui est la plus soigneusement visitée par les Etrangers.

On voit bien que je veux parler des Monumens de la Philosophie Chimique que Nicolas Flamel, Parisien, a laissé dans cette Ville, par les Figures Hiérogliphiques, qu'il a fait mettre au Cimetiére des S.S. Innocens, telles qu'elles font représentées dans la Planche que j'ai fait graver & ajoûter dans ce Livre; & telles qu'elles y font encore à présent. Par ces Figures, ainsi qu'il le dit *sur la fin de l'Avant-propos de son Livre*, il a voulu représenter deux choses, les Mistéres de la *Résurrection au dernier jour du Jugement; &* *les principales & plus nécessaires Opérations*

du *Magistere des Sages.* Ce qui a été très-
assurément son principal dessein. Car il dit
au même endroit, *Que faisant bâtir en
cette ville les Eglises, Cimetiéres, & Hôpitaux,* dont il avoit parlé auparavant,
il se resolut de faire peindre dans cette Arche, les vraies & essentielles marques de
l'Art, sous des voiles & couvertures hiéro-
glyphiques. Et ainsi il ne s'est servi de la
prémiére réprésentation, qui est la plus apparente, que pour être la couverture de
la seconde, qui est la plus cachée, & pour
avoir la liberté de mettre ces Figures dans
ce Cimetiére, sans découvrir son dessein.

Car on ne peut pas nier que celui qui a
fait mettre ces Figures dans ce Cimetiére,
ne soit celui-là même qui a fait le Livre,
qui donne l'explication de ces mêmes Figures, en deux divers sens, l'un Théologi-
que ou Moral, qui est le plus apparent &
le plus manifeste; & l'autre Philosophique
ou Chimique, qui est le sens le plus envelopé & le plus caché. Ce qui fait voir évidemment que celui qui a fait les Figures,
ne les ayant fait principalement que pour
cette représentation sécréte, encore que
d'abord il semble qu'elles ne soient rien
moins que pour cela, a véritablement sçû
la Science mistérieuse des Philosophes, &
qu'il a fait effectivement leur grand'Oeuvre;
puisqu'il a sçû le déguiser avec tant d'artifi-

ce, & qu'il en parle avec tant de capacité.

Il faut donc faire voir que Flamel, qu'on ne peut pas nier, qui n'ait fait ces Figures Hiéroglyphiques (puifque fon nom & fa figure y font) eft l'Auteur du Livre qui les explique fi bien. En voici les preuves.

Prémiérement, outre que le nom de Flamel eft dans ce Livre, il fe trouve que ce même Livre a été fait précifément dans le temps de Flamel ; & lors qu'il étoit dans le déclin de fon âge ; car il a été fait l'an 1413. trois ans ou environ avant que Flamel (que ce Livre dit qu'il étoit lors fort vieux) eût fait fon Teftament, qui eft du Dimanche 22 .Novembre, l'An 1416.

Secondement, le langage du Sommaire Philofophique, qui a été conftament fait par l'Auteur de ce Livre, puifqu'il le dit, eft conforme à celui du temps de Flamel. Et tout ce que ce Livre dit de Flamel fe rapporte fort juftement à ce que Flamel a fait dans cette Ville, & au temps qu'il eft dit qu'il l'a fait. Car lors qu'il eft dit, que Flamel a fait la Projection en préfence de Perrenelle l'an 1382. Perrenelle étoit vivante. Et lorfqu'il eft dit que Flamel a fait ce Livre après la mort de Perrenelle en l'an 1413. Perrenelle étoit morte, comme il fe vérifie par une Tranfaction paffée

entre Isabelle sa sœur, Flamel son mari,
& ses Exécuteurs testamentaires, du 19.
Janvier 1397. qui avec son Testament est
dans les Archives de S. Jacques de la
Boucherie, où il dit que Perrenelle étoit
morte. L'Arche & le Charnier du Cimetiére des SS. Innocens, & l'Eglise de
Sainte Geneviéve des Ardens, où est la
Figure de Flamel, avec les deux lettres
capitales de son nom, se trouvent avoir
été bâtie non seulement du tems de Flamel, la prémiére en l'An 1319. & la derniére en l'An 1402. mais encore quelque
temps après qu'il a eu fait la Poudre de projection, & par ainsi dans le temps qu'il
pouvoit faire cette dépense. Et il se trouvera véritablement que dans ce même
temps-là, il y a eu plus de quatorze Hôpitaux bâtis en cette Ville. Et partant il
n'est pas incroyable ni impossible que Flamel les ait fait bâtir, puisqu'il avoit dequoi en faire beaucoup davantage, & qu'il
dit qu'il l'a fait.

Mais la preuve la plus convaincante
pour faire voir que Flamel est l'Auteur du
Livre qui explique ces Figures en deux
sens, se doit prendre de la conformité si
juste qui se trouve entre ces Figures, &
les deux explications, Morale & Philosophique, que ce Livre leur donne. Car il est
impossible qu'un autre que Flamel (c'est-à-

dire, un autre que celui qui a fait ces Figures eût) pû si bien les expliquer, non pas même dans le sens Moral, qui est le plus facile ; tant s'en faut que dans le sens Philosophique, qui que ce soit, même un Philosophe, eût pû deviner son dessein, ni donner si justement un sens si caché & si misterieux, (mais pourtant si évident, si véritable & si conforme à tous les Livres des Philosophes, & aux Opérations qui sont nécessaires pour faire leur grand'Oeuvre) à des Figures qui paroissent si éloignées de ce sens & de cette explication.

D'ailleurs, il se voit évidemment que la plûpart de ces Figures, avec leurs couleurs, ne peuvent pas être raisonnablement expliquées que dans le sens Philosophique de ce Livre. Car pour ne parler point de la prémiére Figure, qui n'est effectivement que la réprésentation du Fourneau & de l'Oeuf Philosophique, de la sorte que le Livre l'explique ; comme les deux autres Niches, où sont les deux lettres capitales de ce nom *Nicolas Flamel*, ne sont tout de même que les Figures de deux autres Fourneaux, pour marquer que Flamel a fait trois fois la Pierre Philosophale. On ne sçauroit concevoir que la seconde de ces Figures, avec les couleurs qui y sont marquées, ait été faite à autre dessein que pour signifier les deux Matiéres de la Pier-

re, dont l'une eſt volatile, qui eſt le Dragon qui a des aîles, & qui eſt deſſus : Et
l'autre qui eſt fixe, repréſentée par le Dragon qui n'a point d'aîles, & qui eſt deſſous, ayant ſur le dos une petite marque
quarrée, qui eſt le ſymbole de la Fixité.
Auſſi quelque peine que prenne Flamel
dans le prémier Chapitre de ſon Livre,
à donner à cette Figure un ſens Théologi-
que ou Moral, pour en faire l'application,
ou aux *péchés* que nous commettons, dont
les uns nous quittent aiſément, & s'envo-
lent ; & les autres qui ſont d'habitude &
plus enracinez demeurent en nous: ou bien
aux *Demons* qui volent inceſſament autour
de nous, & qui nous les ſuggérent ; on voit
bien que c'eſt une explication forcée ; il
paroît que ce ſens Moral eſt tout-à-fait
éloigné & tiré par les cheveux : Et il n'y
a perſonne qui ne s'apperçoive aiſément
que dans le deſſein que Flamel avoit de
donner un double ſens à chacune de ces
Figures, il n'a pas ſi bien reüſſi dans le dé-
guiſement de celle-ci, qu'il a fait dans celui des autres. Car il eſt évident que cette
Figure a incomparablement plus de rapport au ſens Philoſophique qu'il lui donne
dans le quatriéme Chapitre de ce Livre ;
comme la derniére des Figures a auſſi
bien que la plus part des autres, une conformité beaucoup plus juſte à ce même

ſens Philoſophique, & à la Pierre Philoſophale, qu'elle n'en a au ſens Moral, ni au Jugement final, ni au Miſtére de la Réſurrection. Et par ainſi il eſt évident que c'eſt Flamel qui eſt l'Auteur de ce Livre, qui explique ſi bien ces Figures, puiſqu'on ne peut pas douter que c'eſt Flamel qui les a faites.

Cette preuve ſuffiroit pour faire voir que Flamel a été véritablement Philoſophe, & qu'il a ſçû & fait la Pierre Philoſophale, puiſque par ces Figures & par ſon Livre il en a ſçû ſi bien déguiſer & expliquer la Matiére, le Procédé, le Régime, les Opérations, & toutes les autres circonſtances.

Mais les dépenſes exceſſives qu'il a faites en tant de Bâtimens publics, & les grands Biens que lui & ſa Femme par leurs Teſtamens ont légué aux Egliſes & aux Pauvres, n'étant qu'un ſimple Ecrivain ou Copiſte, ſans avoir jamais fait d'autre fonction, & ſans aucun Bien de patrimoine, en ſont ſans doute une preuve beaucoup plus manifeſte. Et parce que c'eſt l'expérience la plus connuë & la plus avérée que nous ayons; pour en faire mieux voir l'évidence, il faut néceſſairement faire un Récit abbrégé de la vie & des principales actions de Flamel.

Nicolas Flamel eſt né à Paris, mais on

ne peut pas dire au vrai ni l'année de sa
naissance, ni le temps de sa mort, parce
qu'il n'y a de Régistres des Batêmes ni des
Morts si anciens à S. Jacques de la Boucherie, qui étoit sa Paroisse, & qui est le
lieu de sa sépulture. Néanmoins, par la
datte de son Testament, qui est du Dimanche 22. Novembre 1416. & par un
Contract passé par les Exécuteurs du Testament de Perrenelle sa Femme, le Mardi
2. jour d'Avril, avant Pâques, l'An 1419.
où il y a ces mots, *Feüe Perrenelle, Femme
de feu Nicolas Flamel* ; il y a grande apparence qu'il est mort sur la fin de cette année; c'est-à-dire au mois de Mars de l'année
1419. Et antvrai-semblable que cette Acte
a été fait peu de jours après la mort de Flamel ; parce qu'il étoit l'un des Exécuteurs
Testamentaires de sa Femme. Et que l'A-
vant-propos de son Livre est datté de l'An
1419. qu'il n'a fait assurément que peu de
temps avant sa mort, quoi qu'il eût fait
son Livre dès l'An 1413. Ainsi, en re-
montant par le cours de sa vie, on peut
conjecturer qu'il doit être né du temps de
Philippes de Valois, qui commença à ré-
gner sur la fin de l'Année 1328 où tout
au plus sous le régne de Charles-le-Bel,
qui succéda à Philippes-le-Long, l'An
1322. n'étant pas croyables que Flamel
ait vêcû, selon le cours ordinaire de la Nature.

ture beaucoup plus de 91. ou 97. ans.
Ses Parens étoient pauvres, & ne lui laif-
férent apparemment pour tout Bien que
la maiſon où il demeuroit, & où il eſt
mort. Cette maiſon, qu'il a donnée à l'E-
gliſe, eſt dans la ruë des Ecrivains, & elle fait l'un des coins de la ruë Marivaux,
vis-à-vis la porte de l'Egliſe S. Jacques, que
l'on appelle la Porte Marivaux, du nom
de cette ruë. Les Parens de Flamel n'ayant
pas le moyen de le faire beaucoup étudier, il apprit aſſez de Latin pour ſe faire
Ecrivain ou Copiſte, qui étoient ceux qui
copioient les Livres, que nous appellons
maintenant Manuſcrits, parce qu'alors
l'Impreſſion n'étoit pas encore en uſage.
Et en effet M. Naudé dans ſes Mémoires,
dont nous parlerons ci-après, dit qu'il a
vû à Rome un Roman de la Roſe écrit de
la main de Flamel. Il n'éxerça point d'autre Profeſſion toute ſa vie. Car dans ſon
Teſtament, il ne prend point d'autre qualité que celle d'Ecrivain.

Comme Flamel gagnoit ſa vie à co-
pier des Livres, & à écrire des Inventai-
res & des Comptes, il trouva par hazard
à quelque Inventaire le Livre d'Abraham
Juif, qu'il acheta. Il y a apparence, comme il le dit, que ce Livre avoit été déro-
bé aux Juifs, ou trouvé caché dans quelqu'une de leurs maiſons, lorſqu'ils fûrent

pillez & chassez de ce Royaume sous
Philippe le Long, qui les bannit & confis-
qua tous-leurs Biens l'An 1319. 1320.
ou 1321. Car les Historiens ne conviennent pas tous précisément de l'une de ces
trois Années. Lorsqu'il acheta ce Livre,
il n'y avoit pas long-temps qu'il étoit ma-
rié. Il ne l'eut pas plûtôt lû qu'ayant connu qu'il enseignoit à faire la Pierre Philosophale, il en devint si passionné, qu'il
l'avoit toûjours entre les mains, & il le
lisoit, ou rêvoit incessemment sur cette
Science, qui y étoit clairement expliquée, à
la réserve du prémier Agent, c'est-à-dire
du Mercure des Philosophes, qui n'y étoit
réprésenté que sous des Figures hiéroglyphiques. Cela fut cause qu'il fit peindre
ces Figures en sa maison, & qu'il conféra
avec plusieurs Sçavans pour tâcher d'en
avoir l'explication. Mais comme personne
ne le put satisfaire là dessus, après avoir
travaillé inutilement l'espace de vingt-un
an à faire beaucoup de broüilleries, il fit
vœu de faire voyage à S. Jacques en Ga-
lice, pour en conférer avec quelque sçavant Juif en Espagne. Y étant allé & ayant
accompli son vœu, il passa en retournant
par la ville de Leon, où par le moyen
d'un Marchand de Boulogne sur la Mer,
il fit connoissance avec un Prêtre Juif,
nommé *Canches*, qui s'étoit fait Chrétien,

à qui ayant parlé du Livre d'Abraham &
lui ayant montré la Copie des Figures
qu'il avoit fait faire, ce Juif, transporté de
joye d'apprendre des nouvelles de ce Livre qu'il croyoit perdu, lui en expliqua
d'abord une partie, & quitta tout pour
venir à Paris avec Flamel, afin de voir le
Livre qu'il y avoit laissé. Mais étant tombé malade à Orleans, il y mourut le septiéme jour de sa maladie, sans avoir pû
donner à Flamel l'entiére explication du
Livre & des Figures d'Abraham.

Flamel ayant fait enterrer Canclies dans
l'Eglise de Sainte Croix d'Orleans, il re-
vint à Paris, où trois ans après ayant enfin découvert par la lecture des Livres des
Philosophes le prémier Agent, il n'eut pas
beaucoup de peine à faire la Pierre Philosophale, parce qu'Abraham avoit si clairement expliqué dans son Livre tout le reste du Procédé (ayant fait peindre jusqu'aux Vaisseaux qui sont nécessaires pour
l'Oeuvre, & marqué l'ordre des Couleurs
qui paroissent) que Famel dit qu'il n'auroit pû faillir quand il l'auroit voulu. Tellement que le 17. Janvier, l'An 1382. il
fit la prémiére fois la Projection sur demie
livre d'Argent vif, qu'il convertit presque
tout en très-fin Argent. Et comme assurément il avoit deux Vaisseaux tout à la fois,
trois mois après il fit la Projection sur la

même quantité d'Argent-vif qu'il convertit en Or très-pur, le 25. d'Avril de l'Année fuivante 1383. Et non pas de la même Année, comme celui qui a fait la Traduction Françoife de Flamel, ou celui
qui a écrit la Copie Latine, l'ont mis par
erreur; ayant fait une faute en voulant
en corriger une autre, parce qu'ils nont
pas pris garde qu'en France l'Année com-
mençoit alors le jour de Pâques, & que
nous ne l'avons commencée le 1. de Janvier que l'An 1563. par Déclaration de
Charles IX.

Ce fut là la prémiére fois que Flamel
fit la Pierre Philofophale, car il l'a faite
trois fois, comme il le dit, & comme les
trois Figures de fes Fourneaux le témoignent.

Flamel ayant en fa poffeffion un fi grand
Tréfor, il ne fongea à s'en fervir que comme un véritable Philofophe, & un bon
Chrétien le doit faire ; c'eft-à-dire pour la
gloire de Dieu, & pour le foulagement
des Pauvres, qu'il affifta d'une maniére
que *fa main gauche ne fçavoit pas ce que
faifoit fa main droite.* Il fonda & renta
quatorze Hopitaux en cette Ville, y bâtit
trois Chapelles, donna des Rentes à fept
Eglifes, & fit plufieurs réparations dans
leurs Cimetiéres. Sans ce qu'il a fait à
Boulogne fur la Mer,

Comme Flamel faiſoit ſes charités ſans bruit & ſans éclat ; & parce qu'étant faites de cette maniére, elles ſont beaucoup plus agréables à Dieu ; & parce qu'il ne ſe vouloit pas découvrir ; Nous n'avons de témoignages connus & convaincants de tout ce qu'il a fait en cette Ville, qu'en quatre endroits, où les marques en ſont évidentes & inconteſtables.

La I. & la principale de ces remarques ſe voit au Cimetiére des-SS. Innocens, où il a fait bâtir une Arche du côté de la ruë S. Denis, où ſont ces Figures hiéro-glyphiques. Au dehors de l'Arche, du côté du Cimetiére, dans les deux pilliers ſont les ſtatuës de S. Jacques & de S. Jean, & au deſſous de celle de S. Jean eſt la figure de Flamel, liſant dans un Li-vre avec une N. gotique, comme il eſt repréſenté au côté gauche de l'Eſtampe, où les Figures ſont gravées. Mais la Pro-ceſſion qu'il avoit fait mettre contre la muraille, où étoient repréſentées par or-dre les Couleurs de la Pierre, n'y eſt plus. Dans ce même Cimetiére il a fait bâtir un Charnier, (c'eſt-à-dire une Arche voutée pour mettre les Oſſemens des Morts) qui eſt du côté de la ruë de la Lingerie. Sur l'un des pilliers de ce Charnier il y a une N. & un F. gotiques, & il y a écrit : *Ce Charnier fut fait & donné à l'Egliſe.*

pour amour de Dieu l'An 1399.

La I I. de ces remarques eſt ſur la porte Marivaux de l'Egliſe de S. Jacques de la Boucherie, où la figure de Flamel eſt à côté gauche en entrant, à genoux au pieds de S. Jacques, & un N. gotique. Et la figure de Perrenelle eſt de l'autre côté, auſſi à genoux aux pieds de S. Jean, avec un P. gotique, l'image de la Vierge au milieu.

La III. remarque eſt dans la ruë notre Dame, au Portail de Sainte Geneviéve des Ardens (qui eſt appellée Sainte Geneviéve la *Petite* dans le Teſtament de Flamel) où ſa ſtatuë eſt à genoux dans une niche, avec une Ecritoire à côté, regardant S. Jacques, & une N. & une F. gotiques au deſſus, comme il eſt à côté droit de l'Eſtampe. Au bas il y a écrit : *Ce Portail fut fait l'An* 1402. *des Aumônes de pluſieurs*. Ce que Flamel a fait mettre pour ne paroître pas être le ſeul qui l'a fait bâtir.

La IV. remarque eſt dans la ruë du Cimetiére de S. Nicolas des Champs, proche la ruë S. Martin, où des deux côtés il y a un Bâtiment de pierres de taille, qui n'eſt pas parachevé du côté gauche, & qui étoit pour faire un Hôpital. Il y a quantité de Figures gravées dans les pierres avec une N. & une F. gotiques de chaque côté. Au côté droit il y a : *Fait l'An* 1407. & au côté gauche *Fait l'An* 1410.

Flamel, employant ainsi pieusement à bâtir des Eglises & à fonder des Hôpitaux les grands Biens qu'il possédoit si ligitimement, ne crut pas avoir assez fait, s'il ne laissoit à la Postérité des Monumens qui lui enseignassent le moyen d'acquérir un si grand Trésor, pour l'employer, à son éxemple, à honorer & glorifier Dieu, & à secourir les Pauvres, qui sont ses membres. C'est ce qui fit qu'il choisit plûtôt qu'un autre Lieu, le Cimetiére des SS. Innocens, pour y mettre ses Figures hiéroglyphiques ; & comme un Lieu Saint, & comme un Lieu public. Et c'est ce qui l'obligea à faire les deux Livres que nous avons de lui. Il fit prémiérement son Sommaire Philosophique en Rimes Françoises, à l'éxemple du Roman de la Rose, qui étoit lors fort en vogue. Et quatre ans après, en l'An 1413. il fit son Livre, que dans l'Avant-propos (qu'il fit le dernier) il appelle Commentaire, parce qu'il donne l'explication Morale & Philosophique de ses Figures, que personne n'auroit jamais bien entenduës sans cela.

Enfin, se voyant proche de la fin de sa vie, étant veuf il y avoit plus de vingt ans, & n'ayant point d'Enfans, il choisit

ſa Sépulture dans l'Egliſe de S. Jacques
de la Boucherie, ſa Paroiſſe, devant le
Crucifix, par Contract qu'il paſſa avec les
Marguilliers de cette Egliſe, dont il eſt
fait mention dans ſon Teſtament. Il diſpo-
ſa enſuite de ſes Biens, qu'il partagea à
l'Egliſe & aux Pauvres, comme il ſe voit
par ſon Teſtament, qui eſt dans les Archives de S. Jacques de la Boucherie,
avec celui de ſa femme. Celui de Flamel
eſt paſſé le Dimanche 22. jour de Novembre 1416. par Hugues de la Barre
& Jean de la Noë, Clercs-Notaires du
Roi au Châtelet, Meſſire Tanneguy du
Chaſtel, étant lors Garde de la Prévôté
de Paris, qui fut celui, qui étant avec Charles VII. lors Dauphin, donna le prémier un coup de hache au Duc de Bour-
gogne, qui fut tué à Montereau Faut-yo-
ne, après l'horrible maſſacre des Arma-
gnacs à Paris. Ce Teſtament commence:
A tous ceux qui ces préſentes Lettres veront,
Tanneguy du Caſtel, Chevalier Conſeiller
Chambellan du Roi notre Sire, Garde de
la Prévôté de Paris ; Salut, ſçavoir faiſons
que pardevant Hugues, &c. Fut perſonnel-
lement établi Nicolas Flamel, Ecrivain,
ſain de corps & de penſée, bien parlant,
de bon & vrai entendement, &c. Il eſt
en quatre feuilles de parchemin, qui ſont
collées les unes à la fin des autres, com-

me les Volumes des Anciens , & contient trente-quatre Articles. Dans le 20. il donne à ses Parens la Somme de quarante livres seulement , ce qui fait bien voir qu'il n'avoit point de Bien de patrimoine : car par l'Article 291. de la Coûtume de Paris, Tit. des Testam. Personne ne peut disposer par Testament de ses Biens propres *que du Quint seulement & non plus avant, encore que ce fût pour chose pitoyable.* Et ainsi les autres quatre Quints doivent appartenir aux Héritiers de la *Ligne.* Il survêcut à son Testament & ne mourut que trois ans après. L'Avant-propos de son Livre étant de l'An 1419.

Voilà la véritable Histoire de Flamel, qui fait évidemment voir qu'il a sçû & qu'il a fait la Pierre Philosophale ; & par ainsi elle est possible.

Mais voici ce que M. Naudé, Bibliothécaire de feu Monsieur le Cardinal Mazarin, & ce que ceux qui ne peuvent croire que la Pierre Philosophale se puisse faire ; & qui ne peuvent d'ailleurs démentir un témoignage si public & si avéré, se sont imaginé pour ruiner une preuve si authentique de cette vérité.

Nicolas Flamel étoit un Ecrivain ou Copiste de Paris , qui faisoit les Affaires des Juifs à Paris , environ l'An 1393. & les années suivantes. Et parce qu'en peu de

temps il avoit acquis beaucoup de Biens ;
il y en avoit qui soupçonnoient qu'il avoit
trouvé la Pierre Philosophale, ce qui est
cause qu'encore présentement les Chimistes
mettent Flamel après Hermès & Raymond
Lulle au nombre de leurs Patriarches.
Mais c'est une imposture & une folie de
quelques Visionnaires trop crédules, & qui
par l'avidité qu'ils ont de s'enrichir, cou-
rent passionnément après la Pierre Philosophale, qui n'est qu'une chimére. Voici la
vérité de la chose, par où l'on connoîtra ce
qui a donné lieu à cette supposition. Nicolas
Flamel étoit un Copiste, comme je viens de
dire, qui faisoit les Affaires des Juifs. Le
Roi les avoit banni alors de tout le Royaume, & confisqué leurs Biens. Flamel, qui
sçavoit ce qui étoit dû aux Juifs par chaque Particulier, & qui eût pû les dénoncer
au Roi, & lui déclarer combien ils devoient aux Juifs, s'accommoda sous main
avec eux, qui en fûrent bien-aises, pour
n'être pas découverts, & parce qu'ils en
fûrent quittes à meilleur marché. C'est par
cet artifice & par cette imposture, & non
par l'Alchimie, comme s'imaginent ces
Fous avec leurs Pierre Philosophale, que
Flamel s'enrichit extraordinairement en fort
peu de temps du Bien des Juifs. Et comme
le monde étoit fort devot en ce temps-là,
pour expier son péché, il fit bâtir quelques

*Eglifes, comme celle de Sainte Geneviéve
des Ardens, & le Cimetiére des SS. Innocens, oú il eft enterré. Il n'y a rien de plus
vrai que Flamel étoit un Copifte. Car j'ai
vû à Rome, dans la Bibliothéque du Cardinal Bagny, un Roman de la Rofe, dont
Jean de Meun & Clopinel font les Auteurs,
qui eft écrit de la propre main de Flamel,*

C'eft ce que dit Naudé dans fes Obfer-
vations Italiques, au rapport de Georges
Hornius, dans la Differtation qu'il a faite
de la vérité de la Chimie, imprimée au-
devant des Oeuvres de Géber à Leyde
1668. que j'ai ci-devant cité.

Mais pour faire voir que Flamel ne s'eft
point enrichi du Bien des Juifs, comme
Naudé le dit, il n'y a qu'à lire notre Hiftoire. Depuis l'An 1300. que Flamel n'é-
toit pas encore né, jufqu'à l'An 1420.
que Flamel étoit mort, les Juifs ont été
bannis trois fois de ce Royaume. La prémiére fois fut l'An 1308. fous Philippe
le Bel, qui les bannit & confifqua leurs
Biens, *parce,* dit notre Hiftoire, *qu'ils
étoient l'éxécration des Chrétiens, & particuliérement du Peuple, à caufe qu'ils les
écorchoient par de cruelles ufures, & parce
qu'ils fe rendoient les Fermiers de tous les
nouveaux Impôts.* Le P. le Meur, Jefuite,
dans les Notes qu'il a fait fur les Croni-
ques de S. Antonin, croit pieufement que

l'une des raisons qui obligea Philippes à chasser les Juifs, fut le Miracle de la Sainte Hostie, sur qui un Juif exerça tant de cruautés, l'ayant percée à coups de canif, foüettée & fait boüillir en sa maison, où fut bâtie l'Eglise des Billettes. Mais ce Miracle étant arrivé dès l'An 1290. dix-huit ans auparavant, comme il se vérifie par l'Inscription qui est à Saint Jean en Gréve, où fut portée & où se voit encore à présent cette Sainte Hostie.

Les Juifs ayant été rétablis peu de temps après par Loüis le Hutin, Fils de Philippes, pour une Somme considérables ils furent bannis une autre fois par Philippes le Long, l'An 1319. 1320. ou 1321. parce que les Histoirens ne conviennent pas tous de l'une de ces trois Années. Nicole-Gilles, qui dit que ce fût en 1319. le raconte en cette sorte. *En ce temps le Roi Philippes fit brûler & mourir tous les Mézeaux, qui étoient en ce Royame (c'étoient les Ladres qui mandioient leur vie, & que ce Roi obligea tous de se renfermer dans les Maladeries, à peine d'être brûlez) parce qu'il fut sçû & trouvé, qu'ils avoient entrepris d'empoisonner tous les puits & fontaines. Et ce faisoient-ils, comme on disoit par l'emportement des Juifs, qui leur avoient baillé poison pour ce faire. Parquoi plusieurs Juifs furent à cette cause emprisonnez &*

bannis, & leurs Biens confisquez au Roi, & moult en fut ars. Tous les Historiens conviennent que ce fut pour cette raison qu'ils furent bannis pour lors.

Charles V. surnommé le Sage, au commencement de son Règne, qui fut l'An 1364. les rétablit pour dix ans, moyennant une taxe. Et l'An 1369. il prolongea leur rétablissement pour dix autres années, en payant une grosse Somme qu'ils, avancèrent, au rapport de du Tillet & de Dupleix.

Les Juifs demeurérent en repos jusqu'en l'An 1580. au commencement du Règne de Charles V I. que dans la Sédition, qui se fit à Paris, le Peuple demanda que les Usuriers & les Juifs fussent chassez. Mézeray, qui a recueilli plus fidellement & qui a mieux & plus éxactement écrit notre Histoire que pas un, le raconte ainsi dans son Abbrégé. *Dès le lendemain une autre bande [des Séditieux] rompit les Bureaux, déchira les Tariffes & Pancartes, & au partir de-là se jetta sur les maisons des Juifs. Il y en avoit quarante dans une ruë, les pilla toutes, & brûla leurs Papiers, prit leurs Enfans & les traîna à l'Eglise pour les Baptiser, & eût assommé les Péres s'ils ne se fussent réfugiez dans les Prisons du Châtelet. Le Roi les rétablit dans leurs maisons & fit publier qu'on eût à leur rendre tout ce qui leur avoit été pillé.* Nicole

Gilles dit en cette endroit : *Que la chose déplut au Roi & à ses Oncles, qui firent crier que tout fût rapporté pardevers le Prévôt de Paris, mais peu y fut obéi.*

Les Juifs ne furent pas chassez pourlors; mais en l'An 1393. Nicole Gilles dit : *Qu'ils firent plusieurs inhumanités à un Chrétien & le tuerent en dépit de J. C. & de sa Loi.* (c'est ce que l'on avoit toujours à dire aux Juifs, lorsqu'on leur vouloit chercher quérelle) *& qu'il y en eut plusieurs prins, aucuns fait mourir, les autres battus de verges, & la totalité d'eux condamnez en dix-huit mil écus, qu'ils payérent & furent convertis en l'Edifice du petit Chatelet & de petit Pont à Paris, qui en fut fait tout de pierres.* En quoi il n'y a pas de vrai-semblance ; car les Juifs furent chassez alors, & Hugues Aubriot, Prévôt de Paris, qui avoit été condamné à tenir prison perpétuelle, d'où les Séditieux le retirérent l'An 1382. avoit fait bâtir le petit Châtelet, & petit Pont, quelques années auparavant *pour contrarier & obvier aux maux & courses que faisoient les Ecoliers par nuit* ; ainsi que le même Historien l'a dit en l'Année 1381. Mais Mézeray le dit plus véritablement. *On ne sçavoit à qui s'en prendre.* Il parle de la rechuté de Charles VI. dans sa maladie, qui étoit une foiblesse d'esprit ; qui causa

tant de malheurs à ce Royaume. *On enjoi-*
gnit aux Juifs pour la septiéme fois de sortir
de France, ou de se faire Chrétiens. Quel-
ques-uns aimérent mieux quitter leur Réli-
gion que le Royaume, les autres vendirent
leurs meubles & se retirérent.

Ainsi il est vrai ce que Naudé a dit que
les Juifs fûrent chassez de Paris, en l'An
1393. Mais il n'est pas véritable que le
Roi Charles VI. (ou ses Oncles qui gou-
vernoient pendant sa maladie) ayent lors
confisqué le Bien des Juifs ; puisque notre
Histoire ne le dit point ; ce qu'elle n'auroit pas manqué de faire , s'il l'avoit été,
comme elle l'a dit lorsque cela est arrivé.
Mais au contraire, elle remarque qu'on
leur donna le choix , ou de se retirer , ou
de se faire Chrétiens ; & que ceux qui ne
voulurent pas changer de Religion, eûrent
la permission de vendre leurs meubles ,
avant que de s'en aller , & ainsi ils eûrent
le temps de se faire payer de ce qui leur
étoit dû. Il n'est donc pas vrai , quoi que
Flamel eût fait alors les Affaires des Juifs,
qu'il se soit enrichi de leurs Biens , ni que
ceux qui leur devoient de l'argent , ayent
composé avec Flamel, de peur qu'il les allât dénoncer au Roi.

Flamel ne peut pas aussi s'être enrichi
de cette maniére du Bien des Juifs, qui
fûrent chassez sous Philippe le Long ; car

ils fûrent chaſſez 98. ou 100. ans auparavant que Flamel moûrut. Et très-aſſuré-
ment, ou il n'étoit pas encore né alors, ou
il devoit être ſi jeune, qu'il n'étoit pas
capable de faire les Affaires des Juifs,
parce qu'il n'eſt pas croyable que toute
une Nation auſſi attachée à ſes interêts,
eût voulu commettre le maniement & la
conduite de ſes Affaires à un Homme qui
n'eût pas eu du moins 25. ou 30. ans.
Mais à ce compte là il faudroit que Flamel
eût vêcu plus que Moïſe, c'eſt-à-dire
près de 130 ans. Ce qui ne peut pas être
ſelon le cours ordinaire de la Nature, ſi ce
n'eſt qu'on veille dire que Flamel ait prolongé ſa vie par l'uſage de l'Elixir des Philoſophes, dont Naudé ne voudroit pas demeurer d'accord, parce qu'il avoûroit la
vérité de la Pierre Philoſophale, qu'il prétend détruire.

Mais qui lui a dit que tous les Juifs enſemble cuſſent lors un Commis qui fît leurs
Affaires ? Et d'où a t'il apris que ce fût
Flamel ? Car il n'en rapporte point de
preuves, parce qu'il lui a été impoſſible
d'en avoir pû rapporter aucune, & il n'a,
pour appuyer ce qu'il dit, qu'une ſimple
conjecture, qui eſt, *Que Flamel n'ayant*
été qu'un pauvre Copiſte & ayant paru ſi
opulent tout à coup par les grandes dépen-
ſe des Bâtimens publics qu'il avoit fait fai-
re

re ; il faut néceſſairement qu'il ait eu toutes
ces Richeſſes de la dépoüille des Juifs, qui
furent bannis en ce temps-là & qu'ainſi il
a dû être leur Commis ou leur Homme
d'Affaires. Ce qui étant une Conſéquence qu'il tire d'un faux Principe, & que
nous lui conteſtons avec raiſon. Sommes-
nous obligez de le croire ſur ſa bonne foi ?
Car eſt-ce parce que Flamel vivoit de ce
temps-là, qu'il a fait les Affaires des Juifs?
Il y avoit alors pluſieurs milliers de Perſonnes à Paris. Eſt-ce parce qu'il étoit
Copiſte? Il n'étoit pas le ſeul de cette Profeſſion. Et cela même devroit faire croire
que les Juifs ne l'auroient pas choiſi pour
leur Agent, parce qu'il n'eſt pas croyable
que tous les Juifs, qui étoient fort opu-
lents à cauſe de leurs uſures, euſſent voulu, d'un commun accord, confier tous leurs
Effects & tous leurs Biens entre les mains
d'un ſeul Homme, qui n'avoit point d'autre qualité que d'être Copiſte, comme ſont
ceux que le Peuple appelle *Sécrétaires des
Innocens*, & qui n'avoit pour tout Bien
qu'une maiſon fort peu conſidérable.

Car de vouloir dire que Flamel n'étoit
que comme un Solliciteur d'Affaires, qui,
quoi qu'il n'eût pas entre ſes mains les Effets des Juifs, n'a pas laiſſé de profiter
de leurs Biens ; parce que faiſant leurs Affaires, & ſçachant ceux qui devoient aux

Juifs & combien ils leur devoient, &
qu'ainsi les pouvant dénoncer au Roi,
qui avoit confisqué le Bien des Juifs, il lui
aura eté facile de s'accommoder sous mains
avec ces Gens-là. Ce n'est pas là une raison valable pour avoir pû obliger ceux qui
devoient aux Juifs à s'accommoder avec
Flamel, en lui payant une partie de ce
qu'ils devoient, pour gagner & pour sau-
ver l'autre ; parce qu'il n'en eussent pas
été quittes pour cela envers leurs Créan-
ciers. Et ainsi pour pouvoir faire cette ac-
commodement, & pour profiter par cet
artifice & cette intrigue du Bien des Juifs,
que Naudé suppose que le Roi avoit confisqué, il eût fallu que Flamel eût eu des
preuves justificatives & convaincantes, de ce
qui étoit dû aux Juifs par chaque Particulier. Ces preuves ne pouvoient être que
des Contracts & des Promesses faites par ces
Particuliers aux Juifs. Mais Flamel n'a pû
avoir ces Contracts & ces Promesses, pour
deux raisons. Prémiérement, parce qu'il est
constant que les Juifs ne prêtoient qu'à
grosse usure, comme il se vérifie par notre Histoire, puisque même nous avons
vû qu'ils ont été bannis pour cette seule
raison sous Philippe le Bel, & qu'à la prémiére Sédition, qui se fit à Paris, sous Charles VI. le Peuple demanda que les Juifs
fussent chassez de Paris à cause de leurs

uſures. Or il eſt certain que les Contracts uſuraires étoient dès lors deſſendus par les Loix, comme il ſe voit par l'Ordonnance de S. Louis, de l'An 1254. qui commence *Judæis ceſſent ab uſuris.* Et par celle de Philippes le Bel, l'An 1312. qui ſont rapportées *au 4. Livre de la Conférence des Ordonnances, Titre 7. des Uſures,* & qui toutes deux ſont devant le temps dont nous parlons.

Secondement, parce que les Juifs, comme l'on ſçait qu'ils le pratiquent encore à préſent dans les Lieux où ils ont la liberté de demeurer, ne prêtoient ordinairement que ſur des gages. Ce qui ſe prouve par l'Hiſtoire de ce malheureux Juif, qui fut brûlé en cette Ville du temps de Philippes le Bel, en l'an 1290. ainſi qu'il a été remarqué, pour avoir donné des coups de canif, & fait boüillir la Sainte Hoſtie, qu'une Femme lui porta, & à qui, pour avoir cette Hoſtie, il rendit la Robe qu'il avoit en gage pour trente ſols. Et par la remarque que font nos Hiſtoriens, qu'une des raiſons qu'eut Philippes Auguſte de bannir les Juifs au commencement de ſon Règne, l'An 1180. fut que prêtant à groſſes uſures, & ayant chez eux des Croix, des Calices, & d'autres Vaſes & Ornemens d'Egliſe en engagement, ils s'en ſervoient à des uſages deshonnêtes ; quoi que Paul

Emile dise que ce ne fut qu'à cause qu'ils
furent convaincus d'avoir crucifié un Chrétien. Et partant Flamel n'a pû s'enrichir
du Bien des Juifs, soit de ceux qui fûrent chassez par Philippes le Long l'An
1320. puisqu'il n'étoit pas encore né, ou
qu'il n'étoit pas en âge d'agir pour eux:
soit de ceux qui fûrent bannis de son
temps en 1393. puisque le Bien de ceux-
ci ne fût point confisqué, & qu'il n'a pû
s'accommoder avec ceux qui devoient aux
Juifs, n'y ayant aucune preuve qu'il ait
fait leurs Affaires, & étant assuré que les
Juifs ne prêtoient qu'à grosse usure, & le
plus souvent que sur gages.

En voilà assez pour faire voir évidemment que ce que Naudé a dit de Flamel,
il l'a dit sans aucun fondement,& contre la
vérité de l'Histoire,& qu'ainsi c'est une pure supposition. Et voilà aussi ce que j'avois
à dire pour faire voir *la vérité de la Scien-*
ce ou de l'Art de la Chimie, & de la
Pierre Philosophale, qui en est l'effet. Néanmoins, comme il est plus aisé de chicaner
& d'embroüiller la Vérité que de la développer, ni de la bien établir, sur tout
quand elle est aussi cachée & aussi embarassée qu'est celle-ci, qui a tant d'Ennemis à combattre, & de difficultés à sur-
monter, on fait plusieurs Objections contre elle, ausquelles je ne m'amuseraipoint

à répondre, parce que cela a dèja été fait par de plus habiles Gens que moi ; & parce que sur le fondement que j'ai posé, & que j'ai tiré des sentimens des Philosophes, on pourra aisément se débarasser de toutes les difficultés que l'on pourroit proposer à l'encontre. Cependant, voici une forte Objection que font les Scholastiques, à quoi il faut satisfaire.

Si la Chimie, disent-ils, pouvoit faire la Pierre Philosophale, ce ne pourroit être que par la chaleur du Feu bien proportionnée, qui produiroit la Forme substantielle de l'Or. Ce qui ne peut être, parce que la chaleur ne sert que de disposition à préparer la Matiére ; & qu'étant un Accident, elle ne peut pas produire une Substance : & qu'il est impossible de si bien proportionner la chaleur artificielle, qu'elle soit tout à fait conforme à celle de la Nature, & qu'elle ne soit ou trop foible ou trop forte.

J'avois oublié à mettre & à resoudre cette Objection dans son lieu. Mais il n'importe où l'on combatte ses Ennemis, pourvû qu'on les vainque. Ceux qui sont instruits dans les sentimens de la véritable Philosophie, voyent bien que pour le prémier point, je pourrois trancher la réponse en un mot. Mais je ne veux pas pour ce coup, avoir rien à démêler avec ceux de l'Ecole, sur le sujet des Accidens.

Je dis donc prémiérement qu'ils ne font
pas tous d'accord là deſſus, & ainſi je
pourrois raiſonnablement les laiſſer aux
priſes les uns avec les autres, ſans me mêler dans leur quérelle particuliére, & ſans
m'entremettre de les accorder; puiſque ce
ſont deux Partis qui ſont également mes
Ennemis qui ſe combattent. Et je devrois
prendre plaiſir à les voir ſe détruire entre
eux. Secondement, puiſque c'eſt la chaleur du Soleil qui produit l'Or dans les entrailles de la Terre, il n'y a pas plus d'inconvenient n'y d'impoſſibilité que la chaleur du Feu qui eſt de même nature, faſſe
le même effet. Mais cette chaleur, diſent-
ils, ne ſert qu'à diſpoſer la Matiére de l'Or.
Qu'ils me montrent donc, s'il leur plaît,
qui eſt l'Agent principal qui fait cette production. Eſt-ce l'Or qui eſt dêja formé?
Il y a plus d'apparence que c'eſt lui, que
toute autre Cauſe, puiſque chaque choſe
produit ſon ſemblable. Mais la même difficulté ſe rencontre pour ce prémier Or.
Et ſi c'eſt l'Or qui fait cet effet; l'Or a
donc la vertu de ſe multiplier. Outre que
c'eſt l'Or dont les Philoſophes ſe ſervent
pour leurs Ouvrages. Voilà donc les Chimiſtes en repos de ce côté-là. Sera-ce
la Cauſe prémiére? Sans doute. Car elle
ne manque jamais à ceux de l'Ecole dans
le beſoin Et ils aſſurent qu'a point nom-

mé elle supplée toujours le manquement des Causes secondes. Mais la Matiére des Philosophes, est la même que celle dont se sert la Nature. Elle a les mêmes dispositions (puisqu'ils veulent des dispositions) par une même chaleur. Pourquoi donc la Cause prémiére n'agira-t-elle pas ici, s'il n'y a point d'autre Cause pour le faire, puisqu'ils veulent qu'elle agisse immanquablement & nécessairement quand toutes choses sont prêtes & préparées, & qu'il n'y a point d'autre Cause pour agir ? Nous voilà encore une fois à couvert. Ainsi de quelque sens que l'on tourne la chose; soit que l'on veüille que ce soit. la chaleur qui fasse l'Oeuvre des Philosophes ; soit que ce soit l'Or qui en doive faire la production; soit qu'il faille avoir recours à la Cause prémiére, cet Oeuvre ne sçauroit manquer.

Mais sans se mettre tant en peine à en deviner la Cause, les Philosophes disent que c'est la Nature qui agit dans leur Ouvrage, & que l'Art ne fait que l'aider, en ôtant tous les empêchemens extérieurs, & en excitant par la chaleur du dehors le Soufre incombustible qui est dans la Matiére, & qui est le principal Agent. Et quand on voudroit soûtenir que c'est la chaleur extérieure qui cause toute seule cet effet ; tous les Scolastiques seroient obligez d'en demeurer, d'accord, puisqu'ils sont obligez d'avoüer que lors que ce qui étoit *Bois* devient *Feu*, c'est la chaleur qui produit ce *Feu*; ou plûtôt ce n'est que la chaleur elle-même. En effet, qu'est-ce que la chaleur, du moins au dernier dégré, (qu'on a limité au huitiéme) que le *Feu* lui-même? Car je les prie de me dire, si ce *Feu*, qui est produit dans le *Bois*, se détache de l'Agent, ou s'il sort de la Matiére. Ce n'est assurément ni l'un ni l'autre. Ce n'est pas un détachement qui se fait de l'Agent; parce que cette Forme qui s'en séparerois, seroit quelque temps sans Sujet & sans appui; & ainsi elle pouroit d'elle-même demeurer toute seule dans le Monde. Elle ne sort pas aussi de la Matiére; parce qu'il faudroit qu'une même Matiére eût plusieurs Formes: & ainsi elle seroit tout à la fois plusieurs choses. Je sçais bien qu'ils disent que cette Forme est tirée de la puissance de la Matiére. Mais ils ne sçauroient expliquer cette puissance autrement qu'une capacité qu'à la Matiére de recevoir cette Forme. Et quoi que la Matiére soit capable de recevoir cette Forme, il ne s'ensuit pas que l'Agent puisse tirer du sein ou de la puissance de cette Matiére, une chose positive & réelle, qui n'y est pas positivement & réellement contenuë, & qui n'y est qu'à cause qu'il faut concevoir qu'elle y est, encore qu'elle n'y soit pas,

parce

parce qu'autrement il s'en ensuivroit un grand inconvenient, qui est que la production de cette Forme seroit une création; cette Forme n'étant pas devant cette production, & n'étant point tirée d'une Matière qui l'ait devancée. Mais comme cet inconvenient n'est que pour eux, qu'ils s'en débarassent comme ils l'entendront. Nous ne sommes pas obligez d'avoir une complaisance pour leurs sentimens si soumise & si aveugle, que de croire qu'une chose soit, que nous sçavons qui n'est pas, & qui ne peut être.

Il reste à les satisfaire sur la proportion de la chaleur, qu'il n'est pas impossible aux Philosophes de conduire, & de ménager avec la justesse, & dans le dégré qui est nécessaire pour exciter la chaleur du Soufre incombustible, & pour faire leur Oeuvre; puisqu'on la sçait bien proportionner pour faire éclorre des Oeufs, & faire naître des Poulets. A cela près, qu'on ait le Mercure des Philosophes, on viendra bien à bout du reste, malgré l'*Ergotisme* de l'Ecole.

Avant que de finir cette prémière Partie, il y a encore quelques difficultés que l'on propose, ausquelles il faut satisfaire, pour ne laisser aucun scrupule à lever.

On demande: *Puisque la Pierre Philosophale se peut faire*, d'où vient que tant

de Perſonnes qui la cherchent, & qui n'y
épargnent ni ſoin ni dépenſe, on n'en voit
pas un qui réüſſiſſe, & qu'il y en a une infinité qui s'y ruinent? Pourquoi l'on ne
voit aucun *Philoſophe*, & qu'il y a tant
de *Sophiſtes* & un ſi grand nombre d'*Impoſteurs?*

Je réponds que cela vient de ce que les
Philoſophes nous aſſurent qu'il n'y a qu'une
ſeule Matiére & qu'une ſeule Voye pour
faire leur grand Oeuvre, & pour y parvenir; & qu'il y a une infinité de Matiéres
étrangéres, deſquelles il eſt impoſſible de le
faire: Et qu'il y a tout de même une infinité
de Voyes écartées pour s'en égarer. C'eſt
pourquoi il ne faut pas s'étonner, ſi ceux
qui ne ſuivent pas les avis des Philoſophes, ne font jamais ce que les Philoſophes leur enſeignent, & ſi ceux, qui ne
vont pas par le chemin que les Philoſophes diſent qu'il faut tenir pour les
ſuivre, n'arrivent jamais où les Philoſophes ſont parvenus. Quelle merveille donc
ſi ceux qui travaillent ſur-toute autre Matiére que ſur la véritable; Qui ſuivent des
routes toutes contraires à celles de la Nature, & à celles que les Philoſophes leur
montrent; Qui commencent par où ils
devroient finir; Qui ne ſçavent ce qu'ils
cherchent ni ce qu'ils veulent faire; Qui
s'embaraſſent en mille Opérations inutiles

& extravagantes, ne réüffiffent jamais à
faire la Pierre Philofophale, quelque peine qu'ils y prennent, quelque temps qu'ils y
employent, & quelque dépenfe qu'ils puiffent faire dans leurs Recherches. Ont-ils
raifon pour cela d'accufer la Science de
leur égarement, comme fi elle étoit fauffe;
& de fe prendre aux Philofophes de leur
erreur, comme fi c'étoient des Trompeurs? Un Malade auroit-il fujet de fe
plaindre de fon Médecin de ce qu'il ne
gueriroit pas, s'il ne vouloit rien faire de
tout ce qu'il lui ordonneroit; & qui feroit
même tout le contraire? Et ne fe mocque-
roit-on pas d'un Homme qui s'opiniâtre-
roit d'aller de Paris à Orleans en prenant
le chemin de *Senlis*, au lieu de celui d'E-
tampes qu'on lui auroit enfeigné?

Il eft vrai qu'il y a une quantité d'*Impofteurs* dans la Chimie, comme il y a une
infinité de *Charlatans* dans la Médecine.
Mais comme les Charlatans font de faux
Médecins; les Impofteurs & les Souffleurs
ne font pas de véritables Chimiftes. Et il
y a moins dequoi s'étonner qu'il y ait tant
de Fourbes & de Trompeurs en ces deux
profeffions. Mais où n'y en a-t'il point?
Puifque la Religion même, qui eft fondée
fur la parole indubitable de Dieu, a eu
tant d'Hérétiques? Il y a moins de fujet, dis-je, de s'étonner qu'il y ait tant

d'Affronteurs dans la Médecine & dans la Chimie, que de voir qu'il y ait tant de Duppes, & tant de Gens affez foibles pour les croire & pour fe laiffer tromper, en leur confiant leurs bourfes & leurs vies.

Mais comme la Médecine n'en eft pas moins certaine & n'en doit pas être moins honnorée, quoi qu'il y ait des Charlatans, qui fans y rien fçavoir, fe mêlent de la pratiquer : La Chimie ne doit pas être méprifée, & n'eft pas moins véritable, pour y avoir des Soufleurs, qui promettent de faire la Pierre Philofophale, qu'ils ne fçavent pas. Et c'eft contre ces Impofteurs qu'eft L'EXTRAVAGANTE *Spondent quas non exhibent divitias*, du Pape Jean XXII. *au Titre de Crim. Ful.* & ce que le Sçavant Erafme dit de l'Alchimie dans fes Colloques ; & toutes les fouberies que l'on raconte tous les jours qui fe font faites fous le prétexte de la Chimie par des Impofteurs. Mais la Science n'en eft pas moins affurée & on ne doit pas la condamner là-deffus & fous ce déguifement ; car comme dit Tertulien, y a-t'il rien de fi déraifonnable que de condamner & de haïr ce que l'on ne connoît pas ? *Quid eft iniquius quam ut oderint Homines id quod ignorant ?*

Que fi l'on ne voit jamais aucun Philo-fophe, il y a encore moins de raifon de s'en

étonner, que de ce qu'on voit tant de Soufleurs; comme il est plus rare de trouver un
Homme sçavant, que plusieurs Ignorans.
Car un Philosophe se cache, & les Soufleurs
se produisent d'eux-mêmes. Les Soufleurs
n'ont rien à perdre, & ont besoin de tout,
& ainsi ils cherchent continuellement de
nouveaux Hommes pour les affronter. Un
Philosophe n'a rien à souhaiter, & a tout
à craindre de l'avarice & de la perfidie des
Hommes ; c'est pourquoi il les fuit pour
n'être pas découvert. Ainsi un véritable
Philosophe est comme un Homme de
bien qui auroit trouvé dans sa maison
un grand Trésor, que ses Ancêtres y a-
voient caché ; il le garde avec soin ; il le
visite avec précaution ; il le ménage avec
prudence, & il ne s'en sert qu'avec quelque sorte de crainte , de peur qu'on ne le
découvre. Mais il vit néanmoins content
dans la légitime possession qu'il a & dans
le bon usage qu'il fait pour la gloire de
Dieu & pour le soulagement des Pauvres,
d'un si grand bien & qui lui appartient si
justement. Au lieu que les Soufleurs ressemblent à cette sorte de Gens, dont on
dit qu'il y a un si grand nombre en cette Ville, qui promettent hardiment à ceux qui
sont assez foibles pour les croire, de leur
découvrir des *Trésors immenses*, parce
qu'ils sçavent, disent-ils, le Lieu où on les a

caché depuis plufieurs fiécles. Et quoi qu'aparemment ils en faffent un fort grand miftére, que cela ne fe dife qu'à l'oreille, ils affocient néanmoins fort librement au partage d'un Bien qu'ils n'ont pas, tous ceux qui font affez crédules & affez faciles pour leur fournir de l'argent, afin dacheter des *Grimoires*, qui étant rares & difficiles à trouver, font fort chers; mais qui pourtant font abfolument néceffaires pour conjurer les *Efprits* qui gardent, difent-ils, ces *Richeffes imaginaires*; fans quoi l'on ne peut en avoir la pofeffion. De forte que comme il y a toûjours quelque *Cérémonie*, qui n'a pas été bien obfervée, & qu'à chaque fois l'on manque à quelque circonftance dans ces *Conjurations*; auffi y a-t'il toujours de nouveaux frais à faire & c'eft inceffamment à recómmencer.

Il y a une autre forte de Gens qui s'apliquent à la Chimie, & qui ayant quelque étude & quelque connoiffance, cherchent la Pierré Philofophale par divers Effais, & par plufieurs Expériences qu'ils font. Et quoi qu'ils n'y puiffent jamais réüffir, ne travaillant pas fur la véritable Matiére, ou n'y travaillant pas de la maniére qu'il faut; ils ne font pas blâmables d'avoir cette curiofité; pourvû qu'ils ne faffent tort à perfonne, & qu'ils ne fe ruinent pas à cette Recherche. Ce font ceux, qui cherchant une chose qu'ils ne peuvent pas trouver, parce qu'ils la cherchent où elle n'est pas, & ne la cherchent pas de la maniére qu'il faut chercher, né laissent pas de faire de belles Découvertes, & d'avoir trouvé par leurs Opérations le moyen de réduire les Corps mixtes en leurs Principes, *Sel, Soufre & Mercure*, dont on a fait d'excellents Remédes plus efficaces & moins dégoutans que les ordinaires. C'est de cette Recherche & de leur travail qu'est venuë la *Poudre à canon*, qui est le Tonnerre des Souverains, & qui comme la Foudre fait des effets si prodigieux. C'est de-là que sont venuës les *Eaux distilées, & les Eaux fortes*; le *Verre de cendre de Fougere & des Pierres*; l'invention de faire le *Verre rouge* en dedans comme en dehors, dont on voit encore quelques restes aux vîtres des anciennes Eglises, & qui est présentement perduë; la maniére d'affermir les Caractéres de l'Imprimerie par le mêlange du Régule d'Antimoine; l'Etain d'Antimoine, & tant d'autres choses qui sont d'une grande utilité pour la guérison des Maladies, & pour la perfection des Arts. C'est de là enfin qu'est sortie cette autre branche de la Chimie, qui ne laisse pas de raporter du fruit; quoi que beaucoup moins précieux, & d'une espéce toute différente.

De sorte qu'il est arrivé à ces Chimistes,

comme à ceux, qui cherchant un paſſage pour aller aux Indes, où ils prétendoient s'enrichir d'Or, d'Argent, de Perles & de Pierreries, qui y ſont en abondance, s'étant égarez de leur route, ont découvert des Iſles & des Pays, qui juſqu'alors avoient été inconnus à notre Europe, & d'où, quoi qu'ils n'ayent pas rapporté ce qu'ils ſouhaittoient, y ont pourtant trouvé des Drogues & des Marchandiſes qui n'avoient jamais été vûës, & fort utiles aux Hommes.

Ainſi, quoi que ces Chimiſtes ne réuſſiſſent pas dans leur prémier deſſein, leur égarement ne laiſſe pas d'être profitable au Public. Et on ne doit pas plûtôt les blamer de cette occupation, que ceux qui cherchent depuis ſi long-temps le *Mouvement perpetuel*, & *la Quadrature du Cercle* ; puiſque même, quand on pourroit trouver cette derniére, elle ne ſeroit d'aucune utilité. Cependant perſonne ne trouve étrange de voir, quoi qu'aucun n'ait encore réüſſi, & ne puiſſe apparemment réüſſir dans ces Recherches, que beaucoup d'habiles Mathématiciens employent pluſieurs années à cette application. Et on lit même les gros Volumes que pluſieurs en ont compoſé, & les Démonſtrations qu'ils ont faites pour cela, & où ils ſe ſont manifeſtement trompez.

Après avoir prouvé, ce me semble, la vérité de la Pierre Philosophale par *Autorité*, par *Raisons*, & par *Expérience* ; & après avoir répondu aux principales Objections que l'on peut faire contre cette vérité ; Je ne vois pas qu'il me reste plus rien à faire pour parachever la prémiére Partie de ce Discours, qui doit servir de *Préface à la Bibliothéque des Philosophes Chimiques*, *& de deffenses à leur grand Oeuvre* ; qu'à prier ceux qui le liront de me vouloir excuser, si je ne l'ai pas fait avec toute la force & avec toute la grace qu'un Philosophe auroit fait, s'il l'avoit entrepris. Une fameuse République dans l'Antiquité refusa de recevoir un bon Avis de la bouche d'un méchant Citoyen, & elle lui ordonna de le faire proposer par un Homme de bien. Voici une Apologie de la Science ou de l'Art de la Chimie, & de la Pierre Philosophale. C'est un Ignorant & un méchant Chimiste qui la propose aux Philosophes & à la République des Sçavans, comme un Avis très-important pour leur honneur ; & qui les prie de vouloir ordonner à quelqu'un d'entr'eux de la mieux faire, pour lui donner dans le Monde & plus de croyance & plus d'autorité.

SECONDE PARTIE.

De l'Obscurité des, Philosophes Chimiques.

CE n'est pas assez d'avoir prouvé que la Pierre Philosophale est véritable & possible, il faut encore enseigner les moyens de la pouvoir faire. C'est ce que feront les Auteurs que l'on a choisi pour composer cette *Bibliothéque*. Car qui peut mieux nous apprendre les moyens de la faire, que ceux qui l'ont sçuë & qui l'ont faite ? Ainsi, comme il a déja été dit, après l'inspiration de Dieu, ce n'est que par la lecture des véritables Philosophes que l'on peut apprendre ces moyens, qui ne consistent qu'à connoître la véritable Matiére, à la bien préparer & à lui donner la cuisson par un Régime & par une chaleur bien proportionnée. C'est ce que nous apprendrons dans les Livres des Philosophes, & ce que nous ne pouvons apprendre ailleurs. Et l'on peut dire avec vérité que ce qui fait que de tant de Personnes qui s'appliquent à la recherche de cette Science, s'il y en a si peu qui y réüssissent, ce n'est que parce que Personne ne lit les Philosophes, & n'étudie la Nature. Ou si on lit quelques

Auteurs de cette Science, car la plûpart ne s'amusent qu'à soufler & à faire mille *Procédés* extravagans, on s'attache bien souvent à lire plûtôt les mauvais, que les bons ; soit, ou parce que les bons sont plus rares, ou qu'ils paroissent plus difficiles aux Apprentifs que les mauvais. Cependant rien n'est si préjudiciable en cette Science, que de commencer par la lecture des faux Philosophes, & d'avoir commerce avec des Imposteurs. Parce qu'ils impriment de faux Principes & qu'ils empoisonnent de leur mauvaise doctrine ; dont il est mal-aisé de se défaire, & de se des-infecter. C'est pourquoi je ne ferai pas comme ceux qui ont ramassé dans leur *Théâtre Chimique* & dans leurs autres *Compillations*, indifféremment toutes sortes d'Auteurs, pourvû qu'ils parlent peu ou *prou*, bien ou mal de la Chimie. Car l'on ne trouvera dans tous les *Tomes* de ce *Recueil* que les Ouvrages de ceux qui ont le véritable Caractére des Philosophes & qui sont dans l'approbation générale.

Si les Philosophes avoient voulu enseigner clairement leur Magistére, & s'ils avoient eu dessein de rendre intelligible à tout le monde ce qu'ils en ont écrit, il ne seroit pas nécessaire de faire un grand Recueil de leurs Oeuvres, pour apprendre leur Science. Le moindre de leurs Traités

nous en eût pleinement inſtruit, & il leur
eût été très-facile de nous rendre auſſi ſçavans qu'eux en fort peu de paroles. Car
toute leur Science ne conſiſtant qu'à ſçavoir faire leur grand Oeuvre, ils n'auroient eu qu'à nous en enſeigner la maniére, depuis la compoſition de leur Mercure,
juſqu'à la projection de leur Elixir; commencer par en déclarer la Matiére, en dire la Préparation, raconter par ordre les
Opérations qu'il faut faire, marquer toutes les circonſtances de l'Ouvrage, & les
Régimes du feu, & avertir enfin des fautes
qu'on y peut commettre, & qu'on doit
éviter pour y réüſſir. Ce qui aſſurément
n'eſt pas d'une ſi grande étenduë, ni embaraſſé d'un ſi grand nombre d'Opérations
qu'il ne puiſſe être compris en fort peu de
mots. Et certes, ſi nous en croyons ces
Maîtres de l'Art, à qui l'on doit néceſſairement s'en rapporter, il n'y a que deux
choſes à faire pour l'accompliſſement d'u-
ne Oeuvre ſi excellente & ſi extraordinaire; faire leur prémier Mercure; & le mettre dans l'Oeuf Philoſophique, ou ſeul;
ce qui eſt l'Ouvrage le plus facile & le plus
court, mais le plus rare & le plus inconnu;
ou amalgamé & mêlé avec l'Or, qu'il diſſout, & s'unit inſéparablement à cet Or
diſſous, qui eſt de même nature que lui,
étant comme lui un véritable Mercure.

'Après quoi il n'y a plus qu'à le cuire & à
le faire digérer, par un Régime de feu
qui lui soit proportionné, jufqu'à ce que
d'*Eau* qu'il eft il devienne *Poudre*. Et
c'eft là ce que les Philofophes appellent
convertir les Elémens, diffoudre & congeler ; faire le fixe volatil, & le volatil
fixe ; & ce qu'ils nous avertiffent fi fouvent être l'unique chofe qu'il y ait à faire pout l'entiére perfection de leur grand
Oeuvre.

Mais laquelle de ces deux Voyes que
l'on fuive, c'eft principalement à faire
leur prémier Mercure, que les Philofophes réduifent toute la difficulté, & toute la peine ; la feconde Opération étant
fi facile felon eux, qu'ils difent que c'eft
un Ouvrage de Femme, & un Jeu d'Enfans. En effet, outre qu'ils ne font pas un
fort grand miftére de cette Opération, &
que plufieurs d'entr'eux l'ont même enfeignée fi clairement, qu'ils l'ont entiérement déclarée ; ayant éxactement marqué
tous les changemens qui doivent arriver à
la Matiére, lorfqu'elle eft enfermée dans
le Vaiffeau, limité le temps auquel ils
doivent arriver, & déterminé combien
doit durer cette feconde Opération ; Il
eft certain d'ailleurs que le *Feu* qui eft l'*Agent* extérieur, & non feulement tout ce
que l'Art peut contribuer à ce fecond Ou-

vrage ; mais encore tout ce qui peut faire peine à l'Artiste, n'est pas une chose si difficile à régler qu'on voudroit le faire accroire. Sur tout après la régle infaillible que les Philosophes nous en ont donnée, de proportionner la chaleur à la résistance du Mercure ; c'est-à-dire, de faire la chaleur telle que le Mercure la puisse souffrir ; foible lorsqu'il est volatil ; & plus forte, quand après la dissolution de l'Or, il commence d'être fixe : avec cette précaution néanmoins, que la chaleur soit toujours plûtôt foible que trop forte : parce que le retardement de l'Ouvrage est tout le mal qui peut arriver d'une chaleur douce ; au lieu qu'étant violente, elle dissiperoit l'*Esprit*, & empêcheroit qu'il ne s'unît avec le *Corps* ; & ainsi, comme dit Raymond Lulle, il ne le pourroit vivifier.

On peut dire même que quelque pénible que les Philosophes nous fassent ce prémier travail, & sur tout en la préparation de la principale Matiére, d'où leur prémier Mercure se doit tirer. Ce travail ne doit pourtant pas être ni fort difficile, ni fort embroüillé, & que pour le faire, il n'est pas besoin ni d'un grand attirail de Vaisseaux, ni d'une longue suite d'Opérations.

Et il est aisé de juger que cela doit être nécessairement ainsi ; tant parce que les

Philofophes difent que ce prémier Ouvrage fe fait fur le modelle & à l'imitation de la Nature, de qui les Opérations font fort fimples & fort aifées, & dont cet Ouvrage eft un dénoüement, ou plûtôt une liaifon admirable ; que parce qu'ils affurent que la connoiffance de leur Mercure s'acquiert tout à coup. Car foit que cette connoiffance fe découvre par une impétuofité d'efprit, comme le dit un Auteur móderne ; foit qu'elle vienne de l'infpiration de Dieu, comme il eft beaucoup plus croyable, & plus conforme au témoignage qu'en rendent tous ceux qui l'ont fçuë, pour l'avoir apprife par leur étude ; une facilité fi prompte à comprendre d'abord ce Mercure, & à envifager prefque d'une feule vûë la maniére de le faire, & tout ce qui contribuë à fa compofition , eft une preuve évidente que ce doit être une chofe fort fimple, & nullement embaraf-fée d'une multitude de différentes Opérations, comme la plûpart fe le perfuadent très-fauffemeut.

Il eft vrai néanmoins qu'il faut beaucoup de temps pour faire l'une & l'autre de ces deux Opérations, & il en faut peut-être autant pour la prémiére que pour la feconde. Car Morien affure qu'il y a une très-grande conformité entre ces deux Ouvrages. Ce qui fe doit entendre de l'é-

galité de l'un & de l'autre, auſſi bien que
de la reſſemblance qu'ils ont dans leur Matiére, dans leurs Opérations, & dans
leurs autres Ciconſtances. Et l'on ſçait
d'ailleurs que la Nature (qui travaille conjointement avec l'Art à faire le Mercure
des Philoſophes, & qui contribuë aſſurément le plus à ſa Compoſition) tout le
monde ſçait, dis-je, que la Nature régle toutes ſes productions ſur le cours annuel du
Soleil, qui en eſt le véritable Pére. Car qui
ne ſçait point que c'eſt le Soleil, qui, par
ſa chaleur vivifiante, fait naître & croître
toutes choſes ici bas ? Que c'eſt lui qui
rend la Terre & les Eaux fécondes ? Que
c'eſt lui, qui, ſelon le ſentiment de l'Ecole,
engendre les Minéraux dans les entrailles
de la Terre ? Que c'eſt lui qui produit les
Plantes, qui en fait éclorre les fleurs, qui
en forme & en meurit les fruits, qui en
digére les ſemences, & qui les fait ger-
mer dans le ſein de la Terre pour en faire
une production nouvelle ? Que c'eſt lui
enfin qui contribuë tout de même à la génération des Animaux, qui font la troiſiéme Famille de la Nature ? Ce qui a fait
dire à Ariſtote que lé Soleil & l'Homme
font l'Homme ?

Mais le long-tems qu'il faut employer
à faire l'une & l'autre Opération du Magiſtére, n'eſt pas ce qui en fait la difficulté

nj

ni l'embarras. Aussi, à considérer sérieusement ce que les Philosophes disent de
ces deux Opérations, qui font l'Oeuvre
toute entiére, on trouvera que la prémiére, qui comprend la Composition & la
Préparation extérieure de leur prémier
Mercure, se devant faire comme se font
les Ouvrages, & les Productions ordinaires & naturelles, pour longue que soit
cette Opération en sa durée, & pénible en la
préparation de la principale Matiére de ce
Mercure (qui est tout ce que l'Art y contribuë) on trouvera, dis-je, qu'elle tient
plus néanmoins en toute son étenduë de la
simplicité de la Nature, que des soins & de
l'empressement de l'Artifice. Et l'on verra aussi que la seconde, n'étant autre chose que la Dissolution de l'Or par le prémier Mercure, & la digestion du second ;
ce qui se fait par le seul Régime du feu,
elle doit pareillement être très-simple. Et
l'on doit inférer de là que ces deux Opérations ne consistent qu'en fort peu de
chose, & que dans l'une & dans l'autre
l'Artiste doit être la plûpart du temps Spé-
culateur oisif, sans avoir nulle autre chose
à faire, qu'à considérer la complaisance
que la Nature a pour l'Art, & à admirer
l'obéissance & l'assujettissement que Dieu
permet qu'elle ait à la volonté des Hommes. Et ainsi l'on peut dire avec certitude,

qu'il ne faut pas un fort long Discours
pour expliquer ces deux Opérations, ni
par conséquent pour enseigner le Magistére tout entier.

Ce n'est pas que les Philosophes n'eussent pû traiter leur Science dans l'ordre &
de la maniére qu'on enseigne les autres
Sciences dans les Ecoles, par la Définition & la Division de leur Doctrine & de
son Objet, par l'établissement de ses Principes, & par l'explication de ses Causes
& de ses Propriétés, & appuyer tout cela sur des preuves & des raisonnemens solides. Aussi, quoi que la Science des Philosophes consiste plus dans la pratique &
l'éxécution de leurs Maximes, que ni dans
les preuves ni dans le raisonnement ; parce que la Démostration la plus certaine
& la plus convaincante que l'on puisse faire de la possibilité & des vertus d'une chose douteuse ou contestée, c'est d'en faire
voir la certitude & les effets par expérience. Et quoi que la fin de cette Science,
qui se termine à une Opération, la fasse
souvent mettre au nombre des Arts, ne
pouvant pourtant jamais se trouver par
hazard ; mais s'apprenant seulement ou
par révélation, ou par une longue étude,
& une profonde méditation ; cela n'empêche pas qu'elle ne soit une véritable
Science, qui a ses Principes & ses Démon-

ftrations auffi bien que les autres. Ses
Principes font mêmes plus affurez, & fes
Démonftrations font d'autant plus certaines que celles des autres, que fes Démonftrations & fes Principes font fondé.. fur
les Opérations & fur les Productions de
la Nature, qui font toujours fort réguliè-
res & infaillibles ; puifque, felon les Philofophes, toute la Science ne confifte
qu'à connoître les Opérations de cette
fage Ouvriére, & à les imiter.

De quelque maniére néanmoins que les
Philofophes euffent enfeigné leur Science,
& quelque Métode qu'ils euffent fuivie en
leurs Livres pour nous l'apprendre, s'ils
s'étoient expliquez affez nettement pour
vouloir fe faire entendre à tout le monde,
il eft certain que nous aurions appris en
moins d'un quart d'heure tout ce qui auroit coûté à ces grands Genies plufieurs
années d'étude, de méditation & d'expérience. Et fans avoir eu befoin de lire plufieurs volumes, & même prefque fans nulle application, nous aurions fçû ce que des
Hommes confommez dans la fpéculation
& dans la pratique, n'auroient eu découvert qu'après une étude opiniâtre & une
peine incroyable.

Mais, foit que les Philofophes ayent
été jaloux d'une chofe, qui leur avoit tant
coûté, & d'une chofe, qui d'ailleurs eft

plus précieuſe que tous les tréſors de la
Terre, ſoit qu'ils l'ayent fait pour quelqu'autre motif, ce que nous éxaminerons
enſuite; ils ſont bien éloignez d'avoir
voulu enſeigner leur Science d'une maniére ſi réguliére & ſi inſtructive, & de la
rendre ſi évidente & ſi facile à concevoir.
Ils diſent au contraire fort ſincérement,
qu'exprès ils l'ont enveloppée d'Egnimes
pour la rendre obſcure. Ils avoüent de
bonne foi qu'ils l'ont cachée, bien loin
d'avoir eu deſſein de la divulguer, & qu'ils
ne l'ont écrite que pour les Fils de la
Science; c'eſt-à-dire, pour ceux qui ont
dèja quelque connoiſſance de leur Mercure. Ils confeſſent ingénûment qu'ils l'enſeignent en ne faiſant pas ſemblant d'en
rien dire; & ils aſſurent que quand ils ſemblent parler le plus clairement & le plus
ſincérement, c'eſt alors qu'ils ſont le moins
intelligibles, & le moins croyables. Ils
avertiſſent que ce que l'on comprend d'a-
bord & ſans peine dans leurs Livres doit
être ſuſpect, & qu'il ne s'y faut pas fier.
Et ils ne ſe ſont pas même contentez d'a-
voir déguiſé & obſcurci la vérité dans
leurs Ecrits; ils ont encore conjuré & engagé tous ceux qui auroient un jour la
connoiſſance de leurs Miſtéres, ou par
les inſtructions qu'ils leur en auroient laiſ-
ſées, ou par la révélation de Dieu, ou

d'un Ami, à garder inviolablement le si-
lence à leur éxemple, & à ne s'expliquer
que par des termes ambigus, & énigma-
tiques. Et ils ont prononcé des malédictions & des anathêmes contre ceux qui seroient assez dépourvus de sens & de raison
pour découvrir un si grand Sécret.

C'est par cette considération que dans
de sors grands Traités, que plusieurs Philosophes ont fait de leur Science, ils n'ont
rien dit de leur prémiére Opération ; &
que même dans quelques-uns de leurs Livres, qui ne laissent pas d'être fort esti-
mez & recherchez, il ne s'en trouve rien
du tout, tant ils ont appréhendé d'en trop
dire, & de se trop découvrir là-dessus.
Aussi leur prémier Mercure, qui se fait par
cette Opération, est le principal Agent
de l'Oeuvre ; c'est lui qui la commence,
c'est lui qui la sinit, & c'est lui enfin qui
en est la seule Clef, n'y ayant que lui *qui
puisse ouvrir le Palais du Roi qui est fer-
mé*, ou comme Philaléthe l'explique autrement, *de rompre les barrieres de l'Or*.
Je veux dire qu'il n'y a que lui qui puisse
dissoudre naturellement ou réduire en ses
Principes l'Or, qui est le Roi du Règne
Minéral, dont la composition est trés-
forte, & ainsi fort difficile à détruire, à
cause que ses parties, qui sont très-pures &
& toutes de même nature, n'étant désu-

nies par le mélange d'aucune impureté, sont parfaitement liées & incorporées ensemble. Et la raison en est, qu'il n'y a aucun autre Dissolvant que ce seul Mercure qui soit de même nature que l'Or; & par conséquent il n'y a que lui qui, en le pénétrant & en divisant ses parties, puisse le dissoudre, & s'unir ensuite inséparablement à la dissolution qu'il en aura faite; sans quoi les Philosophes assurent que le Dissolvant n'est ni naturel ni véritable. Et ainsi étant absolument impossible de faire l'Oeuvre sans ce Mercure, & pouvant facilement être faite avec lui, & même seulement de lui; il est sans doute que ce Mercure est tout ce qu'il y a de plus nécessaire & de plus important dans l'Art des Philosophes. C'est pourquoi il ne faut pas s'étonner si, dans le dessein qu'ils ont eu de cacher leur science, ils ont fait un grand sécret & un grand mistére de ce Mercure, & s'ils se sont étudiez si soigneusement à ne le pas divulguer, parce que s'ils l'avoient une fois déclaré, leur Science, facile d'ailleurs comme elle l'est, deviendroit aussi-tôt commune & publique; & si elle étoit sçuë, leur Magistére pourroit être fait indifféremment & également par les Sçavans comme par les Ignorans. C'est ce qui a obligé ceux qui ont écrit de ce Mercure, d'en parler avec tant de circonspection, que presque tous en ont parlé différemment, & d'en parler avec tant de retenuë, qu'ils n'en ont dit chacun qu'un mot ou deux, ou au moins que bien peu de chose ; & que ce qu'ils en ont dit est d'ailleurs si obscur ; qu'ils avoüent eux-mêmes qu'il est presque impossible d'en rien découvrir parce qu'ils en ont dit. Ainsi l'on peut assurer que tout ce que les Philosophes ont écrit de leur Mercure, ils l'ont écrit plûtôt pour confirmer dans leur opinion ceux qui l'ont dèja découvert & qui le sçavent par avance, que pour en instruire ceux qui l'ignorent, & qui n'en sçavent pas assez pour entendre leur langage particulier, & pour pénétrer dans leur intention. De maniére qu'ils donnent à ceux qui ont, selon les termes de l'Ecriture ; & à ceux qui n'ont pas, ils leur ôtent cela même qu'ils n'ont pas.

Le Traité qui a paru depuis quelques années sous le nom de Philaléthe est une preuve bien convaincante de cette vérité. Car encore que le Philosophe, qui en est l'Auteur, ait écrit avec plus d'ordre & de métode, & qu'il ait eu plus de sincérité & d'ingénuité que nul de ceux de qui nous avons les Ecrits, & qu'il ait traité beaucoup plus amplement & plus clairement que pas un du prémier Mercure, & qu'il ait découvert des choses de la Compo-

sition & de la Préparation de ce Mercure,
dont personne n'avoit parlé avant lui ; &
quoi qu'il l'ait fait tant pour les *Enfans
de la Science*, comme il le dit lui-même,
que principalement pour tendre la main à
ceux qui sont misérablement engagez dans
l'erreur, afin de les en retirer ; & que
horsmis qu'il ne nomme pas les choses par
leurs noms propres, il enseigne, dit-il,
la Science si clairement, qu'il ne laisse nul
sujet de douter à ceux qui s'appliqueront
à l'étudier, parce qu'il resout toutes les
difficultés & les doutes qu'ils pourroient
avoir ; ce qu'il en a dit ne laisse pourtant
pas de paroître fort obscur & fort difficile
à entendre. Et il y en a peu de ceux qui se
sont égarez, qui puissent voir, la lumiére
qu'il leur a donnée pour les éclairer, & les
ramener dans la Voye des Philosophes. [1]

Mais outre toutes les précautions
que les Philosophes ont prises, parlant de
leur prémier Mercure, par l'obscurité &
l'ambiguité qu'ils ont affectée dans la maniére de s'énoncer, & par les ténébres que
de dessein formé ils ont répanduës dans
leurs Ecrits, il y a principalement trois

[1] Des Envieux ont tron-
qué le Traité de ce Philosophe pour le rendre obscur,
& c'est ce que M. Salomon
a peut-être ignoré. On rétablit ce Traité dans cette E-
dition, & l'on y léve en partie le voile dont Philalethe
enveloppe la Matiére de
son Mercure Philosophique.

choses.

choses qui embaraſſent extrémement ceux
qui s'appliquent à étudier leur Science, &
qui leur en rendent encore la connoiſſance plus difficile, ou, pour parler comme
eux, preſqu'impoſſible à acquérir par les
Livres qu'ils nous en ont laiſſez. La prémiére eſt que parmi les vérités qu'ils y ont
enſeignées, ils ont entremêlé pluſieurs
choſes, non-ſeulement inutiles, mais qui
paroiſſent même bien ſouvent toutes oppoſées & toutes contraires à ces vérités.
L'autre, qu'ils ont embroüillé les deux
Ouvrages de leur Magiſtére, en multipliant
les Opérations qui ſont néceſſaires pour
les faire, & en donnant le change lorſqu'ils
parlent de ces Ouvrages & de ces Opérations. Et la derniére, qu'ils n'ont pas
même enſeigné leur Doctrine par ordre &
de ſuite, s'étant tous accordez à ne mettre ce qu'ils diſent de leur prémier Mercure qu'en déſordre & en confuſion ; & encore à ne le mettre que par piéces & par
lambeaux, qu'ils ont diſperſez çà & là, &
loin à loin dans leurs Livres ; ici un mot,
& là un autre, afin qu'ils paruſſent inintelligibles, & que leur Sécret en fût d'autant
plus méconnoiſſable, & plus difficile à
découvrir. De ſorte que s'ils n'ont pas eu
la même cruauté que Médée, lorſque s'enfuyant de Colchos, elle emporta la fa-
meuſe Toiſon d'Or, & que j'ai fait voir

ailleurs être une Emblême de la Pierre Philosophale, on peut dire qu'ils en ont au moins imité l'addresse & l'artifice. Car cette cruelle Fille craignant que son Pére, qui la poursuivoit, ne lui enlevât ce Trésor, pour l'amuser & l'empêcher de reconnoître le chemin qu'elle avoit tenu, elle tua son Frére, & en ayant mis le corps en piéces, elle les jetta en différens endroits, afin que tandis que ce malheureux Pére seroit occupé à chercher & à ramasser soigneusement les membres dispersez d'un corps si cher, elle lui échapât, & que de cette maniére elle rendît ses poursuites vaines & son dessein inutile.

Ce n'est donc qu'en ramassant, & qu'en réünissant soigneusement toutes ces différentes piéces du Mercure des Philosophes (qui est leur véritable Enfant) qu'ils sont dispersées dans leurs Ecrits, qu'on peut en concevoir une véritable idée, pour en faire la Composition. Comme le portrait de Phidias ne se formoit au milieu du bouclier de Pallas que par le rapport & le concours de toutes les piéces, dont cet excellent Ouvrier l'avoit fait ; ce n'est que dans les Ouvrages de ces grands Hommes, quelques obscurs & difficiles qu'ils nous paroissent, comme je l'ai dèja dit ailleurs, que nous pouvons trouver ce qu'ils y ont si soigneusement caché ; comme ce n'est ordinairement que dans le sein obscur de la Terre qu'on trouve l'Or, quelque peine & quelque difficulté qu'il y ait d'en foüiller les Mines. Et ce n'est enfin que le choix que nous devons faire de la conformité de leur Doctrine, parmi tout ce qui est contenu dans leurs Livres, qui nous fera découvrir une Vérité qu'ils ont embroüillée parmi tant de choses superfluës, en nous fournissant dequoi former une parfaite idée de leur Mercure. Comme le Peintre Zeuxis conçut autres-fois le dessein d'un portrait admirable de la Déesse Vénus, par le choix qu'il fit de tout ce que les belles Filles d'une Ville célébre avoient de mieux fait & de plus achevé, qu'il réünit, & qu'il proportionna ensuite selon les régles de son Art. C'est cette conformité qui nous donnera entrée dans leurs mistéres, parce que, dit un Philosophe, c'est en cette conformité toute seule que se rencontre la vérité, qui est l'unique chose que nous devons chercher.

Ainsi l'on peut dire qu'il est de la difficulté qui se trouve à déchifrer la Doctrine des Philosophes, comme de l'artifice de ces petits Cadenas, dont on se servoit autres fois par curiosité. Ils étoient composez d'un certain nombre de cercles, sur chacun desquels il y avoit plusieurs lettres gravées ; & l'on ne pouvoit les ouvrir

qu'en tournant si justement tous ces petits
cercles, que de la rencontre ; & de l'arran-
gement d'une lettre de chacun d'eux, il se
formât un mot qui en étoit la clef. Car comme pour composer ce mot mistérieux chaque cercle ne contribuoit qu'une seule lettre
de toutes celles qu'il avoit, & qu'il faloit
chosir cette lettre parmi un nombre d'autres,
qu'il n'y étoient ajoûtées que pour la faire
méconnoître, & pour embarasser, par leur
pluralité & leur différence, ceux qui voudroient entreprendre d'ouvrir ces Cadenas
sans en sçavoir le sécret : On peut dire tout
de même que dans les divers Traités que
les Philosophes ont fait de leur Magistére,
quelque grands que soient ces Traités, il
n'y a assurément que peu de mots, & bien
souvent qu'un seul mot qui soit utile, &
qui étant joint à d'autres mots, qui se trouvent dans les Ecrits des autres, puissent servir à nous donner l'entrée dans leur Science, & l'intelligence de leur Sécret : tout
le reste étant superflû, & n'ayant été mis
que pour embroüiller davantage la chose,
& la rendre plus difficile & plus mécon-
noissable : ou n'étant au moins que pour
expliquer ou raconter les Opérations de
leur seconde Oeuvre, qui est presque la
seule chose dont ils ayent parlé. De sorte
que le tout est de trouver le moyen de
les accorder si bien tous, en arrangeant &

ajuſtant de telle maniére leurs mots miſtérieux les uns avec les autres, que nous
découvrions enfin la conformité de leurs
ſentimens, & que des diverſes notions que
nous en ramaſſerons, nous puiſſions former une idée parfaite de leur prémier Mercure, & en connoître évidemment la nature & la compoſition, parce que, comme j'ai déja dit pluſieurs fois, les Philoſophes nous aſſurent que c'eſt en cela ſeulement que conſiſte l'éclairciſſement de toutes leurs obſcurités, & que c'eſt l'unique
Clef pour *ouvrir la porte du Palais fermée
du Roi*, & pour nous donner entrée en
leurs Miſtéres.

On voit évidemment, par les choſes
que nous venons de dire, la néceſſité qu'il
y a de faire un Recueil, & de ramaſſer,
comme dans un Corps, les Oeuvres des
véritables Philoſophes, & de ceux encore
principalement qui ſont les moins diffus
& les moins embaraſſez ; tant afin que les
uns ſuppléent à ce qui manque aux autres,
& qu'ils s'entre-aident ainſi mutuellement ;
qu'afin auſſi qu'on puiſſe plus facilement
conférer leurs opinions entr'elles, & éxaminer en quoi ils ſont tous d'accord, puiſque ce n'eſt qu'en cela qu'ils ont dit la vérité, & que ce n'eſt par conſéquent qu'en
cela que nous la pourrons trouver. Ce qui
doit néanmoins s'entendre avec cette ré-

ſtriction & cette régle, qu'ils nous ont
eux-mêmes preſcrite. Qu'on doit toujours
rapporter leurs ſentimens à la poſſibilité de
la Nature. Comme s'ils nous diſoient que
nous les devons croire , pourvû que ce
qu'ils nous enſeignent ſe puiſſe faire naturellement. Car ſi c'eſt une choſe qui excé-
de le pouvoir & la maniére ordinaire d'a-
gir de la Nature , c'eſt une marque indubitable , ou que ce qu'ils diſent eſt contraire à la vérité, ou que nous ne les enten-
dons pas. Et la raiſon en eſt, que leur Oeuvre , & principalement la prémiére , n'étant
véritable qu'autant qu'elle eſt poſſible & n'é-
tant poſſible qu'en ce qu'elle eſt conforme
à la Nature, c'eſt-à-dire , qu'en ce que la
Nature la peut faire , & qu'elle ſe fait de
la même maniére , & par les mêmes Opérations que la Nature fait toutes ſes Productions; Il eſt certain par conſéquent que
ſi ce qu'ils en ont écrit eſt une choſe qui ſe
trouve contraire aux Opérations & au
pouvoir de la Nature , elle eſt conſtam-
ment fauſſe & impoſſible : Quoique les
mêmes Philoſophes nous aſſurent que d'elle-même la Nature ne peut faire leur Oeuvre ſi l'Art ne l'aide. Et c'eſt ſans doute
ce qui en augmente encore la difficulté,
parce que nous devons imaginer une choſe qui ſe puiſſe faire naturellement , & qui
eſt néanmoins impoſſible à la Nature , ſi

l'Art ne lui fournit la Matiére propre &
néceſſaire, s'il ne la prépare, & s'il ne lui
donne ſon ſecours dans toute l'étendue de
l'Opération. Comme nous voyons que ſi
le Laboureur ne donnoit fort éxactement,
& dans les Saiſons propres tous les la-
bours, & toutes les façons à ſon Champ,
s'il n'avoit ſoin de l'engraiſſer, & de l'é-
chauffer par le ſumier qu'il y répand &
qu'il y mêle ; & s'il n'arrachoit ſoigneuſement les méchantes herbes qui y naiſſent ;
ce ſeroit inutilement qu'il y ſemeroit du
Blé, & qu'il eſpéreroit d'en recueillir
la moiſſon. Il ſeroit aſſurément trompé,
& il perdroit ſa ſemence, ſa peine, & ſon
temps.

Ce ſont là les Maximes que les Philoſophes nous preſcrivent, & ce ſont les
précautions qu'ils nous avertiſſent de prendre, ſi nous voulons découvrir leurs véritables intentions, & pénétrer dans leurs
Miſtéres. C'eſt la lumiére qu'ils nous donnent, & dont nous devons nous ſervir
pour diſſiper les ténébres dont ils ont obſcurci leur Science. C'eſt le chemin qu'ils
nous montrent pour aller cueillir ce merveilleux *Rameau d'Or*, au milieu de cette
Forêt épaiſſe & ſombre qui le couvre, &
qui le cache aux yeux de tout le monde.
Si nous ſuivons ces ſages conſeils, & ſi
nous ne nous égarons point de leur route,

il eſt ſans doute que les *Colombes de Diane* (1)
ſe preſenteront à nos yeux , & elles nous
conduiront infailliblement à cet *Arbre miſ-*
térieux & Philoſophique qui produit inceſſament de nouvelles branches à meſure
qu'on lui en ôte.

Car enfin , quoi que les Philoſophes
n'ayent pas enſeigné leur Science d'ordre
ni de ſuite , qu'ils l'ayent diſperſée par
lambeaux & qu'ils ayent confondu les Opérations des deux Ouvrages , qui ſont abſolument néceſſaires pour faire le Magiſtére ; & quoi qu'enfin ils ayent entremêlé
dans leurs Livres beaucoup de choſes inutiles , & qui ſemblent même toutes oppoſées à leur Doctrine ; il ne ſeroit pas néanmoins ſi difficile qu'on le penſe , d'accorder ce qui paroît contraire dans leurs
Opérations , ni de ramaſſer toutes les piéces de leur prémier Mercure , qu'ils ont
répanduës en divers endroits de leurs Livres , ni de les ajuſter & les réunir enſemble , ſi l'on vouloit ſe donner la peine de
bien examiner leurs ſentimens là deſſus , &
de conſidérer ſérieuſement en quoi ils ſont
tous unanimement d'accord. Car je le re-
péte encore, ce n'eſt qu'en ce conſentement
général des Philoſophes que nous décou-
vrirons la vérité ; & c'eſt une pure folie de
nous amuſer à toute autre choſe.

(1) Vous apprendrez dans les Notes ſur Philalèthe ce
que c'eſt que ces Colombes.

Cependant, quoi qu e tous ceux qui s'appliquent à la recherche de cette Science, doivent être fortement persuadez que c'est l'unique moyen d'y réussir, & qu'ils n'y réussiront jamais autrement. Personne néanmoins ne veut prendre cette peine, & Personne ne veut étudier les Philosophes. Et sans étude & sans application tout le monde veut sçavoir une chose si cachée, si embarassée, si difficile à concevoir, & qui ne peut s'apprendre que par une étude opiniâtre, & que par une longue & laborieuse méditation de la Nature.

On prend même des routes toutes opposées à celles des Philosophes. On travaille sur des Matiéres étrangéres, c'est-à-dire qui n'ont aucune affinité avec ce qu'on veut faire, & dont la Nature elle-même ne sçauroit faire le moindre Métail ; & ainsi l'on prétend trouver dans une chose ce qui n'y est pas, & ce qu'elle ne peut pas donner. On donne une explication & un sens tout contraire aux paroles des Philosophes, & à ce qu'ils nous enseignent ; & au lieu d'imiter la Nature en ses Opérations & suivre sa Voye toute pure & toute simple, on s'embarasse en mille subtilités extravagantes, & l'on quitte volontairement le chemin qu'elle montre, où l'on s'en égare aveuglément. Ainsi l'obscurité que nous imputons aux Philosophes est bien moins en eux, qui peut-être n'ont pû parler guéres plus clairement ni plus intelligiblement qu'ils ont fait, qu'en nous mêmes, qui ne pouvons pas appercevoir ce que nous voyons tous les jours ; qui nous aveuglons pour ne pas voir la lumiére, & qui nous infatuons pour ne pas connoître la vérité. Et après cela avons-nous sûjet de nous plaindre que les Philoſophes ont affecté d'écrire obſcurément, pour ſe rendre inintelligibles.

Il eſt vrai que les Philoſophes n'ont pas enseigné mot à mot, ni de ſuite, toute la maniére de faire leur Magiſtére, parce qu'ils n'ont pas voulu que ce fût une choſe ſi publique. Et certes ils ont eu très-grande raiſon d'en uſer ainſi. Car outre qu'ils nous aſſurent que c'eſt Dieu (de qui dépend la révélation de leur Science, auſ-ſi bien que la diſtribution des autres gra-ces) qui veut qu'elle ſoit cachée, puiſ-que depuis tant de ſiécles qu'elle a été connuë, elle eſt toujours demeurée fort ſé-crette, & que tous les Philoſphes, tant ceux qui avec la bénédiction de Dieu l'ont apriſe par leur étude & par leur travail, que ceux à qui on l'a déclarée, ſe ſont tous accordez en cela de la cacher, & de ne l'enſeigner que par Enïgmes , & en des termes qui paroiſſent ambigus & fort obſ-curs à tous les autres. Ce qu'il n'eſt pas possible qui fût arrivé après que tant de milliers d'Hommes de toutes Nations, de toutes Religions, de toutes sortes d'états & de conditions, jusques aux Femmes mêmes l'ont sçuë, sans un effet particulier & visible de la providence de Dieu, qui n'a pas permis qu'elle fût divulguée. Outre, dis-je, que Dieu, qui est le Maître des pensées & des paroles des Hommes, ne veut pas que cette Science soit si commune, & qu'il ne seroit pas juste ni raisonnable que les Stupides & les Paresseux eussent le même avantage que les Personnes éclairées & laborieuses ; Il est certain qu'un Philosophe causeroit le plus grand desordre qui fut jamais, qui enseigneroit clairement le moyen de faire autant d'Or & d'Argent qu'on en pourroit souhaiter ; en sorte que ces deux Métaux, qui servent d'ornemens à toutes les Dignités, & qui sont le lien du commerce & de la société humaine, fussent aussi communs que les pierres ; comme l'Ecriture nous apprend qu'ils étoient dans la Judée pendant le Règne de Salomon.

Ce n'est pas qu'il ne fût à souhaiter pour la paix & la tranquilité des Hommes, ou que l'Or & l'Argent leur eussent toujours été inconnus, ou qu'au moins ils leur eussent toujours été inutiles ; puisque ce sont ces deux Métaux, qui, par la nécessité que

l'on en a, & par le mauvais ufage qu'on
en fait, font la caufe des plus grands
maux qui arrivent fur la Terre : Que ce
font eux qui font maintenant prefque toute la diftinction des conditions des Hommes ; qui font la différence des Riches &
des Pauvres; des Maîtres & des Serviteurs,
des Grands & des Petits ; des Magiftrats
& du Peuple, & que ce font enfin les
Idoles de ce Monde. Mais après tout,
ce feroit abfolument détruire la Société
qui eft établie depuis tant de fiécles parmi
les Hommes par les Loix divines & humaines, & ce feroit renverfer tous les E-
tats, que de rendre fi communs l'Or &
l'Argent, qui les entretiennent & les font
fubfifter par leur commerce.

Et en effet, une abondance fi grande &
fi générale feroit tous les Hommes également riches, ou plûtôt elle les rendroit tous
également pauvres. Les Villes demeure-
roient défertes, les Communautés feroient
dés-unies: Chacun feroit obligé de cultiver
la terre pour fa fubfiftance particuliére, &
chacun feroit contraint de faire divers métiers pour pouvoir vivre. Et cette contrainte & cette néceffité feroit encore plus
grande dans les Climats où nous fommes,
où par l'intempérie des Saifons, on peut dire que l'Homme ne peut pas vivre de pain
feulement, & que les vétemens, & les au-

tres fecours, qu'il reçoit des Arts mécha-
niques, ne lui font pas moins néceffaires
pour la vie que la nourriture. Cependant
comme le nombre des Méchans & des
Fainéans fera toujours beaucoup plus
grand que celui des Gens de bien, & de
ceux qui voudroient vivre du travail & de
l'induftrie de leurs mains, les plus forts op-
primeroient les plus foibles; de forte qu'en
rendant les autres malheureux, ils fe feroient miférables eux-mêmes, & ainfi
tout feroit en confufion. Car la Pêche &
la Chaffe ne pourroient pas en notre Europe, comme elles font dans l'Amérique,
fournir de quoi vivre à tant de millions de
Perfonnes qui l'habitent. Ainfi il faudroit
néceffairement de deux chofes l'une, ou
revenir à la permutation des chofes, qui
ne pourroit pas en faire fubfifter plufieurs,
ni fort long-temps, toutes les chofes n'é-
tant pas d'une égale néceffité; ou établir
une maniére de Société & de Gouverne-
ment femblable à celui dont l'illuftre Chan-
celier d'Angleterre *Thomas Morus* a laiffé
un projet dans fon *Utopie:* ou à celui qu'une
Relation, qu'on a faite depuis peu des Ter-
res Auftrales, nous veut faire croire, qui
eft établie parmi les Peuples qu'elle nomme *Sevarambes.*

Mais parce que ces innovations ne fe
pourroient faire fans bouleverfer l'ordre é-

tabli depuis ſi long-temps dans le Monde, & par conſéquent ſans être accompagnées de très grands malheurs ; & parce que dans l'état où ſont maintenant les choſes , par le commerce de l'Or où de l'Argent , chacun en ne faiſant qu'un ſeul métier , & qu'une ſeûle profeſſion , peut avoir facilement toutes les choſes néceſſaires à la vie ; & qu'un ſeul Homme joüit par ce moyen du travail de tous les autres , comme s'il faiſoit lui-même tous les métiers & toutes les profeſſions ; ce qui fait que chacun peut vivre content & en repos dans ſa Famille ſelon ſa condition. Il eſt ſans doute qu'on doit conſidérer le ſilence & l'obſcurité des Philoſophes , comme un très-grand bien pour le repos & la tranquilité commune de tous les Hommes.

Et néanmois c'eſt cette obſcurité qui a attiré aux Philoſophes la médiſance ; la haine & le mépris de preſque tous les Hommes : Et c'eſt cette même obſcurité qui eſt cauſe de toutes les calomnies & de toutes les injures qu'on leur à dites. Car comme les Hommes ne ſouhaittent rien tant que de vivre long-temps & fort heureuſement ſur la Terre , & qu'ils enviſagent la Pierre Philoſophale comme le ſeul & infaillible moyen pour leur procurer un ſi grand bonheur ; conſidérant en même temps cette obcurité comme un obſtacle vincible qui leur ôte la possession d'un si grand bien ; ils déclament & fulminent contre cette obscurité, & ils s'emportent à dire mille injures, & à faire mille imprécations contre les Philosophes, qui en sont les Auteurs. Ils appellent Fourbes, Menteurs, Ignorans & Enfans de ténébres. Ils disent qu'ils se sont servis de cette obscurité comme d'un voile & d'un prétexte pour couvrir leur ignorance & leur imposture. Et ils disent enfin qu'il est de leur Science comme de certains Mistéres de la Religion des Payens, qui obligeoient par serment tous ceux, à qui ils les déclaroient, de ne les révéler jamais, & qu'en effet personne n'a jamais révélez, parce que ce n'étoit rien du tout. Et, certes si les Philosophes avoient écrit obscurément de leur Science à dessein de l'enseigner clairement à tout le monde, j'avoüe qu'on auroit raison de leur faire ces reproches. Mais il sont bien éloignez de promettre un si grand éclaircissement de leur Doctrine : Au contraire, ils disent & ils avertissent fort sincérement qu'ils n'ont eu intention d'écrire que pour les Fils de la Science seulement ; c'est-à-dire, comme je l'ai déja dit plusieurs fois, pour ceux qui ont déja quelque connoissance de leur prémier Mercure, qui est ce qu'ils ont le plus caché ; & qu'à l'égard des autres, ils n'ont voulu ni n'ont pû écrire autrement, ni moins obſcurément qu'ils ont fait. Quel ſujet donc de blâmer les Philoſophes de leur obſcurité, puiſqu'il n'y a que ceux qui ne les entendent pas qui les blâment, & que ce n'eſt pas pour ceux qui ne les peuvent entendre qu'ils ont écrit ? Pourroit-on avec juſtice trouver à redire qu'un Homme, qui, par la bénédiction que Dieu auroit donnée à ſon induſtrie & à ſon travail, ayant amaſſé légitimement de très-grandes Richeſſes, qu'il tiendroit cachées, laiſſât toutes ces Richeſſes à ſes Enfans ſeulement, qui auroient ſeuls la connoiſſance du lieu où il les auroit miſes, & qui ſçauroit qu'ils en feroient un bon uſage ? Pourroit-on, dis-je, blâmer cet Homme de laiſſer par ſon Teſtament ce Tréſor à ſes Enfans, à l'excluſion de tous les autres ?

Mais quand il n'y auroit pas autant de danger, que j'ai fait voir qu'il y en auroit à rendre la Science du Magiſtére commune à toute le monde, les Philoſophes ne ſeroient pas blâmables de l'avoir déguiſée, ni d'en avoir écrit avec obſcurité, puiſqu'Ariſtote n'a pas fait difficulté de rendre fort obſcur ce qu'il a écrit de la Phiſique, quoi qu'il n'y eût aucun inconvenient pour la Société humaine, que ce qu'il en a écrit fût très-clair & très-intelli-

gible

gible. Et , fans parler de l'Ecriture Sainte, ne fçait-on pas que les Egyptiens n'écrivoient autresfois que par Hiéroglyphes , que perfonne, que leurs feuls Difciples , ne pouvoit déchifrer ?

Voilà quel a été l'efprit & la conduite des Philofophes en écrivant de leur Science pour l'enfeigner , & la communiquer aux Hommes. Ne l'ayant apprife que par la bénédiction que Dieu avoit donnée à leur étude , ils n'ont voulu auffi en faire part qu'à ceux qui de la même maniére en auroient affez découvert pour les pouvoir entendre. Ainfi, ce qui eft obfcurité & ténébres pour les autres, ce qui les aveugle, ce qui les fait égarer , & ce qui les met au defefpoir, cela même eft pour les Fils de la Science une lumiére qui leur diffipe tous les nuages, & leur découvre tous les Miftéres les plus cachez ; c'eft pour eux un fujet de confolation & de joye particuliére & toute extraordinaire. Car ils ont tout à la fois la fatisfaction de fçavoir une Science la plus excellente, la plus utile, mais la plus cachée & la plus inconnuë que l'Efprit humain ait jamais pû inventer , & qui leur donne tout enfemble des Richeffes immenfes avec la volonté d'en bien ufer & une longue & heureufe vie , qui font les plus grands Biens qu'on puiffe foubaitter pour

eo Monde. Et ils ont en même temps la
fatisfaction de fe voir éxemts de l'aveuglement & de l'erreur où font généralement
les autres Hommes, qui tous, ou ne con-
noiffent pas, ou méprifent une Science fi
rare & fi précieufe, ou la cherchent vai-
nement par mille voyes fautives, & par
mille moyens inutiles. Car comme l'a dit
excellemment Lucréce :

Suave Mari magno turbantibus æquora
    ventis
E terrâ magnum alterius fpectare laborem,
Non quia vexari quemquam eft jucunda
    voluptas ,
Sed quibus ipfe malis careas , quia cernere
    fuave eft.
Suave etiam belli certamina magna tueri
Per campos inftructa tuâ fine parte pericli:
Sed nil dulcius eft , benè quam munita te-
    nere
Edita doctrinâ Sapientum templa ferenâ ,
Defpicere unde queas alios poffimque videre
Errare.

Ce que j'ai traduit ainfi pour ceux qui n'entendent pas le Latin.

    Un Homme affis fur le rivage
Sent du plaifir à voir, menacé du naufrage,
Un Vaiffeau que les vents tourmentent dans
    la Mer.

Son plaisir ne vient pas de le voir dans la
    peine,
Mais il a de la joye, & sans être inhu-
    maine,
      A n'être pas dans le danger.

On a plaisir à voir du haut d'une muraille
      Donner bien loin une bataille,
Etant en sureté du péril & des coups ;
      Mais rien ne peut être si doux,
Que de voir les faux pas de l'aveugle Igno-
    rance,
Ses chûtes, ses égaremens,
Et comme dans un Fort, être en pleine af-
    surance,
Des Sages en suivant l'infaillible Science,
    Et leurs solides sentimens.

De sorte que l'on peut dire qu'il est de
l'obscurité des Philosophes, à l'égard des
Fils de la Science & des autres Hommes,
ce qu'étoit cette Nuée miraculeuse que
Dieu mit autresfois entre son Peuple, lorsqu'il sortit d'Egypte, & l'Armée de Pha-
raon qui le poursuivoit. Cette Nuée étoit
claire & lumineuse du côté des Israëlites,
afin de les éclairer & de les conduire ; &
cette même Nuée étoit ténébreuse du côté
des Egyptiens, pour les aveugler, & pour
les jetter dans le désordre & dans la confusion.

Quelque peine que j'aye prise à m'expliquer le plus clairement & le plus succinctement que j'ay pû, & quelque soin que j'aye eu de diversifier ce Discours pour le rendre moins désagréable ; je ne doute point qu'il ne paroisse beaucoup trop long, & qu'il ne soit fort ennuyeux. Je sçai même qu'il sera inutile à ceux qui sont dèja avancez. Aussi n'est-ce pas pour eux que je l'ai fait, mais seulement pour ceux qui commencent ; & qui voudront sérieusement s'appliquer à cette Science, & à la recherche de la Pierre Philosophale. C'est à ceux-là que je puis dire que ce Discours, qui est fondé sur l'Autorité des Philosophes, ne devra pas être inutile ni déplaisant: Parce que, les confirmant dans cette vérité, & leur fournissant par avance une véritable idée du grand Oeuvre, ils feront plus de progrès dans leur lecture, ils seront plus assurez dans les vûës qu'ils en auront, & ils ne s'écarteront pas si aisément de la seule Voye qu'il faut suivre pour parvenir à cette Connoissance. Et afin qu'ils puissent encore plus utilement lire les Livres des Philosophes, & s'éloigner de toutes les erreurs & les Sophistications, je finirai cette Préface par quelques Maximes, que j'ai tirées de nos Auteurs, & qui serviront aux Apprentifs, & à moi, de Guide dans notre Etude, & dans le Projet, que par la lecture des Philosophes, nous pourrons former de leur grand Oeuvre.

I. Maxime. Il n'y a rien de réel & de véritable dans la Philosophie, que la seule Pierre Philosophale. *Je sçavois bien, dit le Trévisan, que toute autre chose que la Pierre étoit fausse.* Et ailleurs, *Il n'y a point d'autre Teinture que la nôtre.* Ainsi tout ce que l'on appelle *Particliers*, toutes les *Graduations, Augmentations, Teinture de Lune*, qui se font autrement que par la véritable Poudre de Projection, sont fausses. Et la raison en est, parce qu'il n'y a que l'Or, élevé & éxalté par la Nature & l'Art, qui puisse donner la véritable Teinture de l'Or. Et l'on ne peut l'éxalter que par le Mercure des Philosophes qui est son seul & véritable Dissolvant. Quoique l'on puisse faire l'Oeuvre de ce seul Mercure, qui est Hermaphrodite, & qui a en soi les deux Teintures.

II. Maxime. Il ne faut point s'entremettre à travailler, dit Zachaire, que l'on ne sçache véritablement la chose, & que l'on n'en voye la possibilité, & toutes les Opérations & les suites de l'Ouvrage jusqu'à sa derniére perfection, comme si on l'avoit présente devant les yeux. Et qu'on n'entende l'Oeuvre par les Philosophes, & les Philosophes par l'Oeuvre, qu'on puisse les accorder tous, & qu'on ne trou-

ve plus de contradictions dans leurs Ecrits.
Ce n'est pas qu'il y a beaucoup de choses
dans les Livres des Philosophes, dit Na-
thanael Albineus, qui est l'Auteur de la
Bibliothéque Chimique, que les Philosophes mêmes ne sçauroient entendre, parce
qu'ils font allusion à de certaines choses, &
à de certaines circonstances, qu'il n'est
pas aisé de deviner; mais ce ne sont pas
des choses essentielles.

III. Maxime. Quiconque sçaura
la Science ne le dira jamais, si ce n'est à
un fidelle Ami, parce que les Philosophes
sont si jaloux de leur Science, qu'ils se
la cacheroient à eux-mêmes s'il leur étoit
possible. Et ainsi, tous ceux qui disent
qu'ils sçavent la Pierre Philosophale, &
qui demandent de l'argent pour la faire,
sont évidemment voir par-là qu'ils ne la
sçavent pas; parce qu'ils aimeroient mieux
ne la faire jamais, que de la dire pour de
l'argent. Le sécret est la marque essentielle d'un Philosophe. Ce qui vient assurément de la trop grande facilité & simplicité
de la chose.

IV. Maxime. Il n'y a qu'une seule
Matiére, qui est Métallique, & qu'une
seule Voye pour faire le grand Oeuvre,
qui est naturelle, simple, & aisée, bien
loin d'être embarassée de tant d'Opérations
phantastiques, que les Sophistes imaginent,

& parce que les Philosophes l'assurent, & parce qu'autrement ils ne l'auroient jamais pû découvrir. Toute la difficulté n'est qu'à faire le Mercure des Philosophes.

V. MAXIME. La Pierre Philosophale ne se trouve point par hazard, dit Phila-léthe. Parce que c'est une Science certaine & véritable, & qui est fondée sur les Principes infaillibles de la Nature, Et elle n'est vraie & possible, que parce qu'elle est naturelle. Ainsi, ceux qui travaillent sans sçavoir ce qu'ils doivent faire, & sans sçavoir la chose, ne trouveront jamais rien.

VI. MAXIME. Il en coûte peu de frais pour faire la Pierre Philosophale, dit Philaléthe. Et sans doute ils ne vont pas à vingt ou trente pistoles en tout. Et ainsi ceux qui nous veulent engager en de grandes dépenses pour faire l'Oeuvre, sont des Ignorans & des Imposteurs qu'il ne faut pas croire. Le plus sûr est de garder son argent, & de ne faire aucune folle dépense pour cela; se souvenant du Proverbe Espagnol, qui dit *Alquimia probada, tener Renta, y nogastar nada.* Que c'est une Pierre Philosophale assurée que d'avoir bien du Revenu, & n'en rien dépenser, ou du moins le bien ménager.

VII. La derniére MAXIME, & qui devoit être la prémiére, parce qu'elle est

la plus confidérable de toutes: Eft que fans
la bénédiction de Dieu, il eft impoffible
que nous puiffions jamais réüffir dans un fi
grand deffein : Que c'eft, comme il a été
dit, de ce feul Pére des lumiéres que nous
devons efpérer la connoiffance & la révélation de ce grand Miftére: Et que ce n'eft
que de ce Souverain Maître, & jufte
Difpenfateur de tous les Biens, que nous
devons attendre la poffeffion d'un fi grand
Tréfor. Ainfi nous lui devons demander
cette grace, fi c'eft pour notre falut, &
attirer fur nous fa fainte bénédiction par
nos priéres, par la pureté & l'innocence
de notre vie, & ne lui demander & ne
fouhaiter un fi grand Bien, que pour l'employer pour fa gloire, & pour nous en
fervir à fecourir les véritables Pauvres,
pour fon amour.

LA TABLE

LA TABLE
D'EMERAUDE,
DE
HERMES TRISMEGISTE
PERE DES PHILOSOPHES.

IL eſt vrai, ſans menſonge, certain & très-véritable.

Ce qui eſt en bas, eſt comme ce qui eſt en haut : & ce
qui eſt en haut, eſt comme ce qui eſt en
bas, pour faire les Miracles d'une ſeule
choſe.

Et comme toutes les choſes ont été,&
ſont venuës d'un, par la méditation d'un;
ainſi toutes les choſes ont été nées de
cette choſe unique, par adaptation.

Le Soleil en eſt le Pére ; la Lune eſt
ſa Mére ; le Vent l'a porté dans ſon ventre ; la Terre eſt ſa Nourrice. Le Pére
de tout le *Téléme* de tout le Monde eſt
ici. Sa force ou puiſſance eſt entiére ; ſi
elle eſt convertie en Terre.

Tom. I.   A*

Tu sépareras la Terre du Feu, le Subtil de l'Epais, doucement avec grande industrie. Il monte de la Terre au Ciel, & derechef il décend en Terre, & il reçoit la force des choses supérieures & inférieures. Tu auras par ce moyen la gloire de tout le Monde ; & pour cela toute obscurité s'enfuira de toi.

C'est la Force forte de toute force ; car elle vaincra toute chose subtile, & pénétrera toute chose solide.

Ainsi le Monde a été créé

De ceci seront & sortiront d'admirables adaptations, desquelles le moyen en est ici.

C'est pourquoi j'ai été appellé Hermès Trismegiste, ayant les trois parties de la Philosophie de tout le Monde.

Ce que j'ai dit de l'Opération du Soleil est accompli, & parachevé.

❖◇❖◇❖◇❖◇❖◇❖ ❖ ❖◇❖◇❖◇❖◇❖◇❖◇❖◇❖

EXPLICATION DE LA TABLE
d'Emeraude, par Hortulain.

PREFACE.

Loüange, honneur & gloire vous soit à jamais renduë, ô Seigneur Dieu tout-puissant ! avec votre très-cher Fils, notre Sauveur JESUS-CHRIST, vrai Dieu & seul Homme parfait, & le Saint Esprit Consolateur, Trinité sainte, qui êtes

le seul Dieu, je vous rends graces de ce
qu'ayant eu la connoissance des choses pas-
sageres de ce Monde nôtre ennemi, vous
m'en avez retiré par votre grande miséricorde, afin que je ne fusse pas perverti
par ses voluptés trompeuses. Et parce que
j'en voyois plusieurs, de ceux qui travaillent à cet Art, qui ne suivent pas le droit
chemin; je vous suplie, ô mon Seigneur,
& mon Dieu! qu'il vous plaise que je
puisse détourner de cette erreur, par la
Science que vous m'avez donnée, mes
très-chers & bien-Aimés; afin qu'ayant
connu la vérité, ils puissent loüer votre
saint Nom, qui est bénit éternellement.

Moi donc Hortulain, c'est à dire Jardi-
nier, ainsi apellé à cause des Jardins
maritimes, indigne d'être appellé Disci-
ple de Philosophie, étant émeu par l'a-
mitié que je porte à mes très-Chers, j'ai
voulu mettre en écrit la déclaration &
explication certaine des paroles d'Hermès,
Pére des Philosophes, quoiqu'elles soient
obscures; & déclarer sincérement toute
la Pratique de la véritable Oeuvre. Et
certes il ne sert de rien aux Philosophes de
vouloir cacher la Science dans leurs E-
crits, lorsque la Doctrine du Saint Esprit
opére.

CHAPITRE PREMIER.

L'Art d'Alchimie est vrai & certain.

LE PHILOSOPHE dit : *Il est vrai*, à sçavoir que l'Art d'Alchimie nous a été donné. *Sans mensonge*, il dit cela pour convaincre ceux qui disent que la Science est mensongére ; c'est-à-dire, fausse. *Certain*, c'est à dire expérimenté ; car tout ce qui est expérimenté est très - certain. *Et très véritable*, car le très-véritable Soleil est procréé par l'Art.

Il dit très-véritable au superlatif, parce que le Soleil engendré par cet Art, surpasse tout Soleil naturel en toutes propriétés, tant médecinales qu'autres.

CHAPITRE II.

La Pierre doit être divisée en deux parties.

ENsuite il touche l'Opération de la Pierrre, disant, *Que ce qui est en bas est comme ce qui est en haut*. Il dit cela parce que la Pierre est divisée en deux parties principales, par le Magistére; sçavoir en la partie supérieure, qui monte en haut, & en la partie inférieure qui demeure en bas fixe & claire. Et toutesfois

ces deux parties s'accordent en vertu.
C'est pourquoi il dit, *Et ce qui est en
haut est comme ce qui est en bas.* Certainement cette division est nécessaire.
Pour faire les Miracles d'une chose. C'est
à dire de la Pierre; car la partie inférieure c'est la Terre, qui est la Nourrice &
le Ferment; & la partie supérieure c'est
l'Ame, laquelle vivifie toute la Pierre, &
la ressuscite. C'est pourquoi la Séparation, & la Conjonction étant faite, beaucoup de Miracles viennent à se faire en
l'Oeuvre secrette de Nature.

CHAPITRE III.

La Pierre a en soi les quatre Elémens.

ET *comme toutes choses ont été & sont
venües d'un par la méditation d'un.*
Il donne ici un exemple disant; Comme
toutes choses ont été & sont sorties d'un,
c'est à sçavoir, d'un globe confus, ou
d'une masse confuse, *par la méditation,*
c'est à dire, par la pensée & création
d'un; c'est a dire, de Dieu tout-puissant.
Ainsi toutes choses sont nées. C'est à dire,
sont sorties, *de cette chose unique;* c'est
à dire, d'une Masse confuse, *par adaptation;* c'est à dire par le seul commandement & miracle de Dieu. Ainsi notre

Pierre eſt née & ſortie d'une Maſſe con-
fuſe, contenant en ſoi tous les Elémens,
laquelle a été créée de Dieu, & par ſon
miracle, notre Pierre en eſt ſortie & née.

CHAPITRE IV.

La Pierre a Pére & Mére, qui ſont le So-
leil & la Lune.

COmme nous voyons qu'un Animal
engendre naturellement pluſieurs autres Animaux ſemblables à lui; ainſi le Soleil artificiellement engendre le Soleil par
la vertu de la Multiplication de la Pierre.
C'eſt pourquoi il s'enſuit, *Le Soleil en eſt*
le Pére; c'eſt à dire, l'Or des Philoſophes.
Et pour ce qu'en toutes Générations naturelles, il doit y avoir un lieu propre à
recevoir les Semences, avec quelque
conformité de reſſemblance en partie;
Ainſi faut-il qu'en cette Génération artificielle de la Pierre, le Soleil ait une Matiére qui ſoit comme une Matrice propre
à recevoir ſon Sperme & ſa Teinture. Et
cela, c'eſt l'Argent des Philoſophes. Voila pourquoi il s'enſuit, *& la Lune en eſt*
la Mére.

CHAPITRE V.

La conjonction des Parties est la conception & la génération de la Pierre.

QUand ces deux se reçoivent l'un l'autre en la conjonction de la Pierre, la Pierre s'engendre au ventre du Vent, & c'est ce qu'il dit puis après : *Le Vent l'a porté en son ventre.* On sçait assez que le Vent est Air, & l'Air est vie, & la vie est l'Ame, laquelle j'ai dèja dit cy-dessus, qu'elle vivifie toute la Pierre. Ainsi il faut que le Vent porte toute la Pierre, & la rapporte, & qu'il engendre le Magistére. C'est pourquoi il s'ensuit qu'il doit recevoir aliment de sa Nourrice, c'est à sçavoir de la Terre. Aussi le Philosophe dit : *La Terre est sa Nourrice.* Car de même que l'Enfant, sans l'aliment qu'il reçoit de sa Nourrice, ne parviendroit jamais en âge ; ainsi notre Pierre ne parviendroit jamais en effet sans la fermentation de la Terre ; & le ferment est appellé aliment. De cette sorte s'engendre d'un Pere avec la conjonction de sa Mére, *la chose,* c'est à dire, les Enfans semblables aux Péres; lesquels, s'ils n'ont la longue decoction, seront faits semblables à la Mére, &

retiendront le poids du Pére.

CHAPITRE VI.

*La Pierre eſt parfaite ſi l'Ame eſt fixte
dans le Corps.*

APrès il s'enſuit, *le Pere de tout le
Télème du Monde eſt ici*; c'eſt à dire, en l'Oeuvre de la Pierre il y a une
voye finale. Et notez que le Philoſophe
appelle l'Opération *le Pére de tout le Té-
lême :* c'eſt à dire, de tout le Secret ou
Tréſor *de tout le Monde ;* c'eſt à ſçavoir de toute Pierre qu'on a pû trouver
en ce Monde. *Eſt ici.* Comme s'il diſoit,
Voici je te le montre. Puis le Philoſophe
dit, veux-tu que je t'enſeigne quand la
force de la Pierre eſt achévée & parfaite?
C'eſt quand elle ſera convertie & changée en ſa terre. Et pour ce, dit-il, *ſa
force & puiſſance eſt entiére ;* c'eſt à dire,
parfaite & complette, *ſi elle eſt convertie
& changée en terre.* C'eſt à dire, ſi l'Ame
de la Pierre (de laquelle a été faite ci-
deſſus mention, que l'Ame eſt appellée
Vent, & Air, en laquelle eſt toute la vie
& la force de la Pierre) eſt convertie en
terre, c'eſt à ſçavoir de la Pierre, & qu'elle ſe fixe en telle ſorte, que toute la
Subſtance de la Pierre ſoit ſi bien unie

avec fa Nourrice (qui eft la Terre) que toute la Pierre foit tournée & convertie en ferment. Et comme lors que l'on fait du pain, un peu de levain nourrit & fermente une grande quantité de pâte ; & en cette forte change toute la fubftance de la pâte en ferment : Auffi veut le Philofophe que notre Pierre foit tellement fermentée, qu'elle ferve de ferment à fa propre multiplication.

CHAPITRE VII.

La mondification de la Pierre.

ENfuite il enfeigne comment la Pierre fe doit multiplier : Mais auparavant il met la mondification d'icelle & la féparation des parties, difant : *Tu fépareras la Terre du Feu, le Subtil de l'Epais, doucement avec grande induftrie.* Doucement c'eft à dire peu à peu, non pas par violence, mais avec efprit & induftrie, c'eft à fçavoir au fient ou fumier philofophal. *Tu fépareras,* c'eft à dire diffoudras, car la diffolution eft la féparation des parties. *La Terre du Feu, le Subtil de l'Epais ;* c'eft à dire, la lie & l'immondicité du Feu, de l'Air, & de l'Eau & de toute la Subftance de la Pierre, en forte qu'elle demeure entiérement fans ordure.

CHAPITRE VIII.

La Partie non fixe de la Pierre doit sépa-
rer la Partie fixe & l'élever.

LA Pierre étant ainsi préparée, elle se
peut lors multiplier. Il met donc maintenant la Multiplication, & il parle de la
facile liquefaction ou fusion d'icelle par
la vertu qu'elle a d'être entrante & pénétrante dans les Corps durs & mous, disant:
Il monte de la Terre au Ciel & derechef
décend en Terre. Il faut bien remarquer
ici, que quoi que notre Pierre, en sa prémiére Opération, se divise en quatre Parties, qui sont les quatre Elémens : néanmoins (ainsi qu'il a été dit ci-dessus) il
y a deux Parties principales en elle; l'une
qui monte en haut, qui est appellée la
non fixe, ou la volatile; & l'autre qui
demeure en bas fixe, qui est appellée la
terre ou ferment, comme il a été dit. Mais
il faut avoir grande quantité de la Partie
non fixe, & la donner à la Pierre, quand
elle est très-nette & sans ordure, & il lui
en faut donner tant de fois par le Magistére, que toute la Pierre, par la vertu
de l'Esprit, soit portée en haut, la sublimant
& la faisant subtile. Et c'est ce de que dit
le Philosophe: *Il monte de la Terre au* Ciel.

CHAPITRE IX.

La Pierre volatile doit derechef être fixée.

APrès tout cela, il faut incérer cette même Pierre, (ainsi exaltée & élevée, ou sublimée) avec l'Huile, qui a été tirée d'elle en la prémiére Opération, laquelle est appellée l'Eau de la Pierre. Et il la faut tourner si souvent en sublimant, jusqu'à ce que par la vertu de la fermentation de la Terre (avec la Pierre élevée ou sublimée) toute la Pierre par reïtération décende du Ciel en Terre, demeurant fixe & fluente. Et c'est ce que dit le Philosophe, *& de rechef décend en Terre.* Et ainsi, *Elle reçoit la force des choses supérieures,* en sublimant, *& des inférieures,* en décendant ; c'est à dire, que ce qui est corporel, sera fait spirituel dans la Sublimation, & le spirituel sera fait corporel dans la *Descension* ou lors que la Matiére décend.

CHAPITRE X.

De l'utilité de l'Art, & de l'efficace de la Pierre.

TU auras par ce moyen la gloire de tout le Monde. C'est à dire, par

cette Pierre ainsi composée, tu posséderas la gloire de tout le Monde. *Et pour
cela toute obscurité s'enfuira de toi; c'est
à dire*, toute pauvreté & maladie. *Cecy
est la Force forte de toute force.* Car il n'y
a aucune comparaison des autres forces
de ce Monde à la force de cette Pierre :
*Car elle vaincra toute chose subtile . &
pénétrera toute chose solide.* Vaincra, c'est
à dire, en vaincant & surmontant, elle
changera & convertira le Mercure vif en
le congelant, lui qui est subtil & mou,
& pénétrera les autres Métaux, qui sont
des Corps durs, solides & fermes.

CHAPITRE XI.

Le Magistére imite la Création de l'Univers.

LE PHILOSOPHE donne ensuite un
éxemple de la Composition de sa
Pierre, disant, *Ainsi le Monde a été créé ;*
c'est à dire, que notre Pierre est faite de
la même maniére que le Monde a été
créé. Car les prémiéres choses de tout le
Monde, & tout ce qui a été au Monde,
a été prémiérement une Masse confuse, &
un Cahos sans ordre, comme il a été dit
ci-dessus. Et après, par l'artifice du souverain Créateur, cette Masse confuse,

ayant été admirablement séparée & rec-
tifiée, a été divisée en quatre Elémens :
& à cause de cette séparation, il se fait
diverses & différentes choses. Ainsi aussi
se peuvent faire diverses choses par la production & disposition de notre Oeuvre,
& ce par la séparation de divers Elémens
de divers Corps. *De ceci seront & sorti-*
ront d'admirables adaptations. C'est à
dire, si tu sépares les Elémens, il se fera
d'admirables Compositions propres à notre Oeuvre, en la Composition de notre
Pierre, par la conjonction des Elémens
rectifiez. *Desquelles:* c'est à dire, desquelles choses admirables propres à ceci. *Le*
moyen, c'est à sçavoir d'y procéder, *en*
est ici.

CHAPITRE XII.

Déclaration énigmatique de la Matiére
de la Pierre.

C'Est pourquoi j'ai été appellé Hermès
Trismegiste, c'est à dire, *Mercure*
trois fois très-grand. Après que le Philosophe a enseigné la Composition de la
Pierre, il montre ici couvertement dequoi se fait notre Pierre, se nommant
soi-même. Premiérement, afin, que ses
Disciples, qui parviendront à cette Science,
se souviennent toujours de son nom. Mais

néanmoins il touche de quoi c'est que se fait la Pierre, disant ensuite : *Ayant les trois Parties de la Philosophie de tout le Monde*, pource que tout ce qui est au Monde, ayant Matiére & Forme, est composé des quatre Elémens. Or quoi que dans le Monde il y ait une infinité de choses qui le composent & qui en sont les Parties, le Philosophe les divise & les réduit pourtant toutes à trois Parties; c'est à sçavoir en la Partie minérale, végétale, & animale, de toutes lesquelles ensemble ou séparément il a eu la vraie Science, en l'Opération du Soleil, ou Composition de la Pierre. Et c'est pour cela qu'il dit, *Ayant les trois Parties de la Philosophie de tout le Monde*, lesquelles toutes trois sont contenuës dans la seule Pierre; c'est à sçavoir au Mercure des Philosophes.

CHAPITRE XIII.

Pourquoi la Pierre est appellée parfaite.

CEtte Pierre est appellée parfaite, parce qu'elle a en soi la nature des choses minérales, végétales & animales. C'est pourquoi elle est appellée triple, autrement trine-une ; c'est à dire triple & unique, ayant quatre Natures, c'est à

ſçavoir les quatre Elémens, & trois Couleurs, la noire, la blanche & la rouge.
Elle eſt auſſi appellée le grain de froment,
lequel, s'il ne meurt, demeurera ſeul, &
s'il meurt (comme il a été dit ci-deſſus,
quand elle ſe conjoint en la conjonction)
il rapporte beaucoup de fruit ; c'eſt à
ſçavoir, quand les Opérations, dont nous
avons parlé, ſont parachevées. O Ami
Lecteur ! ſi tu ſçais l'Opération de la
Pierre, je t'ai dit la vérité ; & ſi tu ne la
ſçais pas, je ne t'ai rien dit. *Ce que j'ai dit
de l'Opération du Soleil eſt accompli &
parachevé.* C'eſt à dire, ce qui a été
dit de l'Opération de la Pierre de trois
Couleurs & de quatre Natures, qui ſont
en une choſe unique ; c'eſt à ſçavoir au
ſeul Mercure philoſophal, eſt achevé &
fini.

LES
SEPT CHAPITRES,
ATRIBUEZ A HERMES

CHAPITRE PREMIER

OICI ce que dit Hermès.
Pendant le long-tems que j'ai
vêcu, je n'ai cessé de faire
des expériences ; & j'ai toûjours travaillé sans m'épargner.

Je ne tiens cet Art & cette Science
que de la seule inspiration de Dieu. C'est
lui qui a daigné la révéler à son Serviteur.

C'est lui qui a donné à ceux qui sçavent
se bien servir de leur raison, le
moyen de connoître la vérité : mais il n'a
jamais été cause que personne ait suivi
l'erreur ni le mensonge.

Pour moi, si je ne craignois le jour
du Jugement, & d'être damné pour avoir
caché cette Science, je n'en aurois rien
dit ; & je n'écrirois point, pour l'enseigner

gner à ceux qui viendront après moi.

Mais j'ai voulu rendre aux Fidéles ce que je leur devois, en leur enseignant ce que l'Auteur de la fidélité a daigné me révéler.

Ecoutez donc, Fils des sages Philosophes, nos Prédécesseurs, non pas corporellement ni inconsidérément la Science des quatre Elémens (1) qui sont passibles, *& qui peuvent être altérez & changez* par leurs Formes; & qui sont cachez avec leur action.

Car leur action est cachée *dans notre Elixir*; parce qu'il ne sçauroit agir, s'il n'est composé *de l'union tres-éxacte de ces mêmes Elémens*; & il n'est point parfait, qu'il n'ait passé par toutes ses Couleurs, *dont chacune marque la domination d'un Elément particulier.*

Sachez, Fils des Sages, qu'il y a une di-

(1) Les Philosophes appellent ainsi leur Science, parce qu'ils assurent qu'elle ne consiste qu'à transmuer les Elémens. Cette Transmutation se fait en changeant la Terre en Eau, & l'Eau en Terre, parce qu'il n'y a que ces deux Elémens sensibles & apparens, & que les deux autres, qui sont l'Air & le Feu, sont renfermez en ces deux-là. Ainsi, pour faire l'Oeuvre des Philosophes, il n'y a qu'à dissoudre l'Or, qu'ils appellent Terre, ou Corps, & à le reduire en Mercure (ce qui ne peut se faire que par leur prémier Mercure, qu'ils appellent Eau, à cause qu'il est liquide & qu'il est le véritable & unique Dissolvant de l'Or) puis à changer en Terre ou en Poudre ces deux Mercures, qui sont Eau, & parfaitement unis ensemble, & que le Trévisan appelle Mercure double.

vision de l'Eau des anciens Philosophes, qui la partage en quatre autres choses. Une est à deux, & trois à une. Et à la Couleur de ces choses, c'est à dire à l'Humeur qui coagule, appartient la troisiéme partie, & les deux autres troisiémes parties sont pour l'Eau. Ce sont-là les poids des Philosophes. (1)

Prenez de l'Humeur une once & demie, & de la Rougeur méridionale, ou de l'Ame du Soleil la quatriéme partie, qui est une demie once, & de la Gomme orangée aussi une demie once, & la moitié d'Orpiment, qui sont huit, c'est à dire trois onces.

(1) L'Auteur détermine ici quelle doit être la dose, ou la quantité des deux Matiéres, qui entrent dans la Composition de l'Oeuvre. Il appelle cette Composition l'Eau des anciens Philosophes, ou à cause que leur prémier Mercure, qui est leur Eau, est la prémiére & principale partie de cette Composition, & qu'il y est en double portion du Soufre, ou de l'Or, qui en est l'autre partie, ce qui est, dit-il, le poids des Philosophes; ou bien, parce que le mélange du prémier Mercure & de l'Or ne peut point être appellé la Composition de l'Oeuvre, qu'aprés que l'Or est dissous; n'y ayant effectivement que les choses liquides, & encore celles qui sont de même nature, qui puissent s'unir parfaitement, & faire une véritable Composition. Et c'est sans doute pour cette raison qu'il nomme le Soufre, ou l'Or, la Teinture des Matiéres, & l'Humeur coagulante, parce que c'est le Soufre qui teint & qui fixe. D'où il est évident qu'il faut nécessairement que l'Or soit dissous, pour pouvoir être éxactement uni avec le Mercure, qui est son Dissolvant, & par conséquent, pour faire ensemble la véritable Composition de l'Oeuvre,

Et sçachez que la Vigne des Sages se tire en trois, & que son vin est parfait à la fin de trente.

Concevez comment l'Opération s'en fait. La Cuisson le diminuë *en quantité*, & la Teinture l'augmente *en qualité*; parce que la Lune commence à décroître après son quinziéme jour, & elle croît au troisiéme. C'est donc là le commencement & la fin.

Voici, je viens de vous déclarer ce qui avoit été célé. Car l'Oeuvre est avec vous & chez vous; de sorte que la trouvant en vous-même, *où elle est continuellement*, vous l'avez aussi toûjours quelque-part où vous soyez, soit en Terre ou en Mer. (1)

Gardez donc l'Argent-vif, qui se fait dans les Lieux ou Cabinets intérieurs, c'est-à-dire *dans les Principes des Métaux, qui en sont composez*, & dans l'esquels il est coagulé. Car c'est-là cet Argent vif, que

(1) M. Salomon pense que par ces paroles, *l'Oeuvre est avec vous & chez vous*, l'Auteur peut dire que dans la conformation de nos Corps & dans le changement des alimens, qui se fait continuellement en notre substance, il se trouve une représentation de l'Oeuvre des Philosophes. Si j'osois ajouter ma pensée à celle de ce sçavant Commentateur, je dirois qu'il me semble qu'Hermès, ou celui qui a écrit sous son nom, entend parler ici de l'Esprit Universel (*principe essentiel de notre vie*,) que nous respirons en tout tems & en tous lieux, & qui est la véritable origine du Mercure philosophique.

l'on dit être de la Terre qui reste.

Que celui donc qui n'entend pas mes paroles, en demande l'intelligence à Dieu, qui ne justifie les œuvres d'aucun Méchant, & qui ne refuse à nul Homme de bien la récompense qui lui est duë.

Car j'ai découvert tout ce qui avoit été caché de cette Science ; j'ai declaré un très-grand Secret ; & j'ai dit même toute la Science à ceux qui sçauront l'entendre.

Vous donc, Inquisiteurs de la Science, & vous, Enfans de la Sagesse, sçachez que le Vautour étant sur la Montagne, crie à haute voix: Je suis le blanc du noir, & le rouge du blanc, & l'orangé du rouge. Certes je dis la vérité.

Sçachez aussi que le Corbeau qui vole sans aîles dans la noirceur de la nuit, & dans la clarté du jour, est la tête, ou *le commencement* de l'Art.

Le Coloris se prend de l'amertume qui est en son gosier, & la teinture est sortie de son corps ; & il se tire une Eau véritable, & toute pure de son dos.

Comprenez donc ce que je dis, & recevez par même moyen le Don de Dieu *que je vous communique:* Mais célez-le à tous les Imprudens.

C'est une Pierre que l'on doit honorer, qui est cachée dans les Cavernes ou *dans le profond* des Métaux. Sa couleur la rend éclatante ; c'est une Ame, ou *un Esprit* sublime , & une Mer ouverte.

Voicy, je vous l'ay declarée ; rendez graces à Dieu, de ce qu'il vous a enseigné cette Science : car il aime ceux qui ont de la reconnoiſſance de ſes graces.

Mettez donc *cette Pierre*, c'est à dire ſa *Matiére*, dans un feu humide, & l'y faites cuire. Ce feu augmente la chaleur de l'humidité , & il tuë la ſéchereſſe de l'incombuſtion, juſqu'à ce que la racine paroiſſe : C'est à dire , *juſqu'à ce que le Corps ſoit reſous en ſon Mercure.* Après cela faites ſortir de cette Matiére la rougeur, & ſa partie légére, *Continuant à le faire*, j'uſqu'à ce qu'il n'y en ait que la troiſiéme partie qui reſte.

Enfans des Sages, *la raiſon pour laquelle* on a appellé les Philoſophes (*Envieux*) ce n'a pas été à cauſe qu'ils ayent jamais eu deſſein de rien céler aux gens de bien, ni à ceux qui vivent pieuſement, ni aux légitimes *& véritables Enfans de la Science*, ni aux Sages.

Mais parce qu'ils la cachent aux Ignorans C'est à dire , *a ceux qui n'en ſçavent pas aſſez pour la connoître*, aux Vicieux, & à ceux qui vivent ſans loi & ſans charité ; de crainte que par ce moyen les Méchans ne devinſſent puiſſans pour commettre toutes fortes de crimes, dont les Philofophes feroient refponfables à Dieu. Car tous les Méchans font indignes de *poffeder* la Sageffe.

Sachez que je nomme cette Pierre par fon nom. Car les Philofophes l'appellent la Femme de la Magnéfie, ou la Poule, ou la Salive blanche, le Laît des chofes volatiles, & la Cendre incombuftible, afin de la cacher aux Imprudens, qui n'ont ni fens, ni loi, ni humanité.

Mais moi, je l'ai nommée d'un nom fort connû, en l'appellant la Pierre des Sages. Confervez donc dans cette Pierre la Mer, le Feu, & le Volatil du Ciel, jufqu'au moment de fa fortie.

Or je vous conjure tous, ô Fils des Philofophes! au nom de notre Bien-faicteur, qui vous fait une grace fi finguliére de ne jamais déclarer le nom de cette Pierre à aucun Fou, à aucun Ignorant, ni à aucun qui en foit indigne.

Pour ce qui eft de moi, je puis dire que perfonne ne m'a rien donné que je ne lui aye rendu tout ce qu'il m'a donné. Je n'ai jamais manqué au refpect que je lui devois; & j'ai toûjours parlé fort honorablement de lui.

Mon Fils, cette Pierre eft enveloppée de plufieurs Couleurs, qui la cachent; mais il n'y en a qu'une feule, qui marque sa naissance, & son entiére perfection. Connoissez qu'elle est cette Couleur, & n'en dites jamais rien.

Avec l'aide de Dieu tout-puissant, cette Pierre vous délivrera & vous garantira de maladies pour grandes qu'elles soient; elle vous préservera de toutes tristesse & afflictions, & de tout ce qui pourroit vous nuire au corps & à l'esprit.

Elle vous conduira encore des ténébres à la lumiére, du désert à la maison, & de la nécessité à l'abondance.

CHAPITRE II.

MON Fils, avant toutes choses, je vous avertis de craindre Dieu, car c'est lui qui fera réüssir votre Opération, & qui fera l'union de chaque Elément séparé.

Mon Fils, comme je ne vous crois pas privé de raison, ni insensé, vous devez raisonner sur tout ce que l'on vous dira de notre Science, Recevez même mes exhortations & méditez si bien les leçons que je vous fais, que vous les entendiez, comme si c'étoit vous-même qui en fussiez l'Auteur.

Car comme ce qui est naturellement chaud ne peut devenir froid, sans être altéré; de même celui qui use bien de sa

raiſon, doit fermer la porte à l'ignorance, de peur que ſe croyant aſſûré, il ne
ſoit trompé.

Mon Fils, prenez le volatil, ſubmer-
gez-le lorſqu'il vole, & ſéparez-le de
ſa roüille, qui le tuë; ôtez-la, & chaſ-
ſez-la de lui, afin qu'il devienne vivant,
comme vous le ſouhaitez; après quoi
il ne faut plus qu'il s'éléve dans le Vaiſſeau; mais il doit retenir *& fixer* viſiblement ce qu'il y a de volatil.

Car ſi vous le tirez d'une ſeconde affliction, après l'avoir tiré d'une prémiére, & ſi pendant les jours, dont vous
ſçavez le nombre, vous le gouvernez
avec adreſſe, ce vous ſera une compa-
gnie telle qu'il vous l'a faut, & en le ſé-
parant, vous en ſerez le maître, & il vous
ſervira d'ornement.

Mon Fils, ſéparez du rayon ſon om-
bre, & ce qu'il a d'impur; parce qu'il y
a des nuées au deſſus de lui, qui le ſaliſ-
ſent, & qui l'empêchent de luire, à cauſe qu'il eſt brûlé par l'oppreſſion, & par
ſa rougeur.

Prenez cette rougeur, qui a été corrompuë par l'Eau, de même que la cendre vive contient en ſoi du feu. Que ſi
vous l'ôtez toûjours, juſqu'à ce que la
rougeur ſoit nette & purifiée; vous ſerez une union, dans laquelle il s'échauf-
ſe & ſe repoſe.   Mon

Mon Fils, remettez dans l'Eau, pendant les trente jours que vous sçavez, le Charbon de qui la vie est éteinte. Ainsi, *ô notre Oeuvre!* vous reposant sur le puis de cet Orpiment, qui n'a point d'humidité.

Voici, j'ai comblé de joye les cœurs de ceux qui espérent en vous, *ô notre Elixir!* & j'ai rejoui les yeux de ceux qui vous considérent, par l'espérance du bien que vous renfermez en vous-même.

Mon Fils, soyez assuré que l'Eau étoit prémiérement dans l'Air, puis dans la Terre. C'est pourquoi faites-la aussi remonter en haut par ses conduits, & changez-la avec discrétion; & ensuite unissez-la peu à peu à son prémier Esprit rouge, qui a été ramassé.

Mon Fils, je vous apprens que l'Onguent de notre Terre est un Soufre, Orpiment, Gomme, Colchotar, qui est Soufre, Orpiment, & même *divers* Soufres, & semblables choses; chacune desquelles est plus vile que n'est l'autre, & il y a diversité entre-elles

De ces choses vient encore l'Onguent de la Colle, qui est Poils, Ongles & Soufre. De là vient aussi l'Huile des pierres, & le Cerveau qui est Orpiment. De la même vient l'Ongle des Chats qui est Gomme, & l'Onguent des blancs, &

l'Onguent des deux Argens vifs Orien-
taux, qui pourchaffent les Soufres, contiennent les Corps.

Je dis de plus que le Soufre teint & fixe, & qu'il eft contenu *& renfermé*, &
qu'il fe fait par l'union de Teintures.
Or les Onguents (1) teignent & fixent
ce qui eft contenu dans le Corps ; &
c'eft par ce feul moyen que fe fait l'u-
nion des chofes volatiles avec les Soufres allumineux, qui retiennent & fixent
tout ce qu'il y a de volatil.

Mon fils, la difpofition, que les Philofophes recherchent, eft unique de notre Oeuf, ce qui ne fe rencontre pas en
l'œuf de Poule. Il y a néanmoins quelque reffemblance en notre divine Oeuvre, qui eft l'ouvrage de la Sageffe, &
l'œuf de Poule ; en ce qu'en l'une &
en l'autre les Elémens y font unis & ar-
rangez avec ordre.

Sachez donc, mon Fils, que de cette reffemblance, & de cette proximité
de nature, l'on peut tirer un grand avantage pour la connoiffance de notre Oeuvre. Car dans l'œuf de Poule il y a une
fubftance qui reprefente la matiére *aqueu-
fe de l'Oeuvre*, qu'on appelle Spirituelle
ou Efprit ; il y en a une autre femblable
à l'Or, *qui eft la Terre des Philifophes.*

(1) Le Soufre des Philofophes,

Et en ces deux Subſtances on remarque
viſiblement l'aſſemblage & l'union des
quatre Elémens. (1)

(1) La comparaiſon que les Philoſophes font de leur grand Oeuvre avec l'œuf, eſt fort juſte, mais non pas tant à mon advis, parce que les quatre Elémens ſe trouvent dans leur Oeuvre de même que dans l'œuf, qu'à cauſe qu'il y a deux Matiéres dans l'Oeuvre des Philoſophes, leur Mercure & l'Or ; comme il y en a deux dans l'œuf, le Jaune & le Blanc. Que ces Matiéres ont grand rapport les unes aux autres, & qu'il y a beaucoup de reſſemblance entre-elles ; outre les autres choſes qui contribuent à cette conformité. Car prémiérement le Mercure des Philoſophes étant, ſelon Philaléthe, ſemblable à l'Argent vif vulgaire, & en ayant l'apparence & toutes les propriétés, il repréſente parfaitement le blanc de l'œuf non ſeulement parce que, comme lui, il eſt blanc, aqueux, liquide, & d'une conſiſtance un peu épaiſſe, & que d'ailleurs dans la compoſition de l'Oeuvre, il y a plus de ce prémier Mercure que d'Or, comme dans l'œuf le blanc eſt en plus grande quantité que n'eſt le jaune ; mais principalement parce que le Mercu-

re vivifie l'Or, diſent les Philoſophes, & qu'il a en lui tout ce qui eſt néceſſaire pour la compoſition & perfection de l'Oeuvre. Ce qui a donné lieu à cette Maxime ; *Tout ce que les Sages cherchent, eſt dans le Mercure*, de même que le blanc de l'œuf a en ſoi tout enſemble & la matiére, dont eſt entiérement formé le Poulet, & le principe qui lui donne la vie. Secondement l'Or, qui eſt l'autre Matiére de l'Oeuvre, reſſemble pareillement au jaune de l'œuf, tant par ſa Couleur & ſa conſiſtance, qui eſt plus reſſerrée & plus ſolide que n'eſt celle du Mercure, qu'à cauſe qu'il lui ſert de ferment, & même de nourriture ; ce qu'il fait en l'épaiſſiſſant, le fixant, & s'uniſſant intimement à lui : comme le jaune de l'œuf eſt plus épais que le blanc, & que dans l'œuf il ſert d'aliment au Poulet, qui ſe forme du blanc, juſqu'à ce qu'il ſoit écloz. Ainſi le jaune de l'œuf en nourriſſant le Poulet, & s'uniſſant à ſa ſubſtance, reçoit la vie ; comme l'Or, ſelon les Philoſophes, eſt vivifié, lorſqu'il eſt ſi éxactement uni à leur Mer-

Le Fils a demandé à Hermès: Les Soufres, qui conviennent à notre Oeuvre, font-ils céleftes ou terreftres ? Et Hermès repondit: Il y en a de céleftes, & il y en a aussi qui font terreftres. (2)

Le Fils lui dit là-deffus : Mon Pére,

cure , que tous deux ne font plus qu'une même Subftance. Enfin, comme le blanc & le jaune de l'œuf font contenus dans une taye , & dans la coque qui enveloppe le tout ; de même auffi les Philofophes renferment la compofition de leurs deux Matiéres dans un Vaiffeau de verre, bouché fort éxactement, & que pour cette raifon, & pour fa figure ovale, ils appellent leur Oeuf ; & ils le pofent dans un Fourneau, fur une écuelle pleine de cendres, qui fervent d'*interméde ,* comme les Artiftes l'appellent, c'eft à dire de milieu entre le Feu & le Vaiffeau, & ces deux chofes , dit Flamel en fon Poëme, font comme la Paille & le Nid de la Poule, où eft l'œuf qu'elle couve. Les Philofophes entretiennent au commencement dans leur fourneau un feu doux & continuel, pour éxiter peu à peu les Efprits qui font dans leur Mercure, & qui doivent faire la diffolution de l'Or & le vivifier, qui font les

principales Opérations de leur Oeuvre. Comme la Poule échaufe doucement fes œufs dans fon nid , en les couvant pour réveiller & faire agir le principe de vie qui eft renfermé dans le blanc , & qui doit faire la conformation de toutes les parties du Poulet, & l'animer ; Et comme la Poule ne ceffe de couver fes œufs, jufques à ce que les Poulets foient arrivez à leur terme , & qu'ils foient éclos ; les Philofophes continüent toûjours à entretenir le feu dans leur Fourneau, jufqu'à ce que leur Elixir, qu'ils appellent auffi leur Poulet, foit arrivée au tems limité de fa perfection. *M. Salomon.*

(1) Le Soufre célefte eft celui que contient l'Efprit Univerfel, & qu'on en tire facilement. Le Soufre terreftre eft celui qu'on extrait de l'Or, lorfqu'on le réincrude on remet dans fes prémiers Principes, par le moyen du Mercure des Philofophes, fon unique & véritable Diffolvant.

je crois que le Ciel est le cœur dans les choses supérieures, & que la Terre l'est dans les inférieures. A quoi Hermès répondit : Vous ne dites pas bien. Car le Mâle est le Ciel de la Fémelle, & la Fémelle est la Terre du Mâle.

Le Fils lui demanda ensuite : Lequel des deux est le plus digne d'être le Ciel, ou d'être la Terre? Hermès répondit: Ils ont besoin l'un de l'autre, parce qu'en tous les Préceptes l'on ne commande que la médiocrité. Comme qui diroit : Le Sage commande à tous les Hommes. Car le médiocre est le meilleur ; parce que quelque Nature que ce soit s'associe & s'unit beaucoup mieux avec celle qui lui est semblable. Et notre Science, qui est appellée Sagesse, nous fait voir qu'il n'y a que les choses médiocres & tempérées qui s'unissent.

Le Fils dit alors: Mon Pére,lequel de ceux-là est le médiocre ? Hermès repondit : A chaque Nature il y en a trois de deux.L'Eau est prémiérement nécessaire, puis l'Onguent ou Soufre, & les féces ou impuretés demeurent en bas.

Or le Dragon se trouve en toutes ces choses. Les ténébres sont sa maison, & la noirceur est en elles. Et par cette noirceur, il monte en l'Air. Et cet Air est le Ciel, ou il commence de paroître

comme en son Orient. Mais tandis que
ces choses s'élevent comme une fumée
& s'évaporent, elles ne sont pas permanentes *ni fixes.*

Mais faites rasseoir la fumée de l'Eau;
ôtez la noirceur à l'Onguent, & chassez
la mort des féces & *de l'impureté.* Et
la dissolution étant faite par la victoire
que les deux Matiéres ont remportées l'une sur l'autre, & s'étant unie ensuite, de
sorte qu'elles s'entre-tiennent toutes
deux, alors elles sont vivantes.

Mon Fils, vous devez sçavoir que
l'Onguent médiocre, c'est à dire le Feu,
tient le milieu entre les féces & l'Eau,
& c'est lui qui recherche l'Eau; parce
qu'on les appelle Onguent & Soufre,
& qu'il y a une grande affinité entre le
Feu, l'Huile & le Soufre; car de même
que le Feu jette une flamme, aussi fait
le Soufre.

Shachez, mon Fils, que toutes les sagesses du monde sont audessous de la sagesse
que je posséde; & que tout ce que son
Art peut faire, consiste à rendre ces
Élémens occultes & cachez; ce qui est
une chose merveilleuse.

Celui donc qui désire être introduit
en cette sagesse cachée que nous possedons, doit fuir le vice d'arrogance,
être Pieux, être Homme de bien, d'un

profond raifonnement, & garder les Sécrets qui lui ont été découvers.

Je vous avertis encore mon Fils, que
qui ne fçait pas mortifier, faire une *nouvelle* génération, vivifier les Efprits,
purifier, introduire la lumiére, jufques
à ce que les Elémens fe combattent,
qu'ils foient colorez, & qu'ils foient
nettoyez de leurs taches, telles que font
la noirceur & les ténébres; celui-là ne
fçait rien, & n'avance rien. Mais s'il
fçait faire ce que je viens de dire, il
fera élevé en grande dignité, tellement
que les Rois auront de la vénération
pour lui.

Mon Fils, nous fommes obligez de
garder ces Sécrets, & de les céler à tous
les Méchans, & à ceux qui n'ont pas affez de fageffe, ny affez de difcrétion *pour
les garder, & en bien ufer.*

Vous devez fçavoir de plus que notre
Pierre eft faite de plufieurs chofes, & de
plufieurs couleurs; qu'elle eft faite &
compofée de quatre Elémens unis; que
nous devons féparer ces Elémens, les
defunir, & comme autant de piéces différentes, les mettre chacun à part.

Nous devons auffi mortifier en partie
la Nature ou les Principes, qui font en
cette Pierre; conferver l'Eau & le Feu
qui demeure en elle, & qui font faits des

quatre Elémens ; & retenir *ou fixer* leurs Eaux par son Eau, laquelle n'est pas pourtant Eau quant à la forme *extérieure, ou apparente* ; mais un Feu, qui monte sur les Eaux, & qui les contient dans un vaisseau, qui doit être entier *& sans fêlure*, de peur que les Esprits ne s'échapent & ne sortent des Corps. Etant ainsi retenus, ils deviennent tingens & fixes.

O benîte forme ou apparence d'Eau Pontique, qui dissous les Elémens ! Or afin qu'avec cette Ame aqueuse nous possedions la Forme sulphureuse, c'est-à-dire *afin que la Composition, qui étoit semblable à de l'Eau, devienne Terre ou Soufre*, il faut que nous la mêlions avec notre Vinaigre.

Car lors que par la puissance & la vertu de l'Eau le Composé est dissout, c'est alors la clef, *ou le moyen asseuré* pour le rétablir & le refaire. Alors la Mort & la noirceur les quittent, & la Sagesse, *c'est-à-dire l'Ouvrage de la Sagesse*, commence de paroître. Je veux dire, *que l'Ariste connoît par là, qu'il a bien & sagement conduit son Opération, & qu'il est dans la véritable voye que les Philosophes ont tenuë.*

CHAPITRE III.

SAchez, mon Fils, que les Philoſophes font *des liaiſons* ou des nœuds forts & ſerrez pour combatre contre le feu ; parce que les Eſprits aiment d'être dans les Corps qui font lavez, & ils ſe plaiſent à y demeurer.

Et dès que les Eſprits ſont unis à eux, ces Eſprits les vivifient, & ils demeurent en eux, & les Corps retiennent ces Eſprits, ſans jamais les quitter.

Alors les Elémens, qui font morts, deviennent vivans, & ils teignent les Corps compoſez de ces Elémens ; ils font altérez & changez, & ils font des œuvres admirables, & qui ſont permanentes, comme dit le Philoſophe. (1)

O forme aqueuſe d'Eau permanente, qui crée les Elémens dont eſt fait notre Roi, & qui par un régime témperé ayant acquis la Teinture, & t'étant unie à tes Fréres, te repoſes enſuite, *parce que tu es parvenuë à ta fin.* !

(1) S'il eſt vrai qu'Hermès ait été le prémier des Philoſophes, comme c'eſt l'opinion commune, fondée ſur tous les Ecrits que nous avons des anciens Philoſophes, qui pour cette raiſon l'appellent l'*éré*, les derniers mots de ce verſet font voir que cet Ouvrage n'eſt pas de lui.

Notre Pierre très-prêtieuse, étant jettée sur le fumier, est très-chere & tout
ensemble vile & même très-vile,
parce que nous devons tout à la fois
mortifier & vivifier deux Argents-vifs,
qui sont l'Argent vif de l'Orpiment, &
l'Argent-vif Oriental de la Magnésie.

Ô que la Nature est une grande Ouvriere! puisqu'elle crée les Principes naturels ; qu'elle retient ce que ces Principes ont de médiocre, après les avoir
séparez *des crasses, & impuretés gros-
sieres.* Cette Nature est revenuë avec la
lumiére ; & elle a été produite avec la
lumiére, qu'a enfanté une Nuée ténébreuse. & cette Nuée est la Mére de
toute l'Oeuvre.

Mais lors que nous unirons le Roi
couronné à notre Fille rouge. Cette Fille, par le moyen d'un régime de feu si
bien tempéré, qu'il ne puisse rien gâter,
concevera un Fils, qui sera uni à elle, &
qui sera pourtant au dessus. Elle nourrit ce Fils, & le rend fixe & permanent,
avec ce petit feu. Et ainsi le Fils vit de
notre feu.

Or quand on laisse le feu sur la feüil-
le de Soufre, il faut que le terme des
cœurs entre sur lui, qu'il en soit lavé,
& qu'ainsi son ordure sorte hors de lui.
Il se change alors, & quand il est tiré du

feu, sa teinture demeure rouge comme les chairs *vives.*

Notre Fils, qui est né Roi, reçoit sa teinture du feu; après quoi, & la mort, & la mer, & les ténébres le quittent; *parce qu'il devient vivant; il se dessèche, & se fait poudre; & il a une lueur vive & éclatante.*

Le Dragon, qui garde les trous, fuit les rayons du Soleil. Notre Fils, qui est mort, reprendra la vie. Il sortira du feu étant Roi, & il se réjoüira de son union & de son mariage. Ce qui étoit occulte & caché deviendra manifeste & apparent, & le lait de la Vierge sera blanchi.

Ce Fils, ayant reçû la vie, combat contre le feu, il a une teinture la plus excellente de toutes les teintures. Car alors il a le pouvoir de faire du bien, *en communiquant cette teinture à ses Fréres.* Et il contient en soi la Philosophie, *puisqu'il en est le fruit & l'ouvrage.*

Venez, Fils des Sages; réjoüissons-nous tous ensemble; faisons éclater notre joye par des cris d'allégresse; car la mort est consumée. Notre Fils règne. Il a sa robe rouge, & il est revêtu & paré de sa pourpre.

CHAPITRE IV.

ÉCOUTEZ, Fils des Sages, comme cette Pierre crie : Défendez-moi, & je vous défenderai. (1) Voulez-vous me donner ce qui m'appartient, afin que je vous aide ?

(1) Quoi que la Nature ne produife pas feulement la Matiére du premier Mercure des Philofophes & l'Or, qui font, dit Philaléthe, les matériaux du Magiftére; mais qu'elle en foit même la principale Ouvriére ; il eft certain néanmoins qu'elle ne le fçauroit faire toute feule, & il faut néceffairement que l'Art lui aide. Ce qu'il fait dans toute l'étenduë & la durée de l'Oeuvre. Car dans la prémiére Opération, l'Art aide à la Nature à faire la Compofition du prémier Mercure, par la préparation qu'il donne à fa Matiére, & fans doute encore par d'autres fecours, qui pour être moins pénibles, ne font pas moins néceffaires. Et dans la feconde, l'Art contribuë à parachever l'ouvrage, tant par le régime du feu, qu'il entretient & conduit, que par la jonction qu'il fait de ce prémier Mercure avec l'Or, qui eft par où commence cette derniére Opération. Et c'eft-là cette jonction que la Pierre (c'eft à dire ce Mercure, qui eft la principale partie de la Pierre) demande ici à l'Artifte qu'il faffe, afin qu'elle lui aide enfuite; la Pierre (ou cette Matiére) ne pouvant être utile, fi elle n'eft parfaite, ni parfaite fans cette union du Mercure & de l'Or au moins par la voye ordinaire, qui eft ou la feule que les prémiers Philofophes ont fçuë, ou qu'ils ont voulu que l'on fçût. Et c'eft affurément celle dont parle notre Auteur, puifqu'il affure dans le Chapitre 7. que *fans le Ferment de l'Or l'Elixir ne fe peut faire.* Or ce Philofophe fait dire ici au Mercure, que l'Or lui appartient, parce que l'Or eft le fi's du Mercure, étant fait de fa propre

Mon Soleil & mes rayons sont intimement en moi ; & la Lune, qui m'est

Substance ; & que d'ailleurs c'est de l'Or seul, de qui le Mercure attend sa fixité & sa teinture. Aussi est-ce l'Or, comme il est dit sur la fin de ce Chapitre, *qui retient la Substance de sa Mère*, lorsqu'il est uni à elle ; c'est à dire, qu'il fixe le Mercure, au même tems que ce Mercure le dissout : car par ce moyen, ils s'unissent ensemble pour n'être jamais séparez. Et c'est pareillement *le Laiton* ou l'Or, dit notre Auteur ensuite, qui *est la teinture de l'Eau permanente*, c'est à dire du second Mercure des Philosophes, qui est fixe ; & duquel la dissolution de l'Or fait une partie : ce second Mercure étant composé de l'union du prémier Mercure, qui est le Dissolvant de l'Or ; & du Mercure de l'Or, ou de sa dissolution. Ce qui a été cause que le Trévisan appelle ce second Mercure des Philosophes *le double Mercure*. L'Or donne, dis-je, la teinture à ce Mercure, à cause du Soufre très-pure & parfaitement digeré, que l'Or a dans lui même, & qui lui donne sa couleur & son éclat. Et quoi que l'Or soit dissous, son Soufre ne perd rien néanmoins pour

cela, & ne décheoit nullement de sa teinture ni de sa fixité. Car la dissolution de l'Or, qu'on appelle autrement *réincrudation*, n'est autre chose que la réduction qui se fait de l'Or en ses principes, sans que ces principes soient détruits ni altérez, & qu'ils perdent rien de leur prémière perfection, comme nous voyons que dans la dissolution des autres Mixtes leurs principes demeurent tous entiers. Aussi les Philosophes assurent que *la dissolution du Corps est la fixation de l'Esprit* ; c'est à dire qu'au même tems que le Mercure, qui est l'Esprit, dissout l'Or, que l'on nomme Corps, l'Or fixe le Mercure. Ce qu'il ne fait que par le moyen de son Soufre, parce que c'est le Soufre qui teint & qui fixe. De sorte que le Soufre de l'Or retient sa vertu fixative, dans le tems même que l'Or est dissous, puis qu'alors il fixe le Mercure, en s'unissant à lui, & le rendant par ce moyen *Eau permanente*. Et par conséquent il doit aussi retenir sa teinture, puis qu'après avoir fixé ce Mercure, il le teint en lui donnant la perfection d'Elixir, avec le secours du propre & particuliére, est ma lumiére, qui surpasse quelque lumiére que ce soit; & mes biens valent mieux que tous les autres biens.

Je donne la joye, la satisfaction, la gloire, les richesses, & les plaisirs solides à ceux qui me connoissent; & je leur donne encore la parfaite intelligence de ce qu'ils cherchent, *avec tant d'empressement*, & je leur donne enfin la possession des choses divines. (1)

Ecoutez, je vais vous découvrir ce que les anciens Philosophes avoient célé de leur Science. C'est une chose dont le nom est compris en sept lettres. Car elle en suit deux Alpha & Eta.

Le Soleil suit tout de même la Lune, *& il vient après elle*; mais il veut pourtant avoir la domination, & être le maî-

feu extérieur, que l'Artiste entretient continuellement; & sans lequel la Nature, c'est à dire les Esprits & la chaleur, qui sont intimement dans la Matiére, ne sçauroit rien faire.

(1) Il veut dire que la Science, comme le dit Morien, inspire aux Philosophes un grand détachement & un grand mépris du monde & de ses vanités, & qu'elle les éléve à la contemplation des choses divines, c'est a dire à la connoissance de Dieu; qu'en cette veuë ils glorisient comme Dieu, parce qu'ils sçavent bien que d'eux-mêmes ils n'ont pas été capables d'acquérir une Science si admirable & si extraordinaire; mais que cette capacité, comme parle l'Apôtre, leur a été donnée du Pére des lumiéres, qui est l'Auteur & le juste Dispensateur de tous les biens. *Al. Salom.*

tre *de l'Oeuvre*, Il veut conferver Mars, & teindre le Fils de l'Eau vive, qui eft Jupiter, & c'eft-là le Sécret que les Philofophes ont caché. (1)

Comprenez-moi donc, vous qui m'écoutez, & dorénavant mettons en pratique ce que nous fçavons. Je vous ai déclaré ce que j'ai écrit, après l'avoir recherché fort curieufement, & l'avoir fort fubtilement medité. C'eft que je connois une certaine chofe qui eft unique.

Car qui eft-ce qui comprend *notre*

(1) Il eft parlé ici des Couleurs de l'Oeuvre, que l'Auteur marque, comme font ordinairement les Philofophes, par le nom des Métaux, puifqu'il nomme ici la Lune, le Soleil & Jupiter, & que Vénus eft nommée enfuite. Que c'eft de la Couleur rouge dont il s'agit principalement, *qui veut*, dit-il, *avoir la domination*, & que la Couleur de Mars, qui eft appellée, *roüille dans la Tourbe, & le rouge diminué*, eft une ébauche & un commencement de la Couleur rouge. De maniére que lors que la Couleur de Mars commence à paroître dans l'Oeuvre, la Matiére ne la quitte plus; mais cette Couleur fe fortifie & s'augmente toûjours en elle par la cuiffon, jufqu'à ce qu'elle foit arrivée à la rougeur parfaite; & Jupiter doit être teint tant en Lune qu'en Soleil; parce qu'encore que Jupiter précéde la Lune, on peut dire auffi en quelque façon qu'il la fuit. Car la Couleur blanche parfaite de Lune, qui eft une augmentation de la Couleur de Jupiter, & qui le teint, ne peut paffer à la Couleur rouge, que par degrés, & en diminuant peu à peu: de maniére que cette diminution, qui fuit la blancheur parfaite, peut être appellée Jupiter auffi bien que la diminution qui la précéde. Et c'eft proprement cette derniére diminution de la blancheur, qui reçoit les prémiéres impreffions de la Couleur rouge; & par conféquent Jupiter eft teint de la rougeur folaire. *M. Salomon.*

Science, ceux qui l'étudient férieufe-
ment, la recherchant avec une fi grande application, qu'ils employent toute
la force de leur efprit & de leur raifonnement pour la découvrir?

Voyez comme (1) d'un Homme il
ne peut provenir que fon femblable, ni
d'un autre Animal non plus. Et s'il arrive que deux Animaux de différentes efpéces s'accouplent, il en naîtra un, qui
ne reffemblera ni a l'un ni a l'autre.

Maintenant Vénus dit : J'engendre la
lumiéro, & les ténébres ne font pas de
ma nature : & n'étoit que mon Métail
eft fec, tous les *autres* Corps auroient
befoin de moi.

Car je les fonds, j'efface leur roüille
& je tire leur fubftance. Rien n'eft donc
meilleur, ni ne mérite d'être plus honoré que mon Fréro & moi lors que
nous fommes unis

Mais le Roi, qui a la domination de
l'Oeuvre, dit a fes Fréres, qui *par leur
tranfmutation*, rendent témoignage *de
cette vérité.* Je fuis courronné, je fuis

____

(1) Les Philofophes fe
fervent fouvent de cette
comparaifon, qu'ils pren-
nent tant des Animaux que
des Végétaux, pour nous
faire voir évidemment, que
comme dans ces deux fa-
milles de la Nature, cha-
que chofe produit fon femblable, le même auffi fe
doit néceffairement faire
dans les Minéraux ; &
qu'ainfi leur Oeuvre ne
peut être faite d'une Ma-
tiére étrangére, & qui ne
foit pas de même efpéce,
& de même nature qu'elle.
M. Salomon.　　paré

paré du Diadême, (1) je porte le manteau royal, & je remplis les cœurs de joye.

Et quand je me trouve entre les bras & sur le giron de ma Mére, & que je suis uni à sa substance, je retiens & j'arrête cette substance en la fixant (2) Et de ce qui est visible, j'en fais & j'en compose l'invisible.

Alors ce qui est occulte & caché, sera manifesté & apparoîtra; & tout ce que les Philosophes ont célé *de leur Oeuvre*, sera *évidemment* produit & engendré de nous deux.

(1) Les Métaux imparfaits, qui sont les Fréres de ce Roi, étant formez de la même matiére que lui, rendent témoignage de sa Royauté, lors que par leur transmutation, il les y affocie, & leur fait part de son Diadême & de la Pourpre Royale.

(2) L'Or fixe la substance de sa Mére, c'est à dire du Mercure, qui est naturellement volatil. Il est vrai que l'on peut dire que l'Or, ou dumoins son soufre, fixe aussi sa Substance, tant parce qu'il fixe pareillement son Mercure, je veux dire, le Mercure en quoi il est résous; qu'à cause que le Mercure qui le dissout, est de même nature & de même substance, ou pour parler comme la Tourbe, de même sang que lui: car autrement ces deux Mercures ne s'uniroient pas inséparablement, comme ils font. *Et de ce qui est visible j'en fais & j'en compose l'invisible.* Il semble qu'il faudroit dire tout le contraire, & qu'il y eût, *de l'invisible j'en fais le visible*, parce qu'il est dit ensuite que ce qui est occulte devient manifeste. Mais le visible qui devient invisible, se doit entendre, à mon sens, de la couleur de l'Or, qui se perd en sa dissolution, & qui est comme ensevelie dans la noirceur, mais qui se dégage & qui paroît dans la suite de 10 péraion. *M. Salomon.*

Comprenez bien ces paroles, vous qui m'écoutez ; conservez-les soigneusement dans votre cœur ; méditez-les attentivement, & ne cherchez rien autre chose.

Ne voyez-vous pas que l'Homme, dont les entrailles sont de chair, est engendré du principe de Nature, *lequel est fait de sang, dont la chair a été faite elle-même.* Et l'Homme ne sçauroit avoir été fait autrement, *ni formé d'autre chose.* Méditez ce que je viens de dire, & rejettez tout ce qui est superflu, *& étranger.* (1)

C'est pourquoi le Philosophe a dit, (2) Botri est fait de l'orangé, qui est

---

(1) L'exemple que notre Auteur prend ici de la conformation du corps de l'Homme, qui n'est, ni ne peut être fait que des principes qui sont de sa même nature, confirme ce qu'il a dit dans le Chap. 1, que *l'Oeuvre est dans nous & chez nous :* & fait voir l'aveuglement de ceux qui pretendent faire le Magistére des Philosophes, qui doit donner la perfection aux Métaux imparfaits (c'est à dire, donner à leur Mercure la fixité & la teinture de l'Or & de l'Argent, & le dégager du mauvais soufre & des crases & impuretés qu'il a contractées dans sa Matrice) en se servant de toute une autre Matiére, que de celle dont sont formez les Métaux, tant ceux qui doivent recevoir cette perfection, que ceux qui ont une pefection semblable à celle qu'ils doivent recevoir, Et cette Matiére différente & étrangére est appellée ici *le superflus,* que lAuteur commande de rejetter, ou de ne s'en point servir, comme étant une chose superfluë, & entiérement inutile à l'Oeuvre. *M. Salomon.*

(2) Il est difficile de dire ce que les Philosophes

tiré du nœud rouge , & non d'ailleurs.
Que si vous le pouvez faire orangé , ce
sera un effet de votre sagesse, & un témoignage de la certitude de votre Science.

Ne vous souciez & ne vous appliquez uniquement qu'à tirer & à faire sortir du rouge *cette couleur orangée.* Voyez,
je ne me suis point servi d'un circuit de
paroles , & si vous m'entendez , vous
verrez que peu s'en faut que je ne l'aye
découvert.

Fils des sages, (3) brûlez le corps

entendent par ce mot *Botrī*, les Arabes ne le con-noissant pas , & n'étant ni Grec, ni Latin. Il est vrai qu'il s'approche du Grec Car Botris en cette Lan-gue, signifie un *raisin*; & u-ne sorte d'herbe dans Dios-coride & dans Pline; Mais quoi que les Philosophes parlent de vigne & de vin, je ne me souvieu point d'avoir leu le mot de *rai-sin* dans leurs Livres , ni qu'ils s'en soient servis pour signifier ni l'Oeuvre, ni quelqu'une de ses cir conconstances. *Joli* a expli-qué ce mot *Botrī* par ce-lui du Soufre, ce que sans doute il n'a pas dit de lui-même. Il y a même apparence qu'en cet en-droit il signifie *le Soufre parfait,* parce qu'il est dit

que Botri est fait de l'o-rangé , & que cet oran-gé est fait du rouge , c'est à dire de l'Or , lequel par sa dissolution, perd sa cou-leur rouge & qui ayant passé par plusieurs cou-leurs , devient orangé , avant que d'arriver à la rougeur parfaite. C'est pourquoi il est dit dans la suite *que l'on doit s'ap-pliquer uniquement à faire en sorte que le rouge devienne orangé , parce* que ce sera une marque in-faillible que l'Or a été dis-sout, ce qu'il n'y a que les Philosophes qui puissent faire. *Mr Salomon.*

(3) Les Philosophes, par ce mot *Laiton,* en-tendent le plus souvent l'Or ; quoi qu'ils le pren-nent aussi quelquefois pour

du Laiton à fort feu, & il vous donnera ce que vous cherchez. Empêchez
que celui qui fuit, ne s'envole de celui
qui ne fuit pas, *& qu'il ne le quitte &*
ne se sépare de lui.

Mais faites en sorte qu'il se repose, &
qu'il demeure sur le feu, quelque âpre
qu'il soit. Et ce qui sera corrompu par
la chaleur violente du feu, c'est Cambar. (1)

Sachez que le Laiton est une partie
de cette Eau permanente, qu'il est sa
teinture ; & que ce qui lui a fait sa noir-

---

sa dissolution. L'Auteur dit ici, qu'*il le faut brû-*
ler à fort feu, c'est à dire, le dissoudre par le Mercure des Philosophes; parce que la Tourbe Latine assure, comme il a dé-
jà été dit, que l'Argent-vif est de la nature du feu, & qu'il brûle les Corps ou Métaux, mieux que ne fait le feu. Mais le Laiton, ou l'Or, de son côté retient & fixe le Mercure, qui est naturellement volatil, & qui s'enfuit de dessus le feu. Et afin que la dissolution du Laiton se puisse faire par le Mercure, notre Au-
teur donne ici une régle pour le régime & la con-
duite du feu, que l'on doit exactement observer, lors de cette opération; qui est, qu'il faut empêcher que celui qui fuit, ne s'en vole & ne s'en-
fuie pas de celui qui ne fuit point. Il veut dire, qu'il faut faire le feu si doux, au commencement de la seconde Opération, que le Mercure, qui est volatil, ne s'élève pas tout seul, sans enlever peu à peu l'Or avec lui. Parce que si le Mercure se subli-
moit tout seul, il laisse-
roit le Corps, qui est le Laiton ou l'Or, au fond du vaisseau, sans qu'il fût nullement altéré ; & ainsi la dissolution ne se feroit point, ni l'Oeuvre par conséquent. *M. Salomon.*

(1) *C'est Cambar.* Ce mot est encore l'un de ceux dont les Philosophes se servent, & que l'on peut dire qui n'est que de leur Langue & de leur Idiome.

ceur, se change alors en véritable rouge. (1)

Je proteste devant Dieu que je n'ai dit que la vérité. Et que les choses qui détruisent, sont celles-là même qui perfectionnent. (2) Et c'est pour cela que rien ne peut être amendé ni rendu meilleur, s'il n'est corrompu auparavant, & cette corruption fera paroître l'amendement & la perfection ; & l'un & l'autre est une marque essentielle de la vérité de l'Art.

Flamel en parle dans son Chap. 5. selon notre Edition. Et il dit que c'est un des noms que les Philosophes envieux ont donné à l'Opération qu'il décrit en cet endroit-là. Joli a traduit *Cambar*, par *Mercure*. Mais je ne sçai quelle authorité il a euë pour cela. *M. Salomon.*

(1) Le Laiton ou l'Or, étant dissous & uni avec son *Dissolvant*, compose *le double Mercure*, comme le Trevisan l'appelle, & que notre Auteur nomme *Eau permanente*, parce que ce Mercure est fixe & permanent ; ainsi le Laiton est véritablement une partie de cette Eau, qui est le second Mercure des Philosophes.

(2) Ces choses qui détruisent l'Or ou le Laiton, & qui lui donnent ensuite la perfection de l'Elixir, ce sont le prémier Mercure des Philosophes, & le feu extérieur. Car ce sont ces deux Agens qui font la dissolution de l'Or, & qui vivifient & digèrent cette dissolution. De sorte que l'Or ne pouvant teindre s'il n'est teint, c'est à dire s'il n'est élevé à une plus forte couleur, que celle que la Nature lui a donnée ; & ne pouvant recevoir cette teinture, s'il n'est détruit & dissous, & s'il ne reçoit un nouveau Soufre par le prémier Mercure, & que le sien ne soit plus cuit & plus digéré par la cuisson, il est évident que sa corruption est la cause de sa perfection, & que ce qui le détruit, est ce qui le perfectionne. *M. Salomon.*

CHAPITRE V.

MON Fils, ce qui naît du Corbeau est le commencement de cet Art. Voici, j'ai obscurci ce que je vous ai dit, & je lui ai ôté sa clarté (1) par un circuit de paroles ; & j'ai dit, que ce qui est conjoint étoit désuni, & que ce qui est très-proche, étoit fort éloigné.

Rotissez donc ces Matiéres ; & cuissez-les ensuite par l'espace de sept jours, de quatorze & de vingt & un, (2) dans ce qui vient du ventre des Chevaux.

Lors se fait le Dragon, qui mange ses aîles, (3) & qui se mortifie soi mê-

(1) Cette circonlocution, par laquelle il a obscurci ce qu'il vouloit dire, est à mon avis, qu'au lieu de dire, que le Corbeau est le commencement de l'Oeuvre, il a dit, que c'étoit ce qui naît du Corbeau, c'est à dire, la noirceur. Car en disant ce qui naît du Corbeau il dit deux chose, le Corbeau, & ce qui naît de lui ; & cependant il n'y a qu'une seule chose, par où commence l'Oeuvre, qui est la noirceur, que les Philosophes appellent le Corbeau, où la

tête du Corbeau. M. Salem.

(2) On se sert souvent dans la Chymie vulgaire du fumier de Cheval, pour metre les Matiéres en digestion. Les Artistes l'appellent ordinairement le *ventre de Cheval*, & le *Vicaire du Bain-Marie*. Notre Auteur veut dire ici, que la chaleur doit être douce au commencement semblable à celle du fumier de Cheval échauffé. M. Salomon.

(3) Les Philosophes appellent leur prémier Mercure un Dragon vo-

me., Après quoi mettez le dans un morceau de drap, & dans le feu du fourneau, & prenez soigneusement garde
qu'il ne sorte du vaisseau. (4)

lant, non seulement à raison de la Matiére d'où il
est tiré, qui est, disent-
ils, un poison; mais en-
core, parce qu'il est volatil, & qu'il ronge & dis-
sout l'Or, qu'il enleve
peu à peu, en se sublimant
par une chaleur douce.
Mais lors que la dissolu-
tion de l'Or est faite, &
que la Matiére est noire,
le Mercure ne s'élevant
plus, à cause que cet Es-
prit est devenu fixe par la
dissolution du Corps, qui
lui a communiqué sa fixi-
té, le Dragon mange a-
lors ses ailes & se mortifie; c'est à dire devient
noir, ce qui marque la
mortification de la Matiére. *M. Salomon.*

(4) Je n'atens point ce
que l'Auteur veut dire par
petià panni, c'est à dire
*une piece ou un morceau
de drap.* Car quel sens peut
avoir ici le mot de *drap,*
même par figure, ou il ne
s'agit que de cuire les
deux Matiéres, ou Mer-
cures, exactement mêlées
ensemble par la corrup-
tion, ou la fermentation
qui s'en est faite, comme
le marque la noirceur qui
a précédé? Peut-être qu'au
lieu de *in petià panni,* il
faudroit lire, *in bocià
stanni;* ce qui voudroit
dire, qu'alors il faudroit
mettre la Matiére de
l'Oeuvre dans un bocal ou
vaisseau d'Etain, par une
façon de parler, qui est
assez ordinaire aux Philosophes, pour marquer que
le Régime de Jupiter doit
commencer immédiate-
ment après celui de Saturne; c'est à dire que de la
noirceur, la Matiére
doit passer à la blancheur,
telle qu'est celle de Jupiter; qu'autrement l'Oeu-
vre ne se fera point: le mot
Becia étant usité par ceux,
qui ont traduit les Livres
des Arabes en Latin,
qu'ils ont peut-être pris du
mot Espagnol *Boral* donc
nous nous servons aussi.
L'Auteur ajoute qu'alors
*on doit mettre la Matiére
dans le feu du fourneau;*
voulant dire, que comme
la Matiére est fixe, puisque c'est alors le double
Mercure & l'Eau perma-
nente; on doit augmenter
le feu, afin que la cuisson
s'en fasse mieux; n'y ayant
plus à craindre que le prémier Mercure s'éleve, &
qu'il se sépare de l'Or, qui
est dissous, & avec lequel
il est uni. *M. Salomon.*

Et sçachez que les temps de la Terre sont dans l'Eau, & que l'Eau se fait toûjours, jusqu'à ce que vous mettiez la Terre sur elle. (1)

Quand la Terre sera donc reduite en Eau, & brûlée, prenez son Cerveau, & broyez-le par le Vinaigre très-fort, & l'Urine d'Enfans, jusques à ce qu'il s'obscurcisse. (2)

(1) Il veut dire, à mon avis, que la Terre ne paroît point dans l'Oeuvre, que par le desséchement de l'Eau ; de maniére que la conversion des Elémens dépend de la coagulation & de la cuisson du Mercure, qui est l'Eau des Philosophes, laquelle devient Terre, en se desséchant par la digestion qui s'en fait. *L'Eau se fait donc toûjours*, comme il est dit ensuite, *jusques à ce que la Terre soit mise sur elle*. C'est à dire, que dans l'Oeuvre, il ne paroît que de l'Eau, au commencement & dans la suite de l'Ouvrage, lors que le prémier Mercure, qui est liquide, dissout l'Or & le reduit en Mercure ou en Eau, jusqu'à ce que cette Eau devienne fixe & permanente ; par l'action du Soufre, & qu'elle s'épaississe par la cuisson, & que la Terre apparoisse : Ce qui n'arrive qu'après que la noirceur est dissipée, & que la Matiére a blanchi : Et c'est de-là en partie, que quelques Auteurs ont pris sujet de dire, que l'Oeuvre ressemble à la Création du Monde, où tout étoit eau & ténébres au commencement, jusqu'à ce que Dieu, ayant produit la Lumiére, la Terre parut peu aprés toute séche. *M. Salomon.*

(2) Le Cerveau de la Terre, est, à mon sens, l'Or qui a été sublimé & élevé au haut du Vaisseau, par le prémier Mercure. Et c'est ce que l'Auteur dit qu'il faut broyer, ou mettre en poudre par le Vinaigre très-fort, il veut dire par le même Mercure, que la Tourbe appelle *Vinaigre trés-aigre*, & l'Urine des Enfans, à cause de son acrimonie & ponticité. Ainsi, par une maniére de parler des Philosophes, l'Auteur dit ici, que lors que la Terre est reduite en Eau (il veut

Cela

Cela étant fait, votre Magistére vit dans la pourriture, les nuées noires qui étoient en lui avant qu'il mourût, seront changées & converties en son Corps. Or étant refait de la maniére que je l'ai décrit, il meurt une seconde fois, & après il reçoit la vie, ainsi que je l'ai dit. (1)

Au reste, nous nous servons d'Esprits, & dans sa vie, & dans sa mort. Car de même qu'il meurt lorsque ses Esprits lui sont ôtez, il se revivifie aussi lorsqu'ils lui sont rendus, & il s'en réjoüit.

Si vous pouvez parvenir jusques-là [2]

---

dire, quand l'Or est dissous] il faut faire ce qui est déja fait. Ou, par le cerveau de l'Oeuvre, il entend l'Elixir, qui se fait par la dissolution ou liquefaction du Corps ou de l'Or, & par la combustion de l'Esprit, c'est à dire par la conversion du second Mercure en terre ou en poudre : parce que comme le cerveau est la principale partie du corps de l'Homme, où l'Ame exerce ses plus nobles fonctions, aussi l'Elixir est l'Ame, & la Quintessence de l'Oeuvre. Ainsi l'Auteur enseigneroit ici la maniére de faire la multiplication [comme en effet il en parle ensuite] en dissolvant l'Elixir dans le prémier Mercure, & le fai-

sant cuire & digérer de la maniére que la Pierre a été faite du prémier Mercure & de l'Or. *M. Salom.*

[1] Il parle ici de la Multiplication, qui est une reïtération abrégée de l'Oeuvre, dans laquelle la Matiére [qui est composée du prémier Mercure des Philosophes & de l'Elixir] reçoit les mêmes changemens & les mêmes couleurs qu'à la prémiére fois, n'y ayant d'ailleurs nulle autre différence entre ces deux Opérations, que de l'espace du tems, qui est plus court dans la seconde que dans la prémiére, qui diminuë à mesure qu'on refait la Multiplication. *M. Salomon.*

[2] L'Auteur veut dire ici, que si l'Artis-

je vous assure que vous aurez la satisfaction de voir ce que vous cherchez. Je vous dis ici les signes qui réjoüissent ceux qui les voyent, & ce qui fixe son Corps.

Or quoi que vos Prédécesseurs soient arrivez par cette Opération à ce qu'ils s'étoient proposé de faire, ils sont pourtant morts. [1]

te peut faire par son Opération, que l'Esprit vivifie le Corps, il verra ce qu'il souhaite, & qu'il fera indubitablement le Magistére : car les Philosophes nous assurent que toute la difficulté & tout le sécret de l'Oeuvre consiste à dissoudre & à rendre volatil le Corps qui est fixe, & à fixer l'Esprit qui est volatil : à mortifier, ou à faire mourir le vif, & à vivifier le mort. Car qui pourra faire ces Opérations, il sçaura faire le prémier Mercure des Philosophes, qui est le seul & véritable Dissolvant de l'Or, & ce qui le rend volatil & qui le vivifie. Et ainsi il sçaura tout ce qu'il y a de caché & de mystérieux dans l'Oeuvre, n'y ayant que le seul prémier Mercure, que les Philosophes ayent célé ; c'est à dire donc ils n'ont pas parlé si ouvertement, que du reste, quoi qu'ils l'ayent peut-être dit aussi intelligible-

ment. *M. Salomon.*

[5] L'Auteur veut peut-être dire, qu'encore que les Philosophes ayent sçû le sécret d'animer & de vivifier une Matiére morte, comme l'est l'une de celles qu'ils employent à faire leur grand' Oeuvre, ils n'ont pas pû s'empêcher de mourir, & n'ont pû se revivifier eux-mêmes n'y ayant que Dieu, seul qui puisse le faire. Et ainsi quoi que l'Elixir ait la vertu d'entretenir la santé, de garantir des maladies, & de les guérir, il ne peut pas immortaliser l'Homme pour cela ; puisque, comme le dit l'Apôtre, c'est une loi & une nécessité à l'Homme de mourir une fois. J'aurois occasion de parler ici de l'immortalité que quelques-uns ont attribuée aux Rosecroix, qui fixent, disent-ils, leurs Ames dans leurs corps par le moyen de l'Elixir. Mais outre que ceux qui ont écrit de cette Confrairie, [véritable ou

Je vous ai dèja montré *l'accompliſſe-ment* ou la fin *de l'Oeuvre* ; j'ai ouvert le Livre à ceux qui ſçavent ; j'ai célé *aux autres les choſes qui leur ſont cachées, & inconnuës* ; j'ai joint & incorporé enſemble celles qui étoient ſéparées, & qui a-voient des figures différentes, & j'ai uni les Eſprits. Recevez ce Don des mains de Dieu. [1]

imaginaire] rapportent la mort des prémiers de cette Société, le lieu de leur Sépulture, & leurs Epi-taphes, il faudroit faire un trop long diſcours, qui ne ſerviroit de rien ; ceux qui auront cette curioſité pouvant voir ce que Maye-rus, Flud, & quelques autres en ont écrit. *M. Sal.*

[1] Les Philoſophes aſ-ſurent tous qu'ils n'ont écrit que pour les Enfans de la Science. Ils appel-lent ainſi ceux qui ont quelque connoiſſance de la maniére de faire & de compoſer leur prémier Mercure, parce que c'eſt la clef & toute l'intelli-gence de l'Oeuvre. Ainſi ils ont écrit pour confir-mer ceux qui ſçavent, & non pour inſtruire ceux qui ne ſçavent rien. L'Au-teur fait enſuite une réca-pitulation de tout le Ma-giſtére en peu de mots. En diſant, *Qu'il a joint les choſes qui étoient ſépa-rées,* il entend les deux Matiéres, *qui ont des fi-gures différentes ;* c'eſt-à-dire, dont l'une eſt li-quide, & l'autre ſolide ; & *qu'il a uni les Eſprits,* appellant Eſprit le Corps, qui a été ſpiritualiſé par la Sublimation, comme l'Eſprit a été pareillement corporifié. *M. Salomon.*

CHAPITRE VI.

Nous ſommes obligez de rendre gra-ces à Dieu, qui donne à tous ceux qui ſont ſages une Science ſi admirable, qu'elle nous délivre de la misére & de la pauvreté ; & de ce qu'il a renfermé tant de merveilles dans la Pierre des Sages. [1]

Quoi que ceux à qui il ne fait pas une grace si singuliére n'ayent pas moins de sujet de le remercier de toutes les choses qu'il produit continuellement pour leur subsistance, & qui sont comme autant de miracles qu'il fait incessemment pour tous les Hommes.

Que si non contens de tous ses bienfaits, ils aspirent à cette Science, ils doivent demander cette grace à Dieu par de continuelles & ferventes priéres, pour en obtenir la connoissance pendant leur vie.

Au reste, afin que ce que j'ai dit *ci-devant* des Onguents que nous tirons des Ongles, des Poils, du Verdet, du Tragacant & des Os, *ne les jette dans l'erreur, je les avertis que* ce sont des mots dont les Anciens Philosophes se sont servis figurativement dans leurs Livres, que l'on ne doit pas prendre à la lettre.

Il nous reste encore à expliquer plus amplement la disposition ou préparation de

[1] Ce Chapitre est tout tronqué, & presque córrompu par tout. Ainsi il est bien difficile de donner un sens raisonnable à ce qui nous en reste, la plus grande partie consistant en des mots, qui n'ont nulle liaison avec ce qui précéde, ni avec ce qui suit. J'ai été même obligé de laisser des lacunes en deux endroits, où il est évident qu'il manque quelque chose. *Mr Salmon.*

l'Onguent, qui contient en soi les Teintures, qui coagule & fixe les choses Volatiles & qui embellit les Soufres. ************ ******************

C'est un Onguent caché & enseveli, duquel il semble qu'il n'y ait aucune préparation à faire. Et il demeure dans son Corps, comme le feu dans les Arbres, & dans les Pierres. Et il faut tirer cet Onguent par une industrie très-subtile, & par un grand artifice, & prendre garde qu'il ne soit brûlé. ********

Et Sachez que le Ciel est joint à la Terre par ce qui est médiocre ; [1] parce que

[1] J'aurois occasion de parler ici des figures qu'ont les atomes ou petits corps qui sont les principes dont les corps sont composez & qui ne s'unissent que par le moyen de ces figures; ceux, dont les figures sont semblables, s'unissant plus facilement, & faisant la composition des Corps plus resserrée & plus forte, au lieu que ceux qui ont des figures différentes, la font plus poreuse, plus lâche, & moins pressée. Mais comme il y a apparence que cet endroit est corrompu, je me contenterai d'expliquer l'intention de l'Auteur autant que je la puis connoître. Il veut donc dire, à mon sens, que c'est l'Eau [qu'il appelle *le médiocre*, c'est à dire le moyen unissant, comme parlent les Chimistes] qui joint & unit l'Esprit ou le Mercure, avec le Corps ou l'Or, par la dissolution qu'il en fait. Car par cè moyen le Corps est réduit en son Mercure, qui est liquide & coulant, & de nature d'Eau, n'y ayant que les choses liquides qui puissent s'unir inséparablement, & n'être plus qu'une même Substance. Or il appelle le prémier Mercure des Philosophes, *Ciel*, parce qu'étant fort spirituel, il s'élève par la chaleur au haut du Vaisseau. Et c'est ain-

l'Eau, qui est le médiocre, a une figure commune avec le Ciel & la Terre.

' L'Eau est la prémiére chose qui sort de
cette Pierre ; l'Or est la seconde ; la troi-

si qu'il l'a cy--devant appellé dans le Chapitre, où
il a dit, qu'*il y a des Soufres celestes & terrestres,*
voulant dire, qu'il y a des
Soufres dans le prémier
Mercure, comme il y en
a un dans l'Or. Et il y a
ajouté en ce lieu-là, que
*le Mâle est le Ciel de la
Fémelle, & la Fémelle la
Terre du Mâle*, parce
que dans la génération ordinaire des Animaux, d'où
il prend cette comparai-
son, le Mâle tient toûjours
le dessus, comme le Ciel
ou l'Air est au dessus de
la Terre, & la Fémelle
est au dessous, de même
que la Terre est à l'égard
du Ciel ou de l'Air. De
sorte que c'est le Mâle qui
rend la Fémelle féconde :
comme c'est par la vertu
que la Terre reçoit du
Ciel, c'est à dire, par la
chaleur du Soleil, & par
les pluyes qui s'élévent &
qui se forment dans l'Air,
qu'elle devient fertile,
& qu'elle fait toutes ses
productions. Néanmoins,
comme le dit M. d'Espa-
gnet dans son Traité, qui
a pour titre, *Arcanum
Hermeticæ Philosophiæ O-
pus*, cet ordre est ren-
versé dans l'Oeuvre des
Philosophes, parce que

la Fémelle, par un em-
portement d'amour, fait
de la fonction Mâle, &
prend le dessus. Je veux
dire, que c'est le prémier
Mercure, qui, s'élevant
dans le Vaisseau, emporte
l'Or qui est en bas, qui
le dissout, qui l'engrosse,
& l'anime. Ce qui me fait
croire, que dans le Cha-
pitre 2. que je viens de
citer, il faudroit qu'il y
eût, *la Fémelle est le Ciel
du Mâle & le Mâle est
la Terre de la Fémelle*,
parce qu'ordinairement,
les Philosophes appellent
l'Or, Terre, & Corps ; &
le Mercure, Eau, & Es-
prit. Je dis ordinairement,
car quelquefois ils ap-
pellent leur prémier Mer-
cure, Terre, comme Phi-
laléthe, dans le Chapitre
XI. dit que *les anciens
Philosophes jugèrent que
le Mercure étoit la Terre
dans laquelle ils devoient
semer leur Or, afin qu'il
s'y vivifiât*. Notre Auteur
suit ici la maniére ordinaire, en appellant l'Or, Terre, parce qu'il est fixe,
solide & pésant, & que
naturellement il se tient
en bas. Et par le médio-
cre, il entend l'Eau,
comme il l'explique lui-
même, parce que l'Eau

fiéme c'est une chose qui est presque Or,
& médiocre, qui est pourtant plus noble
que l'Eau, & que les féces ou impuretés.

La fumée, la noirceur, & la mort se
trouvent en ces trois choses. Il faut donc
est sur la Terre, & qu'el-
le est placée entre la Terre & l'Air, que l'on ap-
pelle Ciel. Ou plutôt par
le médiocre, il entend
le second Mercure des Philosophes, qui est une Eau
permanente, & qui tient
le milieu entre l'Or,
qui est solide, & le Mer-
cure qui est une Eau vapo-
reuse & volatile, parce que
ce second Mercure est une
Eau fixe, moins solide que
l'Or, qui est la Terre; mais
plus épaisse que le pré-
mier Mercure, qui est le
Ciel, & qu'elle unit en-
semble, puisqu'elle les
contient tous deux, étant
faite du mélange & de
l'union de tous les deux.
L'Auteur ajoûte à ceci
que l'Eau est ce qui sort
le prémier de la Pierre,
c'est à dire de l'Or, qui
en est une des Matiéres;
parce que la prémiére O-
pération, qui se fait dans
le Vaisseau, après que le
mélange des deux Matié-
res y est enfermé, c'est la
reduction de cette Com-
position en Eau. Ce qui a
fait dire à un Philosophe
*qu'au commencement de
l'Oeuvre il n'y a qu'Eau,
& qu'il ne se voit que de*
l'Eau. Il dit ensuite que
l'Or est la seconde chose
qui en sort, parce que les
Philosophes appellent proprement l'Or vulgaire leur
Or, lors qu'il est animé,
dit Philaléthe; qui est
lors que l'Or est entiérement dissous, & uni au
prémier Mercure, & c'est
ce que notre Auteur dit
dans le Chapitre 7. qui est
plus pésant que le Plomb.
Pour la troisiéme chose
qui sort de la Pierre &
qu'il appelle *le médiocre*.
J'ai déja dit que c'étoit le
second Mercure des Phi-
losophes: mais ce n'est que
lors qu'il commence à sortir de la noirceur. Parce
qu'en cet état il est encore un peu liquide, mais
pourtant plus noble que
l'Eau, c'est à dire plus
que le prémier Mercure,
puisque ce prémier Mer-
cure est lui-même une partie de cette Eau qui est
faite de lui & de la dissolution de l'Or. Et elle est
plus noble que les féces;
c'est à dire, qu'en cet é-
tat la Matiére s'approche
plus de la perfection, que
lors que la dissolution se
faisoit, & que tout étoit
noir. De sorte que cette

que nous ôtions la fumée qui eſt ſur l'Eau;
[2] que nous ſéparions la noirceur d'avec
l'Onguent, & que nous chaſſions la mort
hors des féces. Ce que nous ferons par le
moyen de la Diſſolution. Et par là nous
aurons une ſouveraine Philoſophie, & le
Sécret de tous les Sécrets.

J'ai laiſſé dans ce Chapitre deux Lacunes marquées par pluſieurs étoilles, à cauſe qu'il manque quelque choſe en ces deux
endroits ; & que la Traduction de Joli eſt
plus ample. Comme elle eſt même différente
au commencement, j'ajoûte ici ce Chapitre tout entier comme il l'a traduit. Le
voici, où l'on remarquera que ce qui eſt en
lettre différente, eſt ce qui n'eſt pas dans
l s Exemplaires Latins, ni par conſéquent
dans la Traduction que j'en ai faite.

Eau eſt preſque Or, y ayant peu à dire qu'elle ne ſoit Elixir, tous les changemens intérieurs étant preſque faits, & n'y ayant plus autre choſe à faire pour la perfection du Magiſtére, qu'à lui donner le régime du feu, pour en faire la digeſtion, & pour rendre *Manifeſte* ce qui eſt *Occulte* : c'eſt à dire, pour faire paroître la couleur de l'Or, qu'elle renferme au dedans; puiſque l'Or pour être diſſout, ne perd rien de ſa prémiére perfection. *M. Salomon.*

[2] Il veut dire, qu'il faut empêcher que le Mercure ne s'éléve en vapeur, ce qu'il appelle la fumée, & qu'ainſi il faut lui ôter ſa volatilité, & le fixer. Qu'il faut faire ſortir la Compoſition de la noirceur, & chaſſer la mort des féces, c'eſt-à-dire que de la corruption, la Matiére vienne à la perfection, qu'elle ſoit vivifiée, & qu'elle paſſe de la mort à la vie. *M. Salomon.*

TRADUCTION DU CHAPITRE
sixiéme par Joli.

IL faut que vous rendiez graces à Dieu, qui donne cette Science à tout Sage, qui nous délivre de miſére & pauvreté. Remerciez-le de tous ſes dons, & grands miracles qu'il a mis en cette Nature, & le priez que pendant que nous vivons nous parvenions à lui. En après, mon Fils, les Onguents, deſquels nous extrayons ès Livres des Auteurs, ſont éſcrits d'Ongles, Poils, Leton verd, Tragacantes & Os. Outre plus il nous faut expoſer la diſpoſi-tion de l'Onguent qui coagule les Natures fuitives, & orne les Soufres. *& les préſére à tous autres Onguents parfaits. Car nous ſçavons l'eſſence de ſon vaſe, & combien il eſt précieux, qui eſt appellé divin Soufre & figures aux autres Onguents,* qui eſt l'Onguent oculte & enſeveli, duquel il ne ſe voit aucune diſpoſition, & habite en ſon Corps, comme le feu dans les Arbres & Pierres, qu'il nous faut extraire par un Art & entendément ſubtil, ſans combuſtion aucune. *Sachez, mon Fils, que qui ne con-noît point la différence, ne connoît pas ſi bien les deux Soufres. Non pas que les On-guents qui ſe ſubliment des Pierres ſoient*

Soufres, pour accomplir la Teinture. Or les deux mélez avec leurs Corps, il s'en fait un parfait. Et faut sçavoir que deux Soufres teignent; mais ils s'enfuyent, lesquels il faut fort bien séparer, & les retenir de leur fuite. Et sçachez que le Ciel se joint médiocrement avec la Terre, & le médiocre est figuré avec le Ciel & avec la Terre, ce qui est l'Eau. Et toute la prémiére est Eau qui sort de cette Pierre, & le second est vraiment l'Or, & le troisiéme l'ordure; & le médiocre est l'Or, qui est plus noble que l'ordure. Or en ces trois sont la fumée, la noirceur, & la mort. Il nous faut donc chasser la fumée, qui est au dessus de l'Eau, la noirceur de l'Onguent, & des féces la mort, & ce par Dissolution. Ce qui étant nous avons une très-grande Philosophie, & le Sécret des Sécrets.

CHAPITRE SEPTIEME
ET DERNIER

FILS des Philosophes, il y a sept Corps ou Métaux, entre lesquels l'Or tient le prémier rang, comme étant le plus parfait de tous; c'est pourquoi on l'appelle leur Roi & leur Chef. [1]

[1] Tous les Philosophes ne sont pas d'accord du nombre des Métaux. Ceux qui, comme notre Auteur

La Terre ne sçauroit le corrompre ; les choses brûlantes ne le détruisent point ; l'Eau ne l'altére ni ne le change, parce que sa compléxion est tempéréo, & qu'il est également composé de chaleur, de froideur, *de sécheresse,* & d'humidité, & il n'y a rien de superflu en lui. [1]

veulent qu'il y en ait sept, y comprennent l'Argent-vif, qu'on appelle autrement Mercure ; mais quelques-uns soûtiennent que ce n'est pas un Métail, & qu'il est seulement la Matiére des Métaux : parce que la définition du Métail, *d'être un Corps minéral, composé d'Argent-vif & de Soufre, dur, malléable & fusible,* ne lui péut convenir. Et ceux-là ne reconnoissent que six Métaux, qu'ils appellent autremét Corps, pour les distinguer du Soufre, de l'Arsenic, & de l'Argent-vif, qu'ils appellént Esprits. Les uns & les autres les divisent en Métaux parfaits & imparfaits. Les parfaits sont ceux à qui la Nature a donné une fixité & une teinture parfaite, qui sont l'Argent & l'Or, qui demeurent à toutes épreuves. Les imparfaits sont ceux qui n'ont pû atteindre à cette perfection, n'ayant qu'une teinture ébauchée, & qui n'est pas permanente ; & parce que leur Argent-vif

est demeuré volatil, ils s'en vont à la Coupelle, & ne souffrent pas les autres épreuves. Les imparfaits se divisent en rouges & en blancs. Les prémiers sont le Fer qu'on appelle Mars, & Venus que l'on nomme Cuivre ou Airain. Les blancs sont le Plomb & l'Etain, qui sont apellés Saturne & Jupitér. Céux qui mettent l'Argent-vif au nombre des Métaux, disent qu'il a en lui les déux Teintures, la blanche & la rouge ; la prémiére extérieure & l'autre intérieure, & qu'il est Androgine ou Hermaphrodite, c'est à dire, qu'il a les deux Sexes, étant mâle & fémelle. *M. Sal.*

[1] L'Or est composé d'un Argent-vif & d'un Soufre très-purs, parfaitement digérez, & si éxactement unis, que l'un est changé en la nature de l'autre, son Argent-vif étant véritablement Soufre, & son Soufre Argent-vif ; comme nous avons dit que dans la Composition de l'Argent vif la

C'est pourquoi les Philosophes l'ont préféré *à tous les autres*, & ils l'ont fort estimé, nous assurant que l'Or, par sa splendeur, étoit à l'égard des Métaux, ce que le Soleil étoit entre les Astres par sa lumiére, qu'il a beaucoup plus éclatante que tous eux.

Aussi comme c'est le Soleil, qui, par la volonté de Dieu, fait naître & croître tous les Végétaux, & qui produit & meurit tous les fruits de la Terre, l'Or contient aussi tous les Métaux *en perfection* [1]

Terre est Eau & l'Eau est Terre. De sorte que l'Or étant homogéne, c'est-à-dire, les parties de l'Or étant toutes de même nature, il s'ensuit nécessairement qu'il n'y a rien de superflu ni d'étranger en lui. *M. Salomon.*

[1] Tous les Métaux étant faits d'une même principale Matiére, la Nature les auroit tous formez parfaits, si elle n'en avoit pas été empêchée par les impureté & les mauvais Soufre, dont cette Matiére a été infectée dans les Mines. Ce qui a fait la différence & la pluralité des Métaux imparfaits, selon le divers mélange de ces impuretés & de ce mauvais Soufre avec un Argent-vif impur, & plus ou moins volatil. La moindre ou la plus grande pureté du Soufre & de l'Argent vif, & la diversité de leur Teinture, a fait deux sortes de Métaux parfaits. L'Or étant le plus parfait de tous, par la pureté de ses principes, & par sa fixité & sa teinture, qui sont dans le dernier dégré de perfection [c'est-à-dire, aussi grande que la Nature l'a pû donner à cette commune Matiére de tous les Métaux] & qui ne peuvent être détruites ni corrompuës par nul Agent naturel ni artificiel, quelque violent qu'il puisse être ; il est évident que l'Or contient tous les autres Métaux en perfection, & qu'il est à leur égard ce qu'est le soleil entre les Astres, comme le dit notre Auteur. *M. Salomon.*

C'est lui qui les vivifie, parce que c'est lui
qui est le Ferment de l'Elixir, & sans lui
l'Elixir ne peut être parfait.

Car de même que la pâte ne sçauroit
être fermentée sans levain; ainsi quand vous
aurez sublimé le Corps, que vous l'aurez
nettoyé, que vous aurez ôté aux féces la
noirceur qui les rendoit désagréables, afin
de joindre & unir ce Corps & ces féces ensemble, mettez-y du Ferment, & de la Terre faites-en de l'Eau, jusqu'à ce que l'Elixir devienne Ferment, comme la pâte devient levain. *par le levain que l'on mêle a-
vec elle.*

Que si vous considérez, & que vous
éxaminiez bien la chose, vous trouverez
que le Ferment que l'on doit ajoûter à
l'Oeuvre, ne se doit prendre d'autre chose que de ce qui est de sa propre nature.
Car ne voyez vous pas que le levain ne se
prend que de la pâte, *qui a été fermentée?*

Et remarquez que le Ferment blanchit la
Composition : il empêche qu'elle ne se
brûle ; il retient la Teinture, & la rend fixe
& permanente ; il réjoüit les Corps ; il les
unit ensemble, & les fait entrans & pénétrans. [1]

[1] Il y a dans le Latin, *Et nota quod fermentum confectionem dealbat.* J'aurois crû qu'il y auroit eu faute en cét endroit, & qu'il eût fallu lire, *deaurat* c'est à dire doré, au lieu de *dealbat* qui veut dire blan-chit. Parce que tous les Philosophes assûrent que

Et c'est-là la clef des Philosophes, & la fin à quoi se terminent toutes les Opérations qui se font dans l'Oeuvre. C'est par le moyen de cette Science, que les Corps sont rendus plus parfaits qu'ils n'étoient, & qu'avec l'aide de Dieu l'Oeuvre est accomplie, comme c'est par le mépris & la mauvaise opinion que l'on a de ce Ferment,

c'est l'*Azoth*, c'est à dire leur Eau ou prémier Mercure, comme l'explique *Artéphius*, qui blanchit le Laiton. Voici ses paroles, *Nihil est quod à Corporibus perfectis, id est, à Sole & Lunâ colorem possit auferre, nisi Azoth, id est, Aqua nostra, que colorat & album reddit Corpus rubeum, secundùm regimina sua.* C'est à dire, Rien ne peut ôter la couleur au Soleil & à la Lune, qui sont les deux Corps parfaits, si ce n'est l'*Azoth*, je veux dire notre Eau, qui, selon ses divers régimes, teint & rend blanc le Corps qui est rouge. Mais l'Auteur ajoûte ensuite, *combustionem vetat,* c'est à dire empêche la combustion, il veut dire que le Ferment empêche que la Composition ne se brûle. De sorte qu'il semble que ce Philosophe appelle ici Ferment ce que les autres nomment Azoth. Ou dumoins que par ce mot *Ferment*, il entend le *second Mercure*, étant certain, comme *Geber* le prouve dans sa *Somme*, & comme l'assurent les autres Philosophes, que ce n'est que le Mercure ou Eau Mercurielle, qui empêche la combustion; puisque c'est l'Argent-vif, tout impur qu'il soit, qui dans les Métaux imparfaits, empêche qu'ils ne soient brûlez & consumez par le feu, lorsqu'ils se fondent, ou qu'ils demeurent long-tems rouges dans un fourneau. Ce que l'Auteur ajoûte, dans ce verset, que le Ferment unit les deux Corps [car assurément ils se servoient des deux Corps] & qu'il les rend pénétrans & entrans, me fait croire qu'il parle du prémier Mercure, qui étant Esprit, spiritualise les Corps, & les rend capables de pénétrer les Métaux imparfaits, pour en faire la transmutation, *M. Salomon.*

que l'Ouvrage est gâté, & qu'il ne se fait
pas. [1]

Car ce qu'est le levain à la pâte, la présu-
re au lait, à l'égard du fromage, *qui s'en
fait* & ce qu'est le musc dans les parfums,
la couleur de l'Or l'est assurément pour

[1] S'il n'y a point de faute en cet endroit, l'Auteur veut dire, que ceux-là ne peuvent jamais réüssir à faire l'Oeuvre des Philosophes, qui ne connoissent pas le Ferment dont ils parlent, & qui ne l'emploient, pas en leur Ouvrage; parce que, comme il a dit auparavant, l'Elixir ne se peut faire sans lui, on doit dire la même chose, si l'on explique le Ferment par le prémier Mercure des Philosophes, que ceux-là ne feront jamais le M agistére, qui ne connoissent ni la véritable Matiére, ni comment se doit faire la Composition de ce Mercure; parce que, disent les Philosophes, c'est *la clef de l'Oeuvre*, sans quoi il est impossible de la faire. Cependant sans parler des autres choses, qui doivent entrer en sa Composition, combien y a-t-il d'opinions fausses & erronées sur la Matiére, dont il se faut servir pour le faire? Car quoi que les Philosophes ayent parlé fort intelligiblement là-dessus, il y en a pourtant très-peu qui la veüillent connoître! Les uns la veulent trouver en des choses étrangéres, & qui n'ont nulle affinité avec les Métaux & les autres dans l'Esprit Universel, c'est à dire, de la maniére qu'ils le conçoivent, dans une pure imagination. *M. Salomon.*

Mr. Salomon, qui, dans toutes ses Remarques sur la Philosophie Hermétique, fait paroître une érudition profonde, semble, par ce qu'il dit ici, que l'usage qu'un vrai Philosophe fait de l'Esprit Univerfel soit une chimére. Ce sçavant Médecin ignoroit apparemment, comme l'ignorent encore beaucoup de Gens, qu'il y a des Aymans avec lesquels on attire cet Esprit Universel, dont un habile Artiste extrait un Mercure, & un Soufre & un Sel purement célestes desquels il compose un Dissolvant, qui réduit si radicalement l'Or en ses prémiers Principes, qu'il n'est plus possible de le remettre en Corps, si ce n'est par la voye des Régimes du grand Oeuvre!

la Teinture rouge, & sa nature n'est pas
une douceur. [1]

C'est pourquoi de lui nous faisons la
Soye, c'est à dire l'Elixir, & de lui nous
avons fait la peinture dont nous avons écrit,
& nous teignons la boüe du Sceau Royal, &
nous avons mis en elle la couleur du Ciel,
laquelle fortifie la veüe de ceux qui la re-
gardent. [2]

L'Or est donc la Pierre très-précieuse,

Réduction, dit l'Auteur
de la lumiére sortant des
Ténébres, que le Mercu-
re vulgaire ne sçauroit faire, parce qu'il a perdu sa
prémiére simplicité & pu-
reté, & qu'il a passé dans
une autre Substance, étant
devenu un Corps métalli-
que, abondant en une hu-
midité superfluë, & en
une lividité, qui le ren-
dent incapable d'opérer
une véritable Réduction
de l'Or. Cependant, selon
Géber, on peut l'en rendre
capable.

[1] Je croi que notre
Auteur, par toutes ces maniéres de parler, fait allusion à des choses qui se
trouvoient dans les Livres
des Philosophes : comme
ce qu'il avoit dit des On-
guens qu'ils tiroient des
poils, des ongles, &c é-
toient des façons de parler
des Anciens. M. Salom.

[2] L'Auteur appelle ici
boüe la dissolution de l'Or,

quand elle est dans la noirceur. Et c'est ce que Philaléthe appelle le Plomb des
Philosophes, qu'il dit qui est
plus précieux que le plus
fin & le plus pur Or du
monde. On teint cette boüe
du Sceau Royal, quand par
la cuisson on lui donne cette couleur éclatante, qui
brille dans le vaisseau, &
qui le fait paroître tout doré, dit Philaléthe, avant
que d'être Elixir parfait.
Mais il faut que la Matiére ait passé auparavant par
la couleur du Ciel. Il veut
dire, par la couleur blanche brillante, s'il prend
ce mot de Ciel figurativement, comme il a fait ci-
devant, pour le prémier
Mercure. Ou pour la cou-
leur verte & azurée, qui
est la couleur que l'on attribuë ordinairement au
Ciel, & qui est effectivement fort agréable à la
veüe. Ce qui est plus vrai-
semblable. M. Salomon.

qui

qui n'a point de taches, & qui est tempérée. Et ni le Feu, ni l'Air, ni l'Eau, ni la
Terre ne sçauroient corrompre ce Ferment
universel, lequel, par sa composition tempérée, rectifie & met tous les Corps imparfaits, en une justesse & température modérée & égale *en les transmuant en Or.* Et
ce Ferment est jaune, ou est véritable orangé.

L'Or des Sages étant cuit & bien digéré, [1] par le moyen de l'Eau ignée, ou
de l'Eau-feu, fait & compose l'Elixir. Car
l'Or des Philosophes est plus pésant que le
Plomb, & par sa composition tempérée
& égale, il est le Ferment de l'Elixir. Comme au contraire, ce qui n'est pas tempéré
est fait par une composition inégale.

Au reste, le prémier Ouvrage se fait du
Végétable, & le second de l'Animal, dont
nous avons un exemple (dans l'œuf de Poule, *duquel se forme le Poulet,*) des Elémens
qui s'y voyent visiblement. Et notre Terre est Or, duquel nous faisons la Soye, qui
est le Ferment de l'Elixir.

---

[1] Les Philosophes ap-
pellent l'Or vulgaire, leur
Or lors qu'il a été dissous
& vivifié par leur prémier
Mercure, & il ne manque
à cet Or que la digestion,
pour être Elixir parfait.
C'est pourquoi ils disent
que l'Azoth, & le Feu suf-
fisent pour faire leur Magistére; donnant indiffé-
remment le nom d'Azoth,
tant à cette Dissolution ou
second Mercure, qu'au prémier, qu'ils appellent Eau
Feu, ou Eau ignée: M.S al

OBSERVATION.

Sur les motifs qui engagent à reconnoître Hermès pour l'Auteur des Sept Chapitres.

Tous ceux qui ont parlé des *Sept Chapitres*, ou qui en ont cité quelque passage, l'ont toujours fait sous le nom d'Hermès Trismégiste; qui est aussi l'Auteur de la *Table d'Emeraude*, & ce consentement général de tous les Philosophes est une preuve suffisante pour faire voir qu'Hermès en est l'Auteur. Il s'y trouve néanmoins des choses touchant notre Religion, qu'il n'est pas vrai-semblable qu'Hermès, au temps qu'il a été (s'il en faut croire *Cédrénus* ; qui le fait plus ancien qu'Abraham) ait pû connoître si précisément qu'elles y sont énoncées. Car il y est parlé du Jugement final, que Dieu doit faire de tous les Hommes, & de la damnation des Réprouvés, qui sont deux choses lesquelles ne se trouvent point dans l'Ancien Testament, au moins n'y sont-elles pas si clairement. Il est vrai que dans le *Pimandre*, l'*Asclépius* & les autres Ouvrages qu'on attribuë au même Hermès, les plus hauts Mystéres de notre Religion y sont aussi clairement expliquez. Et c'est sans contredit l'une des plus fortes raisons que *Casaubon* allégue dans les Essais qu'il a faits contre *Baronius*, pour prouver qu'Hermès n'en est pas l'Auteur. Et en effet, quoi que selon les Philosophes, leur Elixir, qui prend naissance d'une Vierge, qui meurt après avoir été élevé, & qui ressuscite ensuite glorieux & tout spirituel de son tombeau, soit un simbole & une réprésentation de la Naissance, de la Mort, & de la Resurrection du Sauveur. Je ne crois pas néanmoins que *Bon de Ferare* dans sa *Marguerite précieuse*, ni quelques autres Auteurs, ayent eu raison pour cela de dire que les anciens Philosophes ont eu le Don de Prophétie, & qu'ils ont connu la Naissance du Verbe Eternel, le Jugement dernier, la Trinité, & les autres Mistéres de la Religion Chrétienne. Si ce n'est qu'on voulût dire que Dieu eût révélé ces Mistéres aux Philosophes, que son Peuple ne connoissoit pas si clairement, comme il leur avoit révélé une Science si merveilleuse & si cachée au reste des Hommes. On pourroit encore douter qu'Hermès, que tous les Philosophes, dont nous avons les Ecrits, reconnoissent pour le Pére de la Philosophie Chimique, fût l'Auteur de ces *Sept Chapitres*, puisque celui qui les a faits parle souvent des anciens Philosophes, qu'il appelle ses Prédécesseurs ; & qu'on sçait que c'est Pythagore (qui a été long-temps après Hermès , puiſqu'il étoit du temps de Tarquin, dernier Roi de Rome) qui le prémier prit le nom de Philoſophe , c'eſt à dire, Amateur de la Sageſſe ; tous ceux de ſa profeſſion ayant accoûtumé avant lui de s'appeller Sages. D'ailleurs ce Traité commençant par ces paaoles, *Voici ce que dit Hermès* , on pourroit préſumer de là que ce ſeroit quelqu'autre Philoſophe beaucoup moins ancien , qui auroit fait un Recuëil & un Abrégé des Oeuvres d'Hermès , qui, comme on ſçait, avoit fait pluſieurs Livres, que cette Abbréviateur auroit réduit en ces *Sept Chapitres*. Outre que dans les *Allégories* , imprimées après la Tourbe Latine, au cinquiéme volume du Théâtre Chimique , il y a des paſſages entiers citez d'Hermès , qui ſont ſemblables à d'autres, qui ſe trouvent dans les *Sept Chapitres* , & qui ſont mênies plus amples & plus étendus. Mais il n'eſt pas difficile de réſoudre ces difficultés. Car pour ce qui eſt du nom de *Philoſophe* , qui ſe trouve en pluſieurs endroits des *Sept Chapitres* , il eſt certain que ceux , qui ont traduit ce Traité , ſe ſont ſervis de ce mot (qui ayant paru plus modeſte, avoit été communément reçû depuis Pythagore) au lieu de celui de *Sage* , qui étoit plus vain , & qui n'étoit plus uſité de leurs tems ; quoi que ce mot de *Sage* ſe trouve auſſi en ce Traité. Et quand les

Philosophes reconnoissent Hermès pour
l'Auteur de la Philosophie Chimique, ils
veulent dire sans doute, qu'Hermès est celui qui en a écrit le prémier, ou qu'il est
l'Auteur le plus ancien dont les Ouvrages
soient venus jusqu'à eux. Que si le prémier
de ces *Sept Chapitres* commence pas ces
mots, *Voici ce que dit Hermès*, tant s'en
faut qu'il ne soit pas de lui, qu'au contraire, c'est une preuve qu'il en est véritablement l'Auteur ; puisque l'on sçait que c'é-
toit la maniére d'écrire des Anciens. Car,
sans parler des Prophétes, qui ont commencé leurs Livres de la même maniére,
les Proverbes & l'Ecclésiaste commencent
ainsi. Le prémier, *Les Paraboles de Salomon, Fils de David, Roi d'Israël* : & le
dernier, *Voyci les Paroles de l'Ecclésiaste,
Fils de David Roi, de Jerusalem*. Et Hérodote, le prémier Historien des Grecs, &
que pour cette raison Cicéron appelle le
Pére de l'Histoire, n'a-t'il pas commencé
Clio ou son prémier Livre de cette sorte,
*Voyci l'Histoire qu'Hérodote d'Halicarnassé
à mis en lumiére*. Pour ce qui est des passages qui se trouvent semblables dans les
Allégories & dans ce Traité, il n'y a nul
inconvénient qu'un même Auteur dise les
mêmes choses en divers Traités, & qu'il
les dise même un peu diversement, &
qu'ainsi l'expression en soit ou plus éten-

duë, ou plus reserrée. Mais il se peut faire aussi que cette diversité ne provient que de la faute, ou que de l'ignorance des Copistes, qui ont mal écrit, ou qui ont abrégé les passages du même Livre. Quoi qu'il en soit (car je ne veux point m'engager ici dans une dispute qui seroit d'une trop longue discution, qui seroit difficile à débroüiller, & qui ne serviroit de rien) ou qu'Hermès soit l'Auteur de ce Traité, comme la tradition & l'authorité des anciens Philosophes le veulent, ce qui suffit pour le persuader : Ou bien que quelque Philosophe Chrétien l'ait fait sous le nom d'Hermès ; ou qu'il y ait seulement ajoûté ce que nous venons de dire touchant notre Religion, à quoi il y a plus d'apparence : il est sans doute que c'est l'Ouvrage d'un véritable & fort ancien Philosophe, puisque les Auteurs les plus anciens que nous ayons le citent comme tel, qu'il est dans l'approbation générale, & qu'il ne faut que le lire pour le connoître. Voilà ce que dit Mr. Salomon pour favoriser l'opinion de ceux qui prétendent que ces *Sept Chapitres* ont été composez par Hermès, contre le sentiment de ceux qui pensent que ce Traité n'est pas de la composition de ce Philosophe : Et voici ce que le Président d'Espagnet à écrit avant M. Salomon pour convaincre d'erreur ceux qui refusent de reconnoître Hermès pour l'Auteur de ce même Traité. La différence, dit-il, qu'il y a entre la Philosophie vivante des Herméticiens, & la Philosophie morte des Payens, est que la prémiére a été divinement inspirée aux prémiers Maîtres de la Chimie, cette Reine de toutes les Sciences, qu'elle ne reconnoît pour son Auteur que l'Esprit-Saint de la Vérité, lequel soufflant où il lui plaît, verse dans les Esprits la véritable Lumiére de la Nature, par laquelle les ténébres de l'Erreur sont dissipées : Et que la seconde doit son invention aux Payens, qui négligeant & abandonnant les Sources pures de la Doctrine, ont introduit pour véritable des Principes faux, qui ne sont que les productions de leur imagination au grand dommage de la République des Lettres. Mais, que pourroient produire de bon ceux qui n'ont jamais été éclairez d'aucun rayon de la Sagesse éternelle de Dieu, qui n'ont jamais connu *Jesus-Christ*, Source de toute science & de toute intelligence? Il ne faut donc pas être surpris de ce qu'ils n'ont rien établi de solide, & de ce qu'ils nous ont débité des rêveries & des fictions, dont ils ont tellement défiguré la Philosophie sacrée, qu'on ne retrouve plus en elle aucun trait de sa prémiére beauté. Vous m'objecterez qu'Hermès même, le Prince

de notre Philosophie vivante, a été Payen,
& qu'il a précédé de beaucoup de Siécles
des Auteurs, dont la Philosophie ne doit
aucunement être reçûë. Que cela soit;
que s'ensuit-il de là? Hermès à la vérité
est né dans le Paganisme; mais, par un
privilége de Dieu tout particulier, il a été
tel que dans sa vie, dans ses mœurs & dans
sa Religion il faisoit paroître parfaitement
le Culte du vrai Dieu. Il reconnoissoit
Dieu le Pére, & disoit qu'il ne faisoit aucun autre participant de sa Divinité. Il le
reconnoissoit pour le Créateur de l'Homme. Il reconnoissoit aussi le Fils de Dieu,
par lequel tout ce qui est créé, a été fait
universellement, & dont le Nom, comme merveilleux & inéffable, étoit inconnu aux Hommes, & même aux Anges,
qui admiroient avec étonnement sa génération. Que veut-on davantage? Tel a été
notre Hermès, qui, par une grace spécia-
le, & par une révélation de Dieu très-bon
& très-grand, a prédit que ce même Fils
devoit venir en chair dans les derniers Siécles, afin de rendre les Hommes pieux é-
ternellement heureux. C'est lui, qui a enseigné avec clarté le Mistére adorable de
la très-sainte Trinité, tant selon la pluralité
des Personnes, que selon l'unité de l'Essence
Divine en trois Hypostases, comme ceux
qui ont tant soit peu de discernement &
d'intelligence

d'intelligence pourront le conjecturer par les choses suivantes; car à peine le peut-on trouver ailleurs plus ouvertement & plus clairement. De la *Lumiére intelligente*, dit-il, qui a été de toute éternité, a procédé une Lumiére intelligente, & cette Lumiére intelligente, ou cet Entendement lumineux, est aussi éternel que son Principe, en ayant procédé de toute éternité, & n'étant rien autre que sa Vérité & son Esprit, qui embrasse & contient toutes choses. Hors de lui, il n'y a point d'autre Dieu, point d'Ange, ni aucune Essence; car il est le Seigneur de toutes choses, & le Pére & le Dieu de toutes les Créatures. Toutes choses sont audessous de lui & en lui. Je t'atteste, ô Ciel! qui est le sage Ouvrage du grand Dieu: Je t'atteste, Voix du Pére, toi qu'il proféra pour la prémiére fois, lorsqu'il forma le Monde: Je t'ateste par la Parole uniquement engendrée du Pére, & par le Pére même, qui contient toutes choses, & lequel je reclame pour qu'il me soit propice & favorable. Feüilletez maintenant autant qu'il vous plaira, chers Enfans d'Hermès, & lisez jour & nuit les Livres des Philosophes Payens, vous verrez si vous y trouverez des choses si saintes, si pieuses & si chrétiennes. Notre Hermès a été Payen, je l'avouë; mais ç'a été un Payen qui a connu la puisfance & la grandeur de Dieu, tant par foi-même que par les autres Créatures. Il a glorifié Dieu en tant que Dieu ; & même je ne ferai point de difficulté de dire qu'il a de beaucoup furpaffé par fa piété plufieurs Chrétiens, qui ne le font que de nom , & qu'il a rendu à Dieu, comme à la Source de tous les biens , des graces & des remercimens pour les bien-faits reçûs, avec une profonde foumiffion & tout autant qu'il l'a pû. Apprenez du Prophéte , ô Amateurs de la Doctrine , fi Dieu n'a pas converfé & agi parmi les Gentils auffi bien qu'avec fon Peuple, quand il s'exprime ainfi: Depuis le Soleil levant jufqu'au Couchant mon Nom eft grand entre les Nations ; par tout on facrifie & l'on offre en mon Nom des Oblations pures , parce que mon Nom eft grand parmi les Nations , dit le Dieu des Armées. Rappellez, je vous prie , dans votre mémoire, & nous dites fi les Mages qui vinrent d'Orient, conduits par une Étoile, pour adorer Jesus-Christ, n'étoient pas Gentils,& fi fon Peuple lui-même ne l'a pas attaché fur la Croix ? Voyez, fidelles Nourriçons de la véritable Sageffe, la différence qu'il y avoit d'Hermès aux autres Gentils qui n'a pas fes fentimens , & quelle eft la Source d'où ils ont puifé les fondemens de leur Doctrine. Cherchez diligemment dans leurs

Ecrits, & vous verrez que ces Philosophes - là ne rapportent pas à Dieu les Principes de leur Science, mais qu'ils pensent
seulement les avoir acquis par leurs études
& par leurs travaux. Au contraire, si vous
jettez les yeux sur le commencement de
l'exellent Traité de votre Pére Hermès,
contenant *Sept Chapitres*, dans lesquels il
parle du Sécret de la Pierre Physique, vous
y verrez avec quels sentimens de piété il
parle de Dieu, Distributeur de cette Science secréte ; car il s'éxprime de cette sorte :
Pendant tout le cours de ma vie je n'ai cessé de faire des expériences, & je n'ai jamais
donné de relâche à mon esprit dans le travail. J'ai eu cet Art & cette Science par
l'inspiration de Dieu seulement, qui a daigné me la révéler comme à son Serviteur.
Il donne à ceux qui se servent de leur rai-
raison la liberté de juger de cette Science,
& il ne met personne dans l'occasion de s'y
tromper. Pour moi, si je ne craignois le
jour du Jugement & la damnation de mon
ame, pour avoir caché cette même Science, je n'en écrirois en aucune maniére,
& je n'en révélerois aucune chose a qui
que ce pût être ; mais j'ai voulu rendre aux
Fidelles ce que l'Auteur de la Foi a daigné
me départir. C'est ainsi que parle Hermès,
& je ne pense pas qu'on puisse rien profé-
rer de plus raisonnable & de plus conforme

à la Religion Chrétienne. Et c'est pour cela que tous les Esprits les plus sublimes, qui sont & qui ont été, ont embrassé cette Philosophie vivante, sacrée & divine d'Hermès de tout leur cœur, de toute leur ame & de toutes leurs forces, & qu'ils ont rejetté la Doctrine morte, prophane & humaine des Gentils. Par ce discours du Président d'Espagnet, qui appuie celui de M. Salomon, on peut raisonnablement attribuer à Hermès les *Sept Chapitres* dont il s'agit ici & se persuader, selon sa Doctrine, que la connoissance de la Pierre des Philosophes vient immédiatement de Dieu, dans la recherche de laquelle nous travaillons inutilement, si nous ne méritons par la priére & par une vie pure, qu'il nous conduise comme par la main dans les détours d'un Labirinthe, où nous ne sçaurions que nous égarer sans son secours.

DIALOGUE

DE MARIE ET D'AROS;

Sur le Magistére d'Hermès.

LE Philosophe Aros alla trouver Marie la Prophétesse, Sœur de Moyse, & l'ayant saluée civilement, il lui dit. [1]

Madame, j'ai oüy dire fort souvent que vous blanchissiez la Pierre en un jour.

Oüy, *repondit Marie*, & même en moins d'un jour.

Je ne conçois pas, *repartit Aros*, comment ce que vous dites se peut faire, ni par quel moyen on puisse blanchir si promptement par le Magistére.

Marie répondit. Et ne sçavez-vous pas

[1] Il n'est par certain que cette Marie fût Sœur de Moyse ? mais, dit M. Salomon, quelle que soit la Femme qui à fait ce Traité, elle est fort ancienne, puisqu'elle a été auparavant Morien, qui la cite, & qui vivoit dans le 7. ou 8. Siécle. On dira, ajoute ce sçavant Commentateur, que cette Femme Philosophe a véritablement sçû la Science, & qu'elle en a parlé en personne qui la possedoit, & avoit fait l'Oeuvre Philosophique.

qu'il se fait une Eau, ou une chose qui blanchit en un mois?

Il est vray, *dit Aros*, mais il faut long-tems pour faire la chose dont vous parlez.

Hermès, *reprit Marie*, dit dans tous ses Livres, que les Philosophes blanchissent la Pierre en une heure.

O Madame, *dit Aros*, que vous me dites-là une belle chose!

Très-belle, *repliqua Marie*, pour celui qui ne la sçait pas.

Mais, Madame, *repondit Aros*, s'il est vrai que tous *les Corps des Métaux*. aussi bien que le Corps humain, sont composez des quatre Élémens, il faut avoüer qu'ils peuvent être fixez & modérez, & leurs fumées coagulées & retenuës en un jour, jusqu'à ce que ce qui en doit être fait, soit parachevé.

Je vous assure, Aros, *dit Marie*, & j'en prens Dieu à témoin, que si vous n'étiez tel que vous êtes, je ne vous déclarerois point ce que je vais vous dire, & que j'atendrois à vous le révéler jusqu'à ce que Dieu m'eût inspiré de le faire. Prenez donc de l'Alum, de la Gomme blanche & de la Gomme rouge, qui est le Kibric des Philosophes, leur Or, & leur plus grande Teinture, & joignez par un véritable mariage la Gomme blanche avec la rouge. Je ne sçai si vous m'entendez?

Oüi Madame, *dit Aros*, j'entens & je comprens ce que vous dites.

Reduisez tout cela en Eau coulante ; *poursuivit Marie*, & purifiez sur le Corps fixe cette Eau véritablement divine, tirée des deux Soufres; & faites que cette Composition devienne liquide, par le sécret des Natures, dans le Vaisseau de Philosophie. M'entendez-vous, Aros ?

Oüi, Madame, *repondit Aros*, je vous entens fort bien.

Conservez la fumée, *reprit Marie*, & n'en laissez rien échaper, & faites votre feu à proportion qu'est la chaleur du Soleil dans les mois de Juin & de Juillet; tenez-vous auprès de votre Vaisseau, & vous y verrez des choses qui vous surprendront. Car en moins de trois heures votre Matiére deviendra noire, blanche & orangée;& la fumée pénétrera le Corps, & l'Esprit sera fixé. Le tout se fera ensuite comme du lait, qui se fera incérant, fondant, & pénétrant. Et c'est-là le Sécret caché.

Aros prenant la parole, dit. Je ne sçaurois croire que cela se fasse toûjours de la sorte.

Voici une chose bien plus admirable, *dit Marie*, qui n'a point été connuë par les Anciens,[1] *devant Hermès*,& qui ne leur a ja-

[1] J'ai ajoûté ces deux mots [*devant Hermès*] | qui ne sont dans aucun Exemplaire, parce que

mais entré dans l'esprit. Prenez de l'Herbe blanche, claire, honoré, qui croît sur les petites Montagnes. Broyez-là toute fraîche, comme elle est à son heure déterminée : car en elle est le véritable Corps, qui ne s'évapore ni ne s'enfuit point du feu.

N'est-ce pas-là la Pierre de vérité, dont vous parlez ? *dit Aros.*

Oüi, Aros, ce l'est, *reprit Marie.* Mais les Hommes n'en sçavent pas le régime, parce qu'ils ont trop de hâte, & ils veulent faire l'Oeuvre trop tôt.

Qu'y a-t'il à faire après cela ? *dit Aros.*

Il faut, *lui dit Marie,* rectifier sur ce Corps Kibrich, & Zubeth, c'est à dire les deux fumées, qui comprennent & qui embrassent les deux Luminaires, & mettre dessus ce qui les ramollit, & qui est l'accomplissement des Teintures & des Esprits, & les véritables poids de la Science. Puis ayant broyé le tout, il faut le mettre au feu, & l'on verra des choses admirables. Au reste tout le régime consiste à sçavoir faire le feu modéré. Après quoi ce sera

Hermès ayant fait le Magistére, qui ne se peut faire sans cela comme il est dit ensuite, il faut qu'il ait eu cette connoissance. Peu après il y a, *broyez la toute fraîche.* Parce que, comme dit Philaléthe, si les Colombes de Diane sont mortes, lorsqu'on les prend, elles ne peuvent de rien servir. L'Auteur ajoûte, *& à son heure déterminée :* Ce qui se rapporte à ce que dit Zachaire, qu'il n'y a qu'une heure pour faire la conjonction des deux Matiéres. M. Salom.

une chose surprenante de voir comment en moins d'une heure, *cette Composition pas-sera d'une couleur à une autre, jusqu'à ce qu'elle vienne à la rougeur & à la blan-cheur, parfaite. Il faut alors défaire le feu & ouvrir le vaisseau, quand il sera refroidi, & on trouvera le Corps clair & luisant, comme une perle, de couleur de Pavot des champs, entremêlé de blanc. Il est lors incérant, fondant & pénétrant, & un poids de ce Corps ira sur douze cens *de Métail imparfait, & les convertira en Or.* Voilà le Secret caché.

Ici Aros s'étant prosterné le visage contre terre, Marie lui dit. Levez-vous Aros. Je vais encore vous abréger l'Oeuvre. Pre-nez-le Corps clair, pris sur les petites Mon-tagnes, qui ne se fait point par la putrefac-tion, [1] mais par le seul mouvement. Broyez ce Corps avec la Gomme Elzaron, & les deux fumées. Car la Gomme Elza-ron est le Corps qui saisit, & qui prend l'Esprit. Broyez le tout, approchez-le du feu, tout se fondra, & si vous en faites pro-jection sur sa Femme, le tout viendra com-me de l'Eau que l'on distile, & il se con-gélera à l'air, & ce ne sera plus qu'un Corps. Que si vous en faites projection

---

[1] Si la chose, dont il parlé ici, ne se fait pas par la putrefaction, elle se doit faire par le mouvement lo-cal, je veux dire par la sublimation Philosophi-que. *M. Salomon.*

sur les Corps imparfaits, vous verrez des
merveilles. Car c'est-là le Sécret caché de
la Science. Sachez que les deux fumées,
dont je viens de parler, sont les racines de
cet Art ; & ce sont le Kibric blanc, & la
Chaux humide, à qui les Philosophes ont
donné toutes sortes de noms. Mais le Corps
fixe vient du cœur de Saturne, qui comprend la Teinture, & qui parfait l'Oeuvre
de la Sagesse. Le Corps que l'on prend
sur les petites Montagnes est clair & blanc,
& ce sont-là les Médecines, ou les deux
Matiéres de cet Art, dont l'une s'achéte,
& l'autre se prend sur les petites Montagnes. Et je vous avertis, Aros, que les
Sages ne les ont appellé l'Oeuvre de la
Philosophie, qu'à cause que la Science ne
peut point être parfaite sans ces choses, &
que c'est en elle que se font toutes ces
merveilles *de l'Art*. Car il y entre quatre
Pierres [2] & son régime est véritable,
comme je l'ai dit. Et Hermès a fait plusieurs Allégories là-dessus en ses Livres.
Et les Philosophes ont toujours prolongé
leur régime, *en disant qu'il faut bien plus
de tems pour le faire, qu'il n'en faut effecti-*

[2] Ces quatre Pierres, qui entrent dans l'Oeuvre, sont, à mon avis, les quatre Elémens, les Philosophes ayant accoûtumé de donner à la Matiére de l'Oeu-vre le nom de l'Oeuvre même. On sçait que l'Oeu-vre des Philosophes ne consiste que dans le chan-gement des Elémens. *M. Salomon.*

vement. Et ils ont dit même qu'il faloit faire des Opérations, qui ne sont point nécessaires, & ils ont toujours dit qu'il faloit un an pour faire leur Magistére. Ce qu'ils n'ont fait, que pour le cacher au Peuple ignorant, en leur faisant acroire que leur Oeuvre, ne peut point être parfait qu'en un an. Aussi est-ce un grand Sécret, & il n'y a que Dieu qui le puisse révéler. Ceux, qui en entendent parler, ne pouvant pas en faire l'expérience à cause qu'ils n'y sçavent rien. M'avez-vous entendu, Aros ?

Oüi, Madame, *lui dit-il*. Mais je vous prie de me dire, ce que c'est que le Vaisseau, sans lequel l'Oeuvre ne se peut faire.

Ce Vaisseau, *dit Marie*, est le Vaisseau d'Hermès, que les Philosophes ont caché, & que les Ignorans ne sçauroient comprendre, car c'est la mesure du feu *Philosophique*.

Aros dit alors. O Prophétesse ! dites-moi, je vous prie, si vous avez trouvé dans les Livres des Philosophes, que l'on pût faire l'Oeuvre d'un seul Corps ?

Oüi, *dit-elle*, & cependant Hermès n'en a point parlé, parce que la racine de la Sience est.... & un Venin qui mortifie tous les Corps ; qui les réduit en poudre, & qui coagule le Mercure par son odeur. Et je vous proteste, par le Dieu vivant, que lors que ce Venin se dissout en une Eau subtile, de quelque maniére que cette Dissolution se fasse, il coagule le Mercure en véritable Lune à toute épreuve. Et si l'on en fait projection sur Jupiter, il le change en Lune. Je vous dis de plus que la Science se trouve en tous les Corps. Mais les Philosophes n'en ont rien voulu dire, à cause de la briéveté de la vie, & de la longueur de l'Ouvrage. Et ils l'ont trouvée *plus facilement* dans la Matiére, qui contient le plus évidemment les quatre Elémens, & ils ont multiplié *& obscurci cette Matiére, par les divers noms qu'ils lui ont donnez.* Ce n'est pas que tous les Philosophes ont assez parlé de tout ce qu'il faut faire pour l'Oeuvre, hormis du Vaisseau d'Hermès; parce que c'est une chose divine, & que Dieu veut qui soit inconnuë aux Gentils & Idolâtres; ce Vaisseau étant d'une si grande nécessité pour le Magistére, que ceux qui ne le connoissent pas, n'en sçauront jamais le véritable régime. [1]

[1] Dans le Mercure des Philosophes, & même dans l'Argent-vif commun, les Elémens sont plus apparens qu'en nul autre Mixte, ou Corps composé qui soit dans la Nature.

LA SOMME
DE LA PERFECTION,
OU L'ABREGE'
DU MAGISTERE PARFAIT
DE GEBER,
PHILOSOPHE ARABE.

Divisé en deux Livres.

LIVRE PREMIER.

AVANT-PROPOS ET CHAPITRE I.

DE LA MANIE'RE D'ENSEIGNER
l'Art de Chimie, & de ceux qui font capables de l'apprendre.

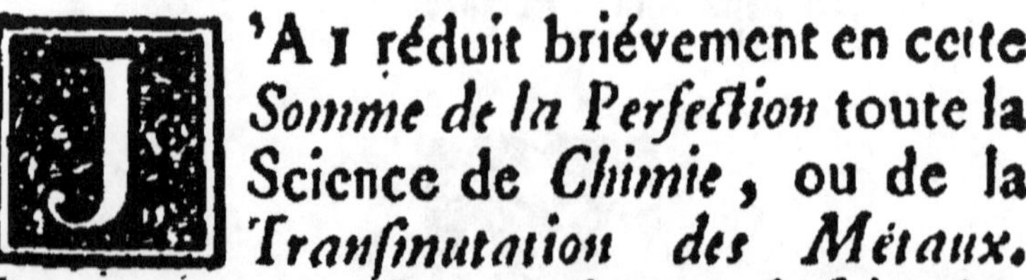

'A I réduit briévement en cette *Somme de la Perfection* toute la *Science de Chimie*, ou de la *Tranfmutation des Métaux.* Dans mes autres Livres j'en avois fait plufieurs Recueils que j'avois tiré & abregé des

Ecrits des Anciens: mais en celui-ci j'ai achevé ce que je n'avois qu'ébauché en ceux-là. J'y ai ajoûté en peu de paroles ce que j'avois obmis dans les autres ; j'y ai mis tout au long ce que je n'avois dit ailleurs qu'imparfaitement, & j'y ai déclaré entiérement & aux mêmes endroits ce que j'avois celé dans mes autres Oeuvres. Et je l'ai fait afin de découvrir aux personnes intelligentes & sages l'accomplissement & la perfection d'une si excellente & si noble partie de la Philosophie. Ainsi, ô mon cher Fils ! je puis t'assurer avec vérité que dans les Chapitres généraux de ce Livre, j'ai mis suffisemment le Procédé de cet Art tout entier & sans nulle diminution. Et je proteste devant Dieu, que quiconque travaillera comme ce Livre enseigne de le faire, il aura la satisfaction d'avoir trouvé la véritable fin de cet Art & d'y arriver. Mais, mon Cher, je t'avertis aussi que celui qui ignorera les Principes naturels de la Philosophie, est fort éloigné de cette Connoissance, parce que le véritable fondement, sur lequel il doit appuyer son dessein, lui manque: comme au contraire celui-là en est bien près qui connoît déja les Principes naturels des Minéraux. Ce n'est pas que pour cela il ait encore la véritable racine, ni la fin profitable de cet Art très-caché : mais ayant plus de facilité à en découvrir les Principes, que celui qui forme quelque projet de notre Oeuvre sans en connoître la voye ni la manière ; il est aussi moins éloigné que lui de l'entrée de cette Science. Mais celui qui connoîtra tous les Principes de la Nature ; [1] qu'elles sont les Causes des Minéraux, & de quelle manière la Nature les forme ; il n'y a que fort peu à dire qu'il ne sache l'Oeuvre toute entiére, quoique sans ce peu là qui lui manque, il soit absolument impossible de faire notre Magistére. Parce que l'Art ne péut pas imiter la Nature en toutes ses Opérations, mais il l'imite seulement autant qu'il lui est possible. Et c'est ici un Sécret que je te révéle, mon Fils, qui est que ceux qui recherchent cet Art, & les Artistes mêmes, manquent tous en ce qu'ils prétendent imiter la Nature en toute l'étenduë & en toutes les différences & les propriétés de son action. Applique - toi donc soigneusement à étudier nos Livres, & attache-toi sur tout à celui-ci. [2]Considére & médite mes paroles attentivement

[1] Outre les quatre Elémens, qui sont la Terre, l'Eau, l'Air & le Feu, qui sont les seuls Principes que reconnoît la Philosophie de l'Ecole ; il y a les Principes Chimiques, qui sont le Sel, le Mercure & le Soufré, dont la connoissance n'est pas moins nécessaire à celui qui prétend parvenir à la Science de l'Oeuvre Phisique. *M. Salomon.*

[2] Géber ayant dit au commencement de ce Chapitre, qu'il a mis dans ce Livre le Procédé de l'Art tout entier, autant qu'il est nécessaire, & qu'il y a ajoûté ce qu'il avoit obmis dans

& très souvent, afin que t'étant rendu familiére notre maniére de parler, & entendant notre idiome ou langage particulier, tu puisses pénétrer dans notre véritable intention & la découvrir. Car tu trouveras dans les Livres surquoi faire un Projet assuré de ce que tu cherches ; tu y apprendras à éviter toutes les erreurs, & parce même moyen tu sçauras en quoi tu peux imiter la Nature dans l'artifice de notre Oeuvre.

ses autres Traités, & déclaré en celui-ci ce qu'il avoit célé dans les autres, il est sans doute que cette Somme, ou Abrégé est le meilleur & le plus utile de tous les Livres que ce Philosophe a composez sur la Transmutation des Métaux imparfaits. M. Salomon.

CHAPITRE II.

Division de ce Livre en quatre Parties.

VOICI l'ordre que je tiendrai en ce Livre. Prémiérement je parlerai succinctement des obstacles qui peuvent empêcher l'Artiste de reüssir & de parvenir à la fin véritable [de l'Art.] A quoi j'ajoûterai les qualités que doit avoir celui qui veut s'y appliquer. Secondement je convaincrai les Ignorans & les Sophistes, lesquels, à cause qu'ils ne peuvent comprendre cet Art, & que par toutes les récherches qu'ils en font, ils n'en retirent jamais l'avantage ni le profit qu'ils s'étoient proposez

poſez, prétendent en détruire la vérité, en
ſoûtenant que ce n'eſt rien du tout. Pour
cet effet je rapporterai prémiérement toutes leurs raiſons, que je détruirai ſi évidemment, qu'il n'y a perſonne de bon ſens qui
ne voye que tout ce qu'ils alléguent contre, n'a ni en tout, ni en partie nulle apparence des vérité. Troiſiémement je traite-
rai des Principes naturels, c'eſt à dire des
Principes dont la Nature ſe ſert à faire ſes
productions ; j'expliquerai la maniére dont
ils ſe mêlent enſemble dans les Mixtes, ſelon qu'il ſe connoît par les Ouvrages de la
Nature ; & je parlerai de leurs Effets ſuivant l'opinion des Anciens Philoſophes.
En quatriéme & dernier lieu, je déclarerai
quels ſont les Principes que l'on doit employer pour la Compoſition de notre Magiſtére ; en quoi nous pouvons imiter la Nature, & la maniére de mêler & d'altérer ces
Principes ſelon le cours & la maniére d'a-
gir ordinaire de la Nature ; avec leurs Cauſes & les Expériences manifeſtes qu'on en
peut faire, afin de donner moyen à l'Artiſte induſtrieux d'appliquer ces choſes, &
& de s'en ſervir à l'uſage de notre Oeuvre.

PREMIERE PARTIE
DU PREMIER LIVRE.
Des empêchemens à cet Art.

CHAPITRE III.
Division des Empêchemens.

CEs Empêchemens en général viennent, ou de l'impuissance naturelle de l'Artiste, ou de ce qu'il n'a pas le
moyen de faire la dépense nécessaire, ou
de ce qu'il n'y peut vacquer à cause de ses
autres occupations. A l'égard de l'impuissance naturelle de l'Artiste, elle vient, ou de
ses organes, qui sont ou foibles, ou tout à
fait corrompus ; ou elle vient de son esprit
qui ne peut agir librement, soit par la mauvaise disposition des mêmes organes, qui
sont ou pervertis , ou gâtez , comme
je l'ai dit, ainsi qu'il se voit au Fous & In-
sensez ; soit parce que l'Esprit est plein de
phantaisies , & qu'il passe facilement d'une
opinion à une autre toute contraire; soit enfin qu'il ne sache ce qu'il veut précisément,
n'y à quoi se devoir déterminer.

CHAPITRE IV.

Des Empêchemens à l'Oeuvre, qui peuvent venir de la mauvaise disposition du Corps de l'Artiste.

Voilà en gros quels sont les Empêchemens à cet Oeuvre. Nous allons maintenant les éxaminer en détail, & l'un après l'autre. Je dis donc que l'Artiste ne pourra jamais faire notre Oeuvre, s'il n'a ses organes entiers & sains : Par éxemple, s'il est aveugle, ou s'il est estropié des mains & des pieds ; parce que devant être le Ministre de la Nature, il ne pourra pas s'en aider pour faire les travaux nécessaires, & sans lesquels l'Oeuvre ne peut être parfaite. Il en sera de même, s'il a le Corps infirme ou malade, comme ceux qui ont la fièvre, ou qui sont ladres, à qui les membres tombent par piéces; s'il est dans la décrépitude, & dans une extrême vieillesse: car il est certain qu'un Homme, qui aura quelques-unes de ces imperfections, ne pourra jamais de lui même, [& travaillant seul,] faire l'Oeuvre, ni la conduire à sa dernière perfection.

CHAPITRE V.

Des Empêchemens qui viennent de l'Esprit.

CE sont là les Empêchemens que l'Artiste peut avoir de la part du Corps. Ceux qui peuvent lui survenir du côté de l'Esprit, sont encore plus considérables & plus nuisibles à l'accomplissement de l'Oeuvre. Les voici. Un Homme, qui n'a pas l'esprit naturellement assez bon pour rechercher subtilement les Principes naturels & pour découvrir quels sont les fondemens de la Nature & les artifices par lesquels on peut imiter cette grande Ouvriere dans ses Opérations ; celui-là ne trouvera jamais la véritable racine, n'y le commencement de cet Art très-précieux. Car il y en a beaucoup qui ont la tête dure, qui n'ont pas l'Esprit de faire aucune recherche, qui ont de la peine à concevoir ce qu'on leur dit le plus clairement, & dans les termes les plus intelligibles & les plus usitez ; & qui ne sçauroient qu'avec difficulté comprendre les ouvrages qui se font ordinairement devant leurs yeux. Il y en a d'autres qui conçoivent aisément tout ce qu'ils veulent, & qui, à cause de cette facilité qu'ils ont, croyant bien souvent avoir découvert la vérité, ils s'aheurtent opiniâtrément à leur sens, quoi que ce qu'ils s'imaginent ne soit qu'une phantaisie vaine, absurde, & tout à fait éloignée de la raison ; parce qu'elle n'a aucune conformité avec les Principes naturels. Cela vient de ce que ces Gens-là, ayant la tête remplie d'imaginations & de vapeurs, ils sont incapables de recevoir les impressions & les véritables notions des choses naturelles. Il y en a aussi qui n'ont pas l'esprits ferme ni arrêté, qui passent facilement d'une opinion & d'un dessein à un autre ; qui croyent parfois une chose comme certaine, & qui s'y attachent sans nulle raison ; puis ils changent aussi-tôt de sentiment & de volonté, avec aussi peu de fondement. Et comme ils ont l'esprit volage, ils entreprennent plusieurs ouvrages qu'ils ne font seulement qu'ébaucher, sans en achever jamais aucun. Il y en a d'autres stupides comme des Bêtes, qui ne sçauroient comprendre aucune vérité en ce qui concerne les choses naturelles ; comme sont les Fous, les Imébcilles & les Enfans. [1] D'autres ont simplement du mépris pour notre Science, ne pouvant croire

---

[1] Il faut entendre ceux qui sont nez pour être ignorans, c'est à dire, qui sont naturelement incapables de comprendre les Vérités les plus claires & les plus intelligibles. Les Hommes n'ayant pas les Sciences infuses, ils naissent dans l'ignorance de toutes choses ; mais ils sont capables d'en acquérir la connoissance par leur étude & par leur travail, à moins qu'ils ne soient tout-à-fait stupides. *M. Sal.*

qu'elle soit possible ; & ceux-là, la Science
les méprise tout de même, & elle les éloigne d'elle, comme indignes d'arriver jamais à l'accomplissement d'une Oeuvre si
précieuse. Enfin il y en a qui sont Avares
& Esclaves de leur argent. Ceux-là voudroient bien trouver notre Art, ils sont
persuadez qu'il est véritable, & ils le cherchent même par raisonnement; mais ils craignent la dépense, & leur avarice est cause
qu'ils ne font rien. tous ces Gens-là ne
sçauront jamais notre Oeuvre. Car comment ceux qui l'ignorent, ou qui ne se
soucient pas de la chercher, pourroient-
ils en avoir la connoissance ?

CHAPITRE VI.

Des Empêchemens extérieurs.

APrès avoir parlé dans les deux Chapitres précédens de tous les Obstacles
provenans des deux parties essentielles de
l'Homme, qui peuvent l'empêcher de réüssir
en cette Oeuvre il nous reste à dire ici un
mot des Empêchemens, qui lui survenant
de dehors, peuvent tout de même rendre
son dessein inutile. Il y a des Gens fort spi-
rituels & adroits, qui ne font pas même
ignorans dans les Ouvrages de la Nature,
qui la suivent & l'imitent en ses Principes,

& en toutes ſes Opérations, autant qu'on
le peut faire ; & qui outre cela ont l'imagination aſſez forte pour pénétrer dans toutes
les choſes qui ſe font reguliérement ici bas
par les actions de la Nature. Et cependant
ces Gens-là, avec toutes ces lumiéres &
tous ces avantages, ſont contraints d'abandonner le Magiſtére, tout admirable qu'il
eſt, & ils ne ſçauroient y travailler, pour
être dans la derniere néceſſité, & ne pouvoir
faire la moindre dépenſe. Il s'en trouve
d'autres qui ont de la curioſité pour cette
Science ; mais ſoit, parce qu'ils ſont ou
embaraſſez dans les vanités du monde, ou
occupez dans les grands emplois, ou acca-
blez de ſoins : ſoit, parce qu'ils ſe donnent
entiérement aux affaires de la vie, notre
Science les fuit & s'éloigne d'eux. Voilà
tous les Obſtacles qui empêchent les Hommes de reüſſir dans notre Art.

CHAPITRE VII.

Concluſion de cette prémiére Partie.

Quel doit être l'Artiſte.

ON voit par les choſes que nous venons de dire, que celui qui ſe veut
appliquer à notre Oeuvre, doit avoir pluſieurs qualités. Prémiérement, il doit être
ſçavant & conſommé dans la Philoſophie

naturelle. Car quoi qu'il fût riche, qu'il eût bien de l'esprit & beaucoup d'inclination pour notre Art, il ne le sçaura jamais, n'ayant pas étudié ni appris la Philosophie naturelle: parce que cette Science lui donnera des lumières & des ouvertures que son esprit, quelque vif qu'il soit, ne lui sçauroit suggérer. Et ainsi l'étude reparera le défaut de l'intelligence naturelle. En second lieu, il faut que l'Artiste ait naturellement un esprit vif, pénétrant & industrieux, parce que quand il posséderoit toutes les Sciences, si naturellement il n'a de l'industrie & de l'adresse, il ne sera jamais Philosophe. Car venant à faillir dans son travail, il y rémédiera sur l'heure par son industrie ; ce qu'il ne feroit pas, si, pour corriger sa faute, il n'avoit nul autre aide que sa Science toute seule. Comme par la Science, qu'il aura acquise, il lui sera pareillement facile d'éviter beaucoup de fautes, où il pourroit tomber sans elle, & s'il n'avoit que sa seule industrie pour l'en garantir. Parce que l'Art & l'Esprit s'entreaident mutuellement, & suppléent au défaut l'un de l'autre. Il est encore nécessaire que notre Artiste soit ferme & resolu dans ce qu'il aura entrepris, & qu'il ne s'amuse pas à changer incessemment, en faisant tantôt un essai & tantôt un autre. Etant très-certain que notre Art ne consiste point

en la pluralité des choses. Et ce n'est point
assurément en cela que git sa perfection.
Car il n'y a qu'une seule Pierre, qu'une
seule Médecine, & qu'une seule Cuisson :
Et c'est en cela uniquement que consiste
tout notre Magistère, auquel nous n'ajoûtons aucune chose étrangére, & nous n'en
diminuons rien aussi, si ce n'est que dans la
préparation que nous lui donnons, nous
en ôtons ce qui est d'inutile & de superflu.

Une des choses qui est encore fort nécessaire à l'Artiste, c'est qu'il doit s'attacher soigneusement à son travail, jusques
à ce qu'il l'ait entiérement achevé ; & il no
doit point l'abandonner à moitié fait ; autrement son Ouvrage ainsi imparfait, au
lieu de lui donner du profit & de l'instruction, ne lui causeroit que du domage & du
désespoir.

Il est encore nécessaire qu'un Artiste
connoisse les Principes & les Racines principales, & qui sont de l'essence de notre
Oeuvre. Car celui qui ne sçaura par où Il
faut le commencer, n'en trouvera jamais
la fin. C'est pourquoi je te parlerai bien
au long de tous ces Principes en ce Livre,
& ce que j'en dirai sera assez clair & intelligible aux Sages & aux Avisés, & suffira
pour leur donner l'intelligence de nôtre
Art.

Il faut de plus, que l'Artiste soit modéré, & qu'il ne soit pas sujet à s'emporter, de peur que venant à se dépiter, il ne gâtât, *dans son emportement*, l'Ouvrage qu'il auroit commencé.

Il ne lui est pas moins nécessaire de conserver & d'épargner son argent, qu'il ne doit pas dissiper en de folles dépenses, & mal à propos, sur la vaine confiance du succès de son Ouvrage, de crainte que s'il ne reüssissoit pas, il ne tombât dans la nécessité & dans le désespoir ; ou que peut-être, lorsque par son industrie & par son raisonnement, il approcheroit de la vérité, & qu'il l'auroit presque découverte, il n'ait pas dequoi la mettre en exécution, pour s'être inconsidérément épuisé. Il en est de même de ceux qui ne sçachant rien, lorsqu'ils commencent de s'appliquer à cet Art, font des dépenses excessives & se ruînent en mille choses inutiles. Car s'ils viennent ensuite à découvrir la vérité, & la véritable voye qu'il faut tenir, ils n'oat pas dequoi pouvoir travailler. Ce qui les afflige en deux maniéres ; & parce qu'ils ont inutilement dépensé leur argent, & qu'ils ont perdu le moyen d'acquérir facilement & bien-tôt une Science si admirable. Cette Science n'est donc pas pour les Pauvres ni pour les Misérables ; au contraire elle est leur Ennemie, & leur est entiérement opposée.

Mais je t'avertis qu'il n'est point nécessaire que tu dépenses ton bien à cette recherche. Car je t'assure que si tu sçais une
fois les Principes de cet Art, & que tu
comprennes bien ce que je t'enseignerai,
tu parviendras à l'entière perfection de
l'Oeuvre, sans qu'il t'en coûte guéres, &
sans que tu sois obligé à faire aucune dépense considérable en tout ton travail. A-
près cela, si tu pers ton argent, pour a-
voir méprisé de suivre les avis & les ensei-
gnemens que je te donne dans ce Livre,
tu auras tort de me maudire & de t'en
prendre à moi, de ce que tu devras n'impu-
ter qu'à ton ignorance & à ta sotte présom-
ption.

Voici un autre avis fort important que j'ai
encore à te donner. Ne t'amuse point aux
Sophistications qu'on peut faire en cet Art;
mais applique-toi uniquement à la seule
perfection. Car notre Art ne dépend que
de Dieu seul, qui le donne, & qui l'ôte
à qui lui plaît. Et comme il est tout-puissant & infiniment adorable, & juste autant
que miséricordieux, il te puniroit infailliblement des tromperies que tu ferois par tes
Ouvrages sophistiques : Et non seulement
il ne permettroit pas que tu eusses la connoissance de notre Art ; mais il t'aveugle-
roit & te feroit tomber de plus dans l'erreur, & de l'erreur il te plongeroit dans la

miſére & dans le malheur, d'où tu ne ſor-
tirois jamais. Et certes il n'eſt rien de ſi
miſérable & de ſi mal-heureux qu'un Homme à qui Dieu refuſe la grace de pouvoir
connoître & de voir la vérité, *& de ſçavoir s'il a bien ou mal fait*, après avoir long-
tems travaillé, & avoir pouſſé ſon Ouvrage juſques à la fin, parce qu'il demeure
toûjours dans l'erreur : Et quoi qu'il travaille inceſſemment, il ne ſort jamais de la
miſére & du malheur où il eſt ; & perdant
ainſi la plus grande conſolation & la plus
grande joye qu'on puiſſe avoir en ce Monde, il paſſe toute ſa vie dans la pauvreté &
dans l'affliction, ſans avoir dequoi ſe ſur-
venir ni ſe pouvoir conſoler.

Au reſte, lorſque tu travailleras, prens
bien garde à tous les ſignes qui paroiſſent
en chaque Opération ou Cuiſſon ; retiens-
les ſoigneuſement en ta mémoire, & tâche
d'en découvrir la Cauſe, en étudiant attentivement les Livres de cette Science.

Ce ſont-là les qualités néceſſaires à ur.
véritable Artiſte. Que s'il lui en manque
quelqu'une, je lui conſeille de ne ſe point
appliquer à notre Art.

SECONDE PARTIE.

*Où sont rapportées & réfutées les Raisons
de ceux qui nient l'Art de Chimie*

CHAPITRE VIII.

*Division de ce qui sera contenu en cette
seconde Partie.*

AYant traité dans la prémiére Partie
de ce Livre, de ce qui peut empêcher de reüffir en notre Art ; & ayant suffisemment parlé des qualités que doit avoir
celui qui s'y veut appliquer, suivant l'ordre que nous nous sommes proposez, il
faut maintenant éxaminer ce que les Sophistes & les Ignorans ont à dire contre la
possibilité de notre Science. Voyons donc
prémiérement quelles sont leurs raisons &
nous les réfuterons ensuite, faisant voir
clairement aux Personnes intelligentes qu'elles n'ont rien de solide ni de véritable.

CHAPITRE IX.

Raiſons de ceux qui nient ſimplement l'Art.

IL y a de deux ſortes de Gens qui nient notre Art, & qui tâchent de le détruire. Les uns le nient abſolument, & les autres ne le nient que ſur diverſes ſuppoſitions qu'ils font. Voici comme raiſonnent les prémiers.

1. Toutes les choſes, diſent-ils, ſont diſtinguées en pluſieurs Eſpéces différentes. Et cela vient de ce que dans la compoſition des Mixtes les Elémens ne ſont pas mêlez ni unis en même proportion en tous. Ainſi ce qui fait qu'un Cheval eſt d'une eſpéce différente de celle d'un homme, c'eſt que la proportion des Elémens eſt toute autre dans la compoſition d'un Cheval, que dans celle d'un Homme. Il en eſt généralement de même des autres différences, qui ſe remarquent en toutes choſes, & il en eſt par conſéquent de même dans les Minéraux. Car le mêlange & la proportion des Elémens dans les Mixtes, eſt ce qui leur donne la forme & la perfection; & par ainſi c'eſt ce qui en fait la différence d'avec les autres choſes. Or il eſt certain que cette proportion nous eſt entiérement inconnuë. Comment donc pouvoir former un

Mixte, & en faire le mélange & la compoſition ? Que s'il eſt vrai, comme il l'eſt
en effet, que nous ignorions quelle eſt la
véritable proportion des Elémens dans l'Or
& dans l'Argent, il s'enſuit néceſſairement
de-là que nous ne ſçaurons jamais comment il les faut former. Et partant, con-
cluent-ils, l'Art que vous dites qui fait
l'Or & l'Argent, eſt inutile & impoſſible.

2. D'ailleurs, quand on connoîtroit même éxactement la véritable proportion des
Elémens, & combien il entre de chacun
d'eux dans la Compoſition de l'Or & de
l'Argent, on ne ſçauroit pas pour cela la
maniére de bien mêler & unir ces mêmes
Elémens enſemble, pour en faire ces deux
Métaux ; parce que la Nature ne les for-
mant que dans les Mines, qui ſont cachées
dans le profond de la Terre, on ne la voit
point travailler. Ne ſçachant donc de quelle maniére ſe fait le mêlange des Elémens,
dans la compoſition de l'Or & de l'Argent ; il eſt certain, par conséquent, qu'on
ne les ſçauroit faire

3. Mais ſuppoſé qu'on ſçût au juſte, &
la proportion des Elémens, & la maniére
de les mêler ; il ne s'enſuivroit pas, qu'en
faiſant leur mêlange, on pût bien propor-
tioner la chaleur, qui eſt l'Agent, par le
moyen duquel le Mixto ſe fait tel qu'il eſt,
& eſt rendu parfait. Car pour former les

Métaux, la Nature se sert pour chacun d'eux, d'un certain dégré de chaleur, qui nous est inconnu. Comme nous ne connoissons point non plus toutes les autres différentes Causes efficientes, sans le concours desquelles la Nature ne sçauroit produire ni achever ses Ouvrages. Et partant puisque toutes ces choses nous sont inconnuës, il s'ensuit évidemment que nous devons aussi ignorer la maniére de faire le Magistére.

4. Outre ces raisons qu'ils alléguent, ils se servent encore de l'expérience. Car ils disent prémiérement que depuis plus de mille ans ença, on sçait que plusieurs Personnes fort sages, se sont appliquées à la recherche de cette Science ; de sorte que si on l'eût pû faire par quelque maniére que ce fût, il est sans doute que depuis un si long-tems, elle devroit avoir été faite plus de mille fois ; cependant on n'en a jamais oüi parler. Ils disent secondement qu'il y a plusieurs Princes & plusieurs Rois, qui ne manquoient ni de richesses ni d'Hommes fort sçavans & fort éclairez, lesquels ont souhaité passionnément de trouver cet Art, qui ne l'ont pourtant jamais trouvé, quelque étude & quelque dépense qu'ils ayent faite pour cela. Ce qui est une preuve convaincante que ce n'est qu'une pure imagination.

5. De plus, les Philosophes, qui ont fait semblant d'enseigner cette Science dans leurs Livres, ne l'ont pourtant point enseignée, & on n'y a jamais pû découvrir cette vérité. Ce qui fait voir évidemment que cette Science n'est rien du tout.

6. Voici une autre de leurs raisons. Nous ne sçaurions imiter la Nature dans les Compositions les plus foibles & les plus aisées à détruire. Par exemple, Nous ne sçaurions faire un Cheval, ni quelque autre Mixte semblable, quoi qu'ils soient d'une composition très-foible, & qui est presque sensible. Donc à plus forte raison nous ne sçaurions faire la mixtion des deux Métaux, laquelle est très forte ; comme il se voit par la grande difficulté qu'il y a de les résoudre, & de les réduire en leurs propres Elémens, & en leurs prémiers Principes. Outre que nous ne sçaurions même connoître leur mixtion, ni par nos sens, ni par aucune épreuve.

7. On ne voit point, disent-ils, qu'une Espéce se change en une autre, ni qu'elle puisse y être reduite par aucun artifice. Par exemple, que d'un Bœuf, il s'en fasse une Chévre. Comment donc pouv... changer les uns en les autres les Métaux qui sont de différente espéce entr'eux & du Plomb en faire de l'Argent ? C'est une chose qui paroît ridicule & qui est tout à fait éloignée

de la vérité, fondée fur les Principes même de la Nature.

8. Il difent de plus. Il eſt certain que la
Nature employe mille ans à purifier les Métaux imparfaits, & à leur donner la perfection de l'Or. Comment donc un Homme,
qui pour l'ordinaire ne vit pas cent ans,
pourra-t-il vivre aſſez de tems pour tranſmuer en Or les Métaux imparfairs ; puiſqu'il lui faudroit mille ans pour le faire ?
Que ſi on vouloit dire que les Philoſophes
achévent en peu de tems par leur Art, ce
que la Nature ne fait qu'en un grand nombre d'années, parce qu'en beaucoup de
choſes l'Art ſuppléc au manquement de la
Nature. Ils répondent que cela ne ſe peut
point faire, ſur tout dans les Métaux ; parce que les Métaux n'étant faits que de vapeurs très-ſubtiles, & par ainſi n'ayant beſoin, pour leur cuiſſon, que d'une chal-
leur tempérée, qui épaiſſiſſe également en
eux-mêmes leur humidité particuliére, afin
qu'elle ne s'enfuye ni ne les quitte point,
par quelque chaleur que ce ſoit, & qu'ils
ne demeurent pas privez de cette humidité,
qui n'eſt autre choſe que le Mercure, qui
leur donne la malléabilité & l'extenſion,
il eſt certain que ſi par artifice on veut abréger le tems que la Nature met à faire la
cuiſſon des Minéraux, & des Corps métalliques, cela ne ſe pourra faire qu'en ſe ſer-

vant d'une chaleur plus forte que celle
dont la Nature se sert. Et ainsi cette chaleur excessive, au lieu d'épaissir également
le Mercure, qui est l'humidité métallique,
elle le dissoudra & le dissipera en le faisant
sortir de la composition. Car c'est une
Maxime assurée, qu'il n'y a que la chaleur
douce & modérée, qui puisse épaissir l'humidité [Mercurielle] & lui faire prendre
Corps, ni qui en fasse une parfaite mixtion;
& que la chaleur trop violente la détruit.

9. Ils font encore une autre objection.
L'Estre & la perfection des choses, vient,
disent-ils, des Astres, comme étant les
prémiéres Causes qui, dans les Corps sub-
lunaires, influent la Forme & la perfection, & qui impriment dans la Matiére le
mouvement qui tend à la génération, & à
la production, pour produire ou pour détruire [les Individus] des Espéces. Or cela se fait tour à coup & dans un instant, lors
qu'un seul ou plusieurs Astres, par leur
mouvement régulier, sont arrivez dans le
Firmament à un certain point fixe & déterminé, duquel vient l'Estre ou la Forme &
la perfection. Car toutes les choses d'ici
bas reçoivent dans un moment leur Forme
& leur Estre d'une certaine position des Astres. Et comme il y a plusieurs de ces positions, & non pas une seule, & qui toutes sont différentes les unes des autres; de

même que leurs Effets sont aussi différens entre eux ; il n'est pas possible que l'on puisse remarquer ni distinguer éxactement une telle diversité, & une si grande différence de positions; parce qu'y en ayant une infinité, elles nous sont inconnuës. Quelle apparence donc qu'un Philosophe supplée & repare en son Oeuvre le défaut qui y arrivera, pour ne pas connoître la différence des diverses positions, où les Astres se trouvent successivement par leur mouvement continuel ; Mais supposons qu'un Philosophe connoisse même certainement quelle est la véritable position d'une ou de plusieurs Etoiles, qui donne la perfection aux Métaux; il ne fera pas encore pour cela ce qu'il pretend. Car l'artifice ne sçauroit en un instant préparer ni disposer quelque Matiére que ce puisse être à recevoir une forme. Parce que la disposition, que l'on donne à la Matiére, est un mouvement qui ne se peut faire que successivement & peu à peu. Et partant les Astres influant la Forme en un instant, & l'Artiste ne pouvant en un instant disposer la Matiére à la recevoir; il est certain que la Matiére, sur laquelle on prétend introduire la Forme de l'Or, ne la recevra jamais.

10. Enfin, nous voyons, disent-ils, que régulièrement dans les choses naturelles, il

eſt bien plus facile de détruire une choſe
que de la faire : Or il eſt conſtant que c'eſt
une choſe très-difficile que de détruire l'Or:
Comment donc prétendre de le faire ?

C'eſt par ces raiſons, & par quelques
autres, qui n'ont pas plus d'apparence, que
ceux qui nient ſimplement notre Art, prétendent en faire voir l'impoſſibilité. Mais
toutes ces raiſons ne ſont que des Sophiſ-
mes, que je refuterai, après avoir prémiérement établi la vraye intention pour
l'accompliſſement de notre Oeuvre. Après
quoi je rapporterai & refuterai auſſi les raiſons de ceux qui nient cet Art ſous quelques conditions.

CHAPITRE X.

Que l'Art ne doit & ne peut pas même imi-
ter éxactement la Nature, en toute l'é-
tenduë de ſes differentes actions, où il
eſt parlé des Principes des Métaux.

AVant que répondre à toutes ces raiſons, il faut remarquer que les Principes, qui ſervent de Matiére & de fondement à la Nature pour former les Métaux,
& qui ſelon quelques Philoſophes, ſont le
Soufre & l'Argent-vif, ont une compoſition & une union très-forte & reſſerrée
par enſemble. Et delà vient qu'il eſt ſort

difficile de diſſoudre & de deſunir ces Prin-
pes. Parce que ces deux Matiéres étant
mêlées, elles ne s'épaiſſiſſent & ne s'endurciſſent enſemble, autant qu'il eſt néceſſaire pour être renduës malléables, [c'eſt à
dire pour pouvoir être étenduës ſous le
marteau] ſans ſe caſſer & ſans ſe déſunir,
qu'à cauſe que leur mêlange & leur digeſtion ne ſe faiſant dans les Mines que peu à
peu, que ſucceſſivement, & durant un long-
tems, par une chaleur fort douce, & fort
modérée, qui les épaiſſit; il ne ſe perd &
ne s'exhale rien de leur humidité viſqueuſe.

Mais il faut tenir pour une Maxime générale & aſſurée : Prémiérement, que nulle Matiére humide ne peut s'épaiſir qu'auparavant ſes plus ſubtiles parties ne s'évaporent,& que les plus groſſiéres ne demeurent, ſi dans la Compoſition il y a plus
d'Humide que de Sec : Secondement, que
le véritable & l'éxact mêlange du Sec & de
l'Humide conſiſte en ce que l'Humide ſoit
tempéré par le Sec, & le Sec par l'Humide ; & que des deux il ſe faſſe une ſeule
Subſtance, laquelle ſoit homogéne en toutes ſes parties, qui ſoit tempérée entre le
dur & le mou, & qui puiſſe s'étendre ſous
le marteau. Ce qui n'arrive que par le mêlange, qui ſe fait durant un long-tems, de
l'Humide gluant & viſqueux, & d'une Terre très-ſubtile, qui ſe mêlent enſemble éxa-

ctement par leurs moindres parties, jusques
à ce que l'Humide soit la même chose que
le Sec, & le Sec le même que l'Humide.
Or cette Substance subtile, que nous avons
dit qui devoit s'éxaler de l'Humide ne se
résout & ne s'évapore pas tout à coup;
mais cela se fait lentement & peu à peu,
& en plusieurs milliers d'années ; parce que
la Substance des Principes, dont la Nature se sert est homogéne, & toute uniforme ; c'est à dire, entiérement semblable. Si donc cette Substance subtile s'éxhaloit soudainement;comme l'Humide n'est
pas une chose différente du Sec (puisqu'à
cause de leur mâlange si éxact, ils ne sont
tous deux qu'une même chose) il est sans
doute que l'Humide ne pourroit s'exhaler
qu'avec le Sec : & par ainsi tout s'en iroit
en fumée; & dans la résolution qui se feroit de l'Humide, il ne pourroit point ê-
tre détaché ni separé du Sec, étant si fortement unis l'un avec l'autre. Nous en a-
vons une expérience convainquante dans
la *Sublimation* des Esprits. Car ces Esprits venant à se resoudre soudainement
par la Sublimation, [c'est à dire, une partie de ces Esprits, qui s'élévent dans le
Vaisseau, se détachant de l'autre, qui demeure au fond] l'Humide n'est point séparé du Sec, ni le Sec de l'Humide, en sorte qu'ils soient divisez entiérement dans les

parties dont ils sont faits ; c'est à dire, séparez dans leurs prémiers Principes ; mais
leur Substance monte toute entiére, ou
s'il se fait quelque dissolution de leurs parties, ce n'est que bien peu. Il est donc
vrai que ce qui fait épaissir les Métaux,
[ou leur Matiére,] c'est l'évaporation,
qui se fait successivement & également de
l'Humide subtil & vaporeux. Or nous ne
pouvons point faire cet épaississement de la
maniére que la Nature le fait ; & par conséquent nous ne sçaurions imiter la Nature
en cela. Aussi il ne nous est pas possible
de l'imiter en toutes les différences de ses
propriétés : comme nous l'avons dit dans
l'Avant propos de ce Livre. Nous ne pré-
tendons pas donc imiter la Nature â l'é-
gard de ses Principes, ni dans la proportion qu'elle garde, lorsqu'elle mêle les E-
lémens, ni dans la maniére dont elle les
mêle les uns avec les autres ; ni dans l'égalité de la chaleur, par laquelle elle épaissit
& corporifie les Métaux ; dautant que ce
sont des choses, qui toutes nous sont im-
possibles, & qui nous sont absolument in-
conuës. Cela étant présupposé, nous allons maintenant refuter les raisons de ceux,
qui, par leur ignorance, nient un Art si
excellent.

CHAP. XI.

CHAPITRE XI.

*Réfutation des Raisons de ceux qui nient
l'Art absolument.*

QUand ils difent donc que nous ignorons la proportion des Elémens, que nous ne fçavons pas de quelle maniére ils font mêlez, que nous ne connoiffons point au jufte le dégré de la chaleur qui épaiffit & corporifie les Métaux, & que plufieurs autres caufes, auffi bien que les accidens que la Nature produit par fes actions, nous font inconnuës : nous en demeurons d'accord. Mais il ne s'enfuit pas pour cela que notre Science foit impoffible. Car fi nous ne pouvons pas fçavoir toutes ces chofes, nous ne nous foucions pas auffi de les fçavoir ; puifque la connoiffance que nous en aurions, ne pourroit de rien fervir à notre Oeuvre : & que pour la faire nous nous fervons d'un autre Principe & d'une autre maniére de produire les Métaux ; en quoi nous pouvons imiter la Nature.

A ce qu'ils nous objectent que les Philofophes & les Rois ont recherché cette Science inutilement ; Je répons en un mot, que cela n'eſt point vrai ; parce qu'il eſt certain qu'il y a eu des Rois (quoi que fort peu) ſur tout parmi les Anciens, qui l'ont ſçuë, & que de notre tems même il y a des Perſonnes ſages qui l'ont trouvée, par leur ſeule induſtrie. Mais ils n'ont point voulu la révéler ni de vive voix, ni par é-crit à ces ſortes de Gens, comme en étant indignes. De ſorte que ces Gens-là n'ayant jamais connu perſonne qui la ſçût, ils ſe ſont imaginé fauſſement, que perſonne ne l'a jamais ſçûë.

Pour ce qui eſt de ce qu'ils diſent avec auſſi peu de raiſon, que ne pouvant imiter la Nature dans les plus foibles mixtions qu'elle fait des Elémens, comme dans la compoſition d'un Aſne & d'un Bœuf, il s'enſuit que nous pouvons encore moins l'imiter dans les mixtions, qui ſont plus fortes, (telles que ſont celles des Métaux:) il eſt aiſé de leur faire voir qu'ils ſe trom-pent lourdement en pluſieurs choſes : Car prémiérement leur raiſonnement n'étant fondé que ſur une comparaiſon qu'ils font, ou ſur une conſéquence qu'ils tirent du plus au moins ; Cette conſéquence n'eſt pas de néceſſité ; mais de contingence ; c'eſt-à-dire, que cela ne conclud pas néceſſaire-ment ; mais il prouve ſeulement que cela peut être, comme il peut être en pluſieurs occurrences. Et ainſi ce n'eſt pas une con-

viction, qui puisse nous forcer à avoüer
l'impossibilité de notre Art. Secondement,
il y a un autre moyen de leur faire connoître leur erreur, en ce qu'ils ne font point
voir qu'il y ait aucune ressemblance, pas
même apparente, entre la composition
foible des Animaux, & la mixtion forte &
serrée des Minéraux. Et la raison en est,
parce que ce qui donne la perfection aux
Animaux & aux Végétaux, qui ont une
Composition foible, ce n'est pas la proportion (des Elémens) ni la Matiére qui
est mêlée avec proportion, ni les qualités de cette Matiére, dont la mixtion est
faite, ni la mixtion même qui est l'effet
de l'action & de la passion de ses qualités,
& qui n'est que l'union & l'assemblage des
prémiéres qualités. Ce n'est, dis-je, nulle
de ces choses qui donne la perfection aux
Animaux & aux Végétaux : mais, selon l'opinion de plusieurs, c'est l'Ame
sensitive & végétative, laquelle vient des
sécrets de la Nature ; c'est à dire, ou de
la Quint-essence, ou du prémier Agent.
Ce que nous avanços sur le sentiment de
plusieurs, parce que c'est une chose que
nous avoüons qui nous est ca ché & inconnuë. C'est pourquoi encore que la composition des Animaux & des Végétaux soit
foible ; nous ne sçaurions pourtant ni les
faire, ni leur donner la perfection ; parcé-

K ij

que nous ne sçaurions leur donner l'Ame, qui est ce qui les rend parfaits. D'où il est évident, que si nous ne pouvons donner la perfection à un Bœuf, ou à une Chévre; le défaut n'ent vient pas de ce que nous n'en sçaurions faire la mixtion; mais de la part de l'Ame, que nous ne sçaurions leur donner. Car pour ce qui est de faire une Composition moins forte, ou plus forte; comme d'en faire une moins foible, on une plus foible, nous en viendrons aisément à bout par notre artifice, en imitant la voye & le cours de la Nature. Il n'est donc pas vrai ce qu'ils disent, Qu'il y a plus de perfection dans les Métaux, que dans les choses vivantes; puisqu'au contraire il y en a moins, à cause que la perfection des Métaux consiste plus dans la proportion & dans la composition des Élémens, qu'en autre chose: c'est à dire, que dans l'Ame, qui donne la vie. Et partant, comme les Métaux ont moins de perfection que les Animaux & les Végétaux, il nous est aussi plus facile de les parfaire qu'eux, C'est ainsi que Dieu diversifie les perfections de ses Créatures. Car dans celles, dont la Composition naturelle est foible, il a mis une plus noble & plus grande perfection, par le moyen de l'Ame qu'il leur a donnée. Et à celles dont il a fait la Composition plus forte, & plus ferme (com-

me font les Pierres & les Minéraux) il leur
a donné une perfection beaucoup moindre
& moins noble, parce qu'elle ne confifte
que dans la feule maniére de leur mixtion.
La comparaifon qu'ils font n'eft donc pas
jufte ni bonne ; car la compofition d'un
Bœuf & d'une Chévre, n'eft pas ce qui
nous empêche de former un Bœuf & une
Chévre ; mais c'eft la Forme (ou l'Ame)
qui donne la perfection à ce Bœuf & à
cette Chévre, laquelle eft plus excellente
& plus inconnuë, que n'eft la Forme, qui
donne la perfection au Métail.

Ils ne font pas plus véritables, lors qu'ils
difent qu'une Efpéce ne fe change point
en une autre Efpéce. Car une Efpéce fe
change en une autre, lors qu'un Individu
d'une Efpéce fe change dans l'Individu
d'une autre. Car nous voyons qu'un Ver
fe change naturellement, & même par artifice, en une Mouche, laquelle eft d'une
Efpéce différente du Ver. D'un Taureau,
qu'on fuffoque, il en naît des Mouches à
miel. Le Bled dégénére en Yvroye, &
d'un Chien mort il fe forme des Vers, par
la fermentation de la putréfaction. Il eft
vrai que ce n'eft pas nous qui les faifons ;
mais c'eft la Nature, à laquelle nous four-
niffons les chofes néceffaires pour agir. Il
en eft la même chofe de la Tranfmutation
des Métaux. Ce n'eft pas nous qui les

tranfmuons, c'eft la Nature, à laquelle, par
notre artifice, nous préparons la Matiére
& lui difpofons les voyes ; parce que d'elle même elle agit toûjours immanquablement, & nous ne fommes que fes Minif-
tres dans les Opérations que nous lui faifons faire par notre Art.

Ils prétendent fortifier ce raifonnement
par cet autre, qui n'eft pas moins imaginaire, en difant que la Nature employe
mil ans à former & à parfaire les Métaux,
qui eft un terme auquel la vie d'un Homme
ne fçauroit atteindre. A quoi je réponds
que felon l'opinion des anciens Philofophes, il eft vrai que la Nature, agiffant fur
ces Principes, y met ce tems-là. Mais foit
que la Nature faffe la perfection des Métaux en mil ans, ou en plus de tems, ou
en moins, ou même dans un moment ; cela ne fait rien contre nous ; parce que nous
ne pouvons point imiter la Nature en fes
Principes ; ainfi que nons l'avons dèja
prouvé, & comme nous le ferons encore
voir plus amplement dans la fuite. Il y en
a pourtant, & qui font même fages & bien
éclairez, qui foûtiennent que la Nature fait
bien-tôt fon Opération ; c'eft à dire, en
un jour, & même en moins de tems. Mais
quand cela feroit vrai, il ne nous feroit
pas moins impoffible d'imiter la Nature, en
la mixtion de ces Principes, comme nous

l'avons suffisamment prouvé. Le surplus de leur raisonnement étant véritable je ne le veux point aussi contester.

A ce qu'ils disent que la production & la perfection des Métaux vient de la position d'une ou de plusieurs Etoile, que nous ignorons ; Je répons que nous ne nous mettons point en peine de la position ni du mouvement des Astres, & que cette connoissance ne nous serviroit de rien en notre Art, & par conséquent elle n'est point nécessaire. Car il n'y a point d'Espéce de choses sujettes à la génération & à la corruption, dont il n'y en ait tous les jours de particuliéres, qui soient produites, & d'autres qui ne soient détruites ou corrompuës. Ce qui fait voir évidemment que la position des Astres est tous les jours très-propre, tant pour la production, que pour la destruction des choses particuliéres, en toute sorte d'Espéce. Il n'y a donc nulle nécessité que l'Artiste observe, ni qu'il attende la position des Etoiles ; quoique néanmoins cela pût servir. Mais il suffit de préparer les choses à la Nature, afin qu'elle, qui est sage & prévoyante, les dispose aux positions propres, & aux aspects favorables des Corps mobiles. Car la Nature ne sçauroit faire son action, ni donner la perfection à quoi que ce soit sans le mouvement & la position des Corps mobiles. Et par ainſi, ſi vous préparez comme il faut votre artifice à la Nature, & que vous preniez bien garde que tout ce qui doit ſe faire dans le Magiſtére, ſoit bien diſpoſé, il eſt ſans doute qu'il recevra ſa perfection par la Nature, ſous une poſition qui lui ſera convenable, ſans qu'il ſoit néceſſaire que vous obſerviez cette poſition.

Auſſi quand on voit un Ver ſe former d'un Chien, ou d'un autre Animal pourri, nous n'avons que faire d'obſerver immédiatement la poſition des Etoiles pour connoître comment ce Ver a été produit : mais il ſuffit ſeulement de remarquer les qualités de l'air où eſt cet Animal qui pourrit, & les autres Cauſes qui en font la pourriture, ſans le concours de la poſition des Aſtres. Et cela ſeul nons apprend tout ce qu'il faut faire pour produire des Vers à l'imitation de la Nature. Parce que la Nature trouve d'elle-même la poſition des Aſtres, qui eſt néceſſaire pour cela, encore qu'elle nous ſoit inconnuë.

Pour l'autre Objection qu'ils font, en diſant que la perfection s'aquiert en un inſtant, & cependant que notre préparation ne ſe pouvant pas faire en un inſtant, il s'enſuit néceſſairement de là, que la grand'Oeuvre ne ſçauroit être parfaite par l'artifice, & par conſéquent que l'Art de Chimie

Chimie n'eſt rien du tout. Je répons qu'ils ne ſont pas raiſonnables , & que c'eſt parler en Bêtes & non pas en Hommes. Car les propoſitions d'où ils tirent cette conſéquence n'ont nulle liaiſon avec elle. Ainſi leur raiſonnement eſt comme qui diroit: Un Aſne court, donc tu es une Chévre. Et la raiſon en eſt , qu'encore que la préparation ne puiſſe ſe faire en un inſtant, cela n'empêche pas toute-fois que la Forme ou la perfection n'arrive en un inſtant à la choſe, qui eſt préparée pour la recevoir. Car la préparation n'eſt pas la perfection ; mais c'eſt une *habilité* ou une diſpoſition à recevoir la Forme.

Enfin, ils alléguent pour derniére raiſon, qu'il eſt plus facile à l'Art de détruire les choſes naturelles que de les faire : ainſi comme ils ſoûtiennent que nous ne pouvons détruire l'Or; ils concluent qu'il nous eſt encore moins poſſible de le faire. A quoi je répons ; que leur raiſonnement ne conclud pas néceſſairement, pour nous forcer à croire que l'on ne puiſſe pas faire l'Or par artifice. Car il eſt vrai, que comme il eſt difficile de le détruire, il eſt encore plus difficile de le faire: Mais il ne s'enſuit pas delà qu'il ſoit impoſſible. Et la difficulté qu'il y a à détruire l'Or , vient de ce que ſes parties ayant une forte union entre elles , il eſt évident que ſa diſſolution doit être très-difficile à faire. Et par ainsi il est mal aisé de dissoudre l'Or. Et l'erreur où ils sont de croire qu'il soit impossible de faire l'Or, ne provient, que de ce qu'ils ne sçavent pas l'artifice de le dissoudre, suivant la maniére d'agir ordinaire de la Nature. Ils auront bien pû connoître, par divers essais qu'ils auront faits, pour détruire l'Or, que la Composition de l'Or étoit très-forte ; mais ils n'ont pas reconnu jusques où pouvoit aller cette force, & ce qui la pouvoit vaincre, & en faire la dissolution.

J'ai ce me semble répondu suffisemment aux raisons imaginaires des Sophistes : Il reste maintenant, mon Fils, à satisfaire à ce que je vous ai promis, qui est d'éxaminer les raisons qu'ont ceux qui nient notre Art à de certaines conditions, & selon quelques suppositions qu'ils font. Ensuite nous traiterons des Principes, dont la Nature se sert à la Composition des Métaux, lesquels nous éxaminerons encore plus à fond dans la suite ; après quoi nous parlerons des Principes de notre Magistére, & nous traiterons prémiérement de chacun de ses Principes en particulier, nous réservant d'en faire un Discours général dans le Livre suivant. Commençons par mettre les raisons des prémiers, & par les refuter.

CHAPITRE XII.

Différens Sentimens de ceux qui supposent l'Art véritable.

CEux qui supposent que cet Art est véritable, ne sont pas tous de même sentiment. Ce qui fait qu'il se trouve différentes opinions touchant la véritable Matière pour faire l'Oeuvre. Car les uns soûtiennent qu'il faut la prendre dans les *Esprits* : D'autres assurent que c'est dans les *Corps, ou Métaux* qu'elle se trouve : D'autres dans les *Sels & Aluns , les Nitres & les Borax.* Et d'autres enfin, disent que c'est dans toutes les choses *végétables* qu'il faut la chercher. De tous ces Gens-là, il y en a qui disent vrai en partie ; mais qui se trompent aussi en partie : & il y en a d'autres qui se trompent en tout, & qui trompent tous ceux qui lisent leurs Livres , & qui suivent leur Doctrine. Une si grande diversité d'opinions fausses m'a bien donné de la peine & m'a fait faire bien de la dépense. Et ce n'a été que par une longue conjecture , & après plusieurs expériences bien pénibles & bien ennuyeuses, que j'ai développé la vérité parmi tant de faussetés. Je puis dire même que ces fausses opinions m'ont souvent détourné du bon chemin où j'étois, parce qu'elles étoient opposées à mon raisonnement, & qu'elles m'ont souvent jetté dans le désespoir. Que tous ces Fourbes soient donc maudits à jamais, puisque par leur fausse Doctrine ils n'ont laissé à toute la Postérité que des sujets de leur donner des malédictions; & qu'au lieu d'enseigner la vérité, ils n'ont laissé dans leurs Ecrits que des erreurs, & des mensonges diaboliques, pour abuser tous ceux qui s'appliquent à la Philosophie. Et que je sois maudit moi-même, si je ne corrige leurs erreurs, & si en traitant de cette Science, je ne dis, & je n'enseigne entiérement la vérité, autant qu'on le peut faire dans une chose si admirable. Car on ne doit pas traiter notre Magistére en des termes qui soient tout à fait obscurs; ni on ne doit pas aussi l'expliquer si clairement, qu'il soit intelligible à tous. Je l'enseignerai donc de telle maniére qu'il ne sera nullement caché aux Sages; quoi qu'il soit pourtant bien obscur aux Esprits médiocres; mais pour les Stupides & les Fous, je déclare qu'ils n'y pourront jamais rien comprendre.

Revenons à notre propos. Ceux qui ont crû que la Matiére de notre Oeuvre se devoit prendre dans les *Esprits*, sont différens entre eux. Car les uns ont dit que c'étoit dans l'*Argent-vif*, les autres dans *le Soufre*, & d'autres dans l'*Arsenic*, qui a grande affinité avec ce dernier. Quelques-uns ont soûtenu que c'étoit dans *les Marchasites*, d'autres dans *la Tutie*, d'autres dans *la Magnésie*, & d'autres enfin, dans le *Sel Ammoniac*. Il n'y a pas moins de diversité entre ceux qui ont crû que c'étoit dans *les Corps ou Métaux* qu'on trouvoit cette Matiére ; parce qu'il y en a qui ont dit que c'étoit *Saturne*, d'autres *Jupiter*, & d'autres enfin, quelqu'un des autres Corps. Il y en a encore d'autres qui assurent qu'il faut la chercher dans *le Verre* ; d'autres dans *les Pierres précieuses* ; d'autres dans *les Sels*, dans les différentes sortes *d'Alums*, *de Nitres*, *& de Borax*. Il y en a d'autres enfin, qui croyent que l'Art se fait indifféremment de *toutes sortes de Végétaux* ; de sorte que dans les différentes suppositions qu'ils font, ils sont tous opposez les uns aux autres, & ceux qui ne croyent nulle de ces différentes opinions ; ou qui en combattent quelqu'une, se persuadent que par ce moyen ils détruisent absolument la Science. Et à dire le vrai, ni les uns ni les autres ne disent presque rien de véritable.

CHAPITRE XIII.

Raisons de ceux qui nient que l'Art soit dans le Soufre.

CEux qui ont crû que *le Soufre* étoit notre véritable Matiére, après avoir travaillé sur ce Minéral, sans connoître en quoi consiste la perfection de sa préparation, ont laissé leur Ouvrage imparfait. Car ils s'imaginoient qu'en le nettoyant & le purifiant, il seroit parfaitement préparé. Et comme cette préparation se fait par la Sublimation, ils crûrent qu'il n'y avoit qu'à sublimer le Soufre pour lui donner toute la perfection qu'il peut acquérir par la préparation: & que c'étoit la même chose de l'Arsenic, qui est semblable au Soufre. Mais venant à faire la projection, ils ont vû que leur Soufre, ainsi préparé, au lieu d'altérer les Corps métalliques & les transmuer, comme il le devoit faire, se brûloit & s'en alloit tout en fumée, & que non seulement il ne s'attachoit pas inséparablement aux Métaux; mais même qu'il s'en séparoit en peu de tems, sans qu'il en restât rien du tout; & que les Corps, sur lesquels ils en avoient fait la projection, se trouvoient plus impurs, qu'il ne l'étoient auparavant. Comme ils vîrent donc qu'ils s'étoient trompez à faire leur Oeuvre ; & étant néanmoins persuadez (pour avoir long-tems pensé & ruminé là-dessus) que la Science consistoit dans *le Soufre* tout seul, & ne s'y trouvant pas, & croyant d'ailleurs qu'elle ne peut se trouver en nulle autre chose; ils ont inferé de là qu'elle étoit impossible.

CHAPITRE XIV

Réfutation de ce que l'on vient de dire.

C'Est ainsi que raisonnent ceux qui cherchent notre Science dans *le Soufre.* Mais il est aisé de faire connoître en peu de mots à ces Gens-là, qu'ils n'entendent rien du tout dans le Magistére : & parce qu'ils supposent que *le seul Soufre vulgaire* est notre Matiére ; & à cause qu'encore que ce qu'ils supposent fût vrai, ils se trompent dans la maniére de le préparer, croyant qu'il n'y a autre chose à faire qu'à le sublimer. Ressemblant en cela à un Homme, qui depuis sa naissance jusques à la vieillesse, auroit demeuré enfermé dans une maison : lequel s'imagineroit que tout le Monde n'auroit pas plus d'étenduë que la maison où il seroit, & qu'il n'y auroit autre chose au Monde, que ce qu'il voit dans cette maison. Car ces Gens-là n'ont jamais travaillé sur plusieurs Matiéres, &

ils ne se sont jamais appliquez à beaucoup d'Opérations, ni ne se sont pas beaucoup peinez à faire des expériences. Ainsi ils n'ont pû connoître d'où notre Matiére se doit tirer & d'où elle ne peut pas être prise. Et comme d'ailleurs ils n'ont pas beaucoup travaillé, ils ne savent pas aussi qu'elle est l'Opération nécessaire pour donner la perfection à l'Oeuvre, & qui sont celles qui ne la peuvent pas donner. Mais ce qui a fait que leur Ouvrage est demeuré imparfait, c'est [qu'après leur prépation] leur Soufre est demeuré adustible & volatil, qui est ce qui gâte & corrompt les Corps métalliques au lieu de les perfectionner.

CHAPITRE XV.

Raisons de ceux qui nient que l'Arsenic soit la Matiére de l'Art, & leur Réfutation.

IL y en a d'autres, qui étant persuadez que notre Médecine se devoit nécessairement trouver dans *le Soufre & dans l'Arsenic* qui lui est semblable, & considérant plus attentivement que les prémiers, ce qui empêchoit sa perfection, ils l'ont non seulement purgé de sa sulphuréité brûlante, en le sublimant : mais ils ont encore tâché de le dépoüiller de sa *terrestréité*, ou de ses parties terrestres & grossiéres, n'ayant pû néanmoins lui ôter la volatilité. Et ceux-là ont été trompez aussi bien que les autres, lors qu'ils ont voulu en venir à la projection, par ce que leur Médecine ne s'est pas intimement ni fortement unie aux Corps, sur lesquels ils l'ont jettée : mais elle s'est évaporée peu à peu, & a laissé les Corps métalliques tels qu'ils étoient, & sans aucun changement. Ce qui leur a fait dire comme aux prémiers, que la Science n'étoit rien. Nous leur faisons aussi la même réponse que nous avons déjà faite aux prémiers ; & nous assurons de plus que notre Science est véritable, parce que nous la sçavons indubitablement, pour l'avoir vûë de nos yeux, & touchée de nos propres mains.

CHAPITRE XVI.

Raisons de ceux qui nient que la Matiére de l'Art soit dans le Soufre, l'Argent-vif, la Tutie, la Magnésie. la Marca-site, le Sel Ammoniac ; & leur Réfu-tation.

Il s'en est trouvé d'autres, qui ayant pénétré plus avant dans la nature du Soufre, l'ont purifié, lui ont ôté sa volatilité & son *aduſtion*, & l'ont par ce moyen rendu fixe, terrestre & mort: de sorte, qu'étant mis sur le feu, il ne se fondoit pas bien, mais il se vitrifioit. Ce qui étoit cause que dans la projection qu'ils faisoient de cette Médecine sur les Corps, elle ne pouvoit pas se mêler avec eux, ni par conséquent les altérer ni changer. D'où ils tirent la même conséquence que les prémiers [que l'Art est impossible,] & nous leur répondons aussi comme nous avons fait aux prémiers, qu'ils ont laissé l'Ouvrage imparfait & tronqué, ne sçachant pas comment il le faloit parachever ; parce qu'ils n'ont pas sçû rendre leur Médecine entrante & pénétrante, qui est sa derniére perfection. Il en est de même touchant la préparation des autres Esprits, & on y fait les mêmes fautes: si ce n'est que dans l'Argent-vif &, dans la Tutie, nous sommes délivrez du plus grand travail qu'il y ait à faire [dans la préparation des autres ;] qui est de leur ôter l'*aduştion.* Car ces deux choses-là n'ont point de Soufre *aduştible* & inflammable : mais ils ont seulement une Matiére volatile & une terrestréité impure.

A l'égard des Magnésies & des Marcasites, elles ont toutes un Soufre *aduştible,* & la Marcasite en a encore plus que la Magnésie. Toutes sont aussi volatiles; mais l'Argent-vif & le Sel Ammoniac le sont davantage que la Magnésie. Le Soufre est

moins volatile que l'Argent-vif ni que le
Sel Ammoniac : l'Arſenic, qui reſſemble
au Soufre, eſt moins volatil que lui, la
Marcaſite, moins que l'Arſenic ; la Magnéſie ne l'eſt pas tant que la Marcaſite, & la
Tutie l'eſt moins que la Magnéſie, & que
tous les autres Eſprits. Toutes ces choſes
ont pourtant de la volatilité ; mais les unes
en ont plus que les autres. Et c'eſt cette
volatilité qu'ont tous les Eſprits, qui a fait
que ceux, qui ont voulu faire des expériences & travailler deſſus, ſe ſont lourdement trompez dans les Opérations qu'ils
ont faites, pour les préparer, & dans la
projection qu'ils ont eſſayé d'en faire. Et
de là ils ont inféré l'impoſſibilité de l'Art,
de même que ceux, que nous avons dit
qui ſuppoſoient l'Oeuvre dans le Soufre.
Ainſi nous n'avons autre choſe à leur répondre, que ce que nous avons déja répondu à ceux-là.

CHAPITRE XVII.

*Raiſons de ceux qui nient que la Matiére
de l'Art ſoit dans les Eſprits, conjointement avec les Corps qu'ils doivent fixer.*

IL y en a d'autres, qui s'étant appliquez
à faire des expériences, ont tâché de

fixer les Esprits dans les Corps, sans avoir donné auparavant nulle préparation aux Esprits pour arrêter leur volatilité : mais s'étant trompez tout de même, ils n'en ont eu que du déplaisir & du chagrin. De manière que désespérant de reüllir, ils ont été forcez de méprifer la Science, & de déclamer contre elle, comme la croyant fauffe. Ce qui les a troublez, & qui les a jettez dans cette incrédulité, c'est que dans la fusion des Corps, laquelle ne se fait que par un feu violent, les Esprits qu'on jette alors dessus, ne pouvant souffrir l'ardeur du feu, à cause de leur volatilité qu'on ne leur a point ôtée, ne s'attachent point fortement aux Corps ; mais les quittent & s'évaporent, & il n'y a que les Corps qui restent tous seuls dans le feu. Ces Gens-là se trouvent encore par-fois abufez d'une autre manière. Car il arrive souvent que les Corps mêmes s'en vont du feu avec les Esprits ; parce que les Esprits qui ne font pas fixes, & dont les parties font très-subtiles, s'étant attachez & unis intimement aux Corps ; ces Esprits, venant à s'évaporer par la violence du feu, enlévent & emportent nécessairement les Corps avec eux, [à cause que dans cette Composition des Corps & des Esprits] il y a plus de volatil que de fixe. Ce qui leur fait dire comme aux prémiers, que l'Oeuvre est impoſſible. A quoi nous répondons auſſi comme nous avons fait à ce qu'ont dit les prémiers.

Voici la cauſe de leur erreur. Le Philoſophe dit : *Fils de la Science, ſi vous voulez faire la Converſion ou la Tranſmutation des Corps, d'imparfaits en parfaits: ſi cette Tranſmutation ſe peut faire par quelque Matiére que ce puiſſe être, il faut néceſſairement qu'elle ſe faſſe par les Eſprits.* Or il n'eſt pas poſſible que les Eſprits, qui ne ſont pas fixez auparavant, s'attachent & s'uniſſent ſi bien aux Corps, que leur union puiſſe être de quelque utilité; comme il a été dit ci-deſſus; puiſqu'ils s'exhalent & s'enfuyent au feu, & qu'ils laiſſent les Corps ſans les avoir nullement changez, & ſans leur avoir rien ôté de leurs impuretés. Que ſi les Eſprits ſont rendus fixes, ils ſont encore inutiles; parce qu'en cette état ils ne peuvent pas pénétrer les Corps, étant par la fixation devenus Terre, qui n'a point de fuſion. Et quand bien même ils paroîtroient être fixes, après avoir pénétré les Corps, à cauſe qu'étant dans une chaleur foible ils ne s'évaporent pas ſ ils ne ſont pourtant point fixes ; parce qu'étant mis dans une forte chaleur, ils ſe ſéparent des Corps, ou bien & eux & les Corps s'en vont enſemble en fumée: Donc, puiſque l'Art ne ſe peut trouver dans la Matiére la plus prochaine ,

& qui a le plus d'affinité avec les Métaux,
à plus forte raison ne se trouvera-t'il pas
dans une Matiére éloignée & étrangére. Et
par conséquent il ne peut se trouver en nulle chose.

C'est le raisonnement qu'ils font. A quoi
je répons qu'ils ne sçavent pas tout ce
qu'on peut savoir la dessus : C'est pourquoi ils ne trouvent pas tout ce qui se peut
faire. Et parce qu'ils ne peuvent faire ce
qu'ils ne sçavent pas ; ils tirent de leur in-
capacité une preuve, qu'ils croyent très-
forte, de l'impossibilité de l'Art.

CHAPITRE XVIII.

*De ceux qui nient que la Matiére de l'Art
se trouve dans les Corps, & prémiérement dans le Plomb blanc, ou l'Etain,
qu'on appelle Jupiter, & leur réfutation.*

Quelques-uns ont crû que la Matiére
de l'Art se trouvoit dans les Corps ;
mais ayant essayé d'y travailler, ils se sont
trompez, parce qu'ils croyent que les deux
Espéces de Plomb, c'est à dire, le *livide*
ou noir, & le blanc (qui n'a pourtant pas une
blancheur nette ni pure,) étoient fort semblables & s'approchoient fort de la nature
du Soleil & de la Lune ; le *livide* beaucoup du Soleil, & non pas tant de la Lu-

ne ; & le blanc beaucoup de la Lune, & peu du Soleil. C'est ce qui fit croire à quelques-uns d'entr'eux, que Jupiter n'étoit différent de la Lune, que par ce qu'il avoit le *cric*, qu'il étoit mou, & qu'il se fondoit fort promptement. De sorte que s'imaginant que sa fusion si prompte & sa mollesse ne provenoient que d'une humidité superfluë qu'il avoit ; & que ce qui causoit son *cric*, c'étoit un Argent-vif volatil, qui étoit entre mêlé dans sa Substance : ils le mirent au feu & le calcinérent, après quoi ils le tinrent dans un feu tel qu'il le pouvoit souffrir, jusques à ce que sa chaux fût devenuë blanche. Mais après cela, le voulant remettre en son prémier état, c'est à dire le remettre en Corps malléable, comme il étoit auparavant, ils ne le pûrent faire : ce qui leur persuada que c'étoit une chose impossible. D'autres ont fait reprendre Corps à quelque peu de sa chaux par un feu fort violent ; mais ils ont trouvé qu'il avoit encore le *cric*, comme auparavant, & qu'il étoit aussi facile à fondre, & cela leur a fait croire qu'on ne sçauroit lui ôter ces deux défauts par cette voye-là, & qu'il étoit impossible de trouver le moyen de l'endurcir.

D'autres s'étant opiniâtrez à travailler sur ce Métail, l'ont calciné & remis en son prémier état, puis ôtant sa Scorie, ils l'ont

recalciné à plus grand feu, & remis une
seconde fois en Corps: de maniére qu'en
réiterant ces opérations, ils ont trouvé qu'il
s'étoit endurci, & qu'il n'avoit plus *le cric*.
Mais n'ayant pû lui ôter entiérement sa
prompte fusion, ils se sont faussement persuadez qu'on ne le sçauroit faire.

Il y en a eu d'autres, qui ayant essayé
de lui donner de la dureté, & le rendre en
état de ne pouvoir être fondu que difficilement, en mêlant avec lui des Corps durs,
se sont trompez tout de même, parce qu'il
a rendu aigre & cassant quelque Corps que
ce soit qu'on lui ait ajoûté: sans que toutes
les préparations qu'ils ayent pû leur donner, leur ayent de rien servi. Ainsi n'ayant
pû lui donner la perfection, ni par le mêlange des Corps durs, ni par aucun régime de feu, étant rebutez par la longueur
du tems, qu'il faudroit pour découvrir le
Magistére [qu'ils croyent trouver par-là,]
ils ont assuré que c'étoit une chose impossible.

D'autres enfin s'étant avisez de mêler
plusieurs drogues différentes avec l'Etain,
& voyant que non seulement il n'en étoit
point changé, & qu'elles n'avoient nul
rapport ni affinité avec lui; mais qu'au
contraire elles le gâtoient, & faisoient un
effet tout contraire à ce qu'ils en atten-
doient, ils ont jetté les Livres par dépit,

&

& secoüant la tête, ils ont dit que notre divin Art n'étoit qu'une niaiserie toute pure. Et à tous ces Gens-là je répons, comme j'ai déja fait aux autres ci-devant.

CHAPITRE XIX.

Raisons de ceux qui nient que l'Art soit dans le Plomb.

ON ne réussit pas mieux à travailler sur le Plomb. Il est vrai qu'étant mêlé avec les Corps, il ne les rend pas cassans comme fait l'Etain, & qu'après sa calcination il reprend corps, & revient plûtôt en sa nature que lui. Mais ceux qui travaillent sur ce Métail, ne sauroient lui ôter sa noirceur, parce qu'ils n'en sçavent pas le moyen. Ainsi ils ne peuvent point lui donner de blancheur, qui soit *permanente*, & quoi qu'ils ayent pû s'imaginer, ils ne leur a pas été possible de l'unir si fortement aux Corps fixes, qu'étant mêlé avec eux, il ne s'enfuye à fort feu. Et ce qui, dans la préparation de ce Métail, a le plus trompé ceux qui ont crû que la Science ne pouvoit se trouver que dans lui seul ; c'est qu'après qu'il a été deux fois calciné, & autant de fois remis en Corps, tant s'enfaut qu'il s'endurcisse en nulle manière, qu'au contraire il devient plus mou

qu'il n'étoit auparavant ; & qu'avec tout
cela il ne perd aucune de ſes mauvaiſes
qualités, qui ſont ſa noirceur & la facilité
qu'il a à ſe fondre ſoudainement. C'eſt
Pourquoi n'ayant pû rien faire de bon de
ce Métail, dans lequel ils avoient crû
qu'on pouvoit facilement trouver la plus
véritable & plus prochaine Matiére de la
Science, ils ont conclu de là que l'Art
n'étoit qu'une pure imagination. De maniére que ces Gens-là étant dans la même
erreur, que ceux dont nous venons de
parler, nous ne leur répondons que la même choſe.

CHAPITRE XX.

Raiſons de ceux qui ſoutiennent que l'Art
n'eſt pas dans le mélange des Corps durs
avec les durs, & des mous avec les
mous.

IL y en a qui ont eſſayé de mêler les
Corps durs enſemble, & les mous auſſi enſemble, à cauſe de la reſſemblance qui
eſt entre eux, & qui ont crû que par ce
moyen ils ſe perfectionneroient les uns les
autres ; & qu'ainſi ils ſeroient mutuellement
tranſmûez. Mais ils ont été pareillement
trompez ; parce que cela n'eſt pas poſſible.
Pour mêler, par exemple, le Cuivre ou

quelque autre Métail semblable avec l'Or
& l'Argent, ces Métaux imparfaits ne font
pas transmüez véritablement en Or ou en
Argent pour cela ; & ils ne peuvent point
soutenir long-tems un feu violent, sans se
séparer d'avec les parfaits, qui demeurent
toujours ; au lieu que les imparfaits font
ou entiérement consumez, ou reduits en
leur prémiére nature, qu'ils reprennent. Il y
en a néanmoins qui durent & qui subsistent
plus long-tems dans la composition & dans
le mêlange qu'on en fait : & d'autres moins,
pour les raisons que nous dirons ensuite.
Les mauvais succès, que par leur ignorance ces Gens-là ont eus, dans toutes leurs
brouilleries, les ont obligez à douter de
la vérité de la Science, & à soutenir que
ce n'étoit qu'une imposture.

CHAPITRE XXI.

*Pourquoi ceux qui ont mélé les Corps durs
avec les mous, & les parfaits avec les
imparfaits ont nié la Science.*

IL y en a eu d'autres qui ont cherché
plus avant, & qui ont crû mieux rencontrer. Ceux-ci se font imaginé en unissant les Corps durs avec les mous, de
trouver le moyen de donner à cette composition une dureté stable à toute épreuve

M ij

& de donner aussi la perfection aux Métaux imparfaits, en les unissant tout de même avec les parfaits ; & que généralement ils se transmueroient, & seroient transmuez les uns par les autres d'une véritable transmutation. Pour cet effet ils ont tâché de trouver la ressemblance & l'affinité qui est entre les Métaux, en subtilisant les Corps grossiers & durs ; tels que sont le Cuivre & le Fer, & en épaississant ceux de qui la substance est plus subtile, comme est l'Etain & le Plomb, qui est son semblable. Ce qu'ils ont essayé de faire [tant par des drogues qu'ils y ont ajoûtées] que par le régime du feu. Mais ceux qui ont fait ces essais, se sont trompez dans le mêlange qu'ils ont fait des Corps. Car ou ils ont rendu leur composition entiérement aigre & cassante, ou bien ils l'ont trouvée trop molle, sans avoir été altérée par le mêlange des Corps durs : ou trop dure sans avoir été changée par les Corps mous, qu'ils y avoient mêlez. Et par ainsi n'ayant pû rencontrer la convenance ni l'affinité des Métaux, ils ont dit que l'Art n'étoit qu'une supposition.

CHAPITRE XXII.

Que l'Art ne se trouve ni dans l'extraction de l'Ame [ou Teinture] ni dans le régime du feu.

D'Autres ayant encore considéré la chose de plus près, ont prétendu altérer ou changer les Corps par l'extraction de leurs Ames, [c'est à dire de leurs Teintures] & par ce même moyen d'altérer encore tous les autres Corps. Mais quelques essais qu'ils en ayent fait, ils n'ont pû y réüssir. Et ainsi ils ont été trompez dans leur espérance & dans leurs opérations, aussi bien que ceux qui ont tenté de donner la perfection aux imparfaits par le seul régime du feu. Ce qui a été cause que les uns & les autres ont crû l'Art impossible. Et à tous ceux-là, nous faisons la même réponse que nous avons faites ci-devant.

CHAPITRE XXIII.

Raisons de ceux qui soutiennent que l'Art n'est ni dans le Verre ni dans les Pierreries.

CEux qui ont crû que la Matiére de l'Art se devoit chercher dans le Verre & dans les Pierreries, s'étant imaginé que ces deux choses pouvoient altérer les Corps, se sont trompez tout de même. Parce que ce qui n'entre pas dans les Corps & ne les pénétre pas, ne les peut altérer, ni y faire aucun changement. Or il est certain que ni le Verre ni les, Pierreries n'étant pas véritablement fusibles, ne peuvent ni entrer dans les Corps, ni les pénétrer. Et par conséquent ces deux choses ne peuvent point altérer les Corps. Et quoi que ceux qui ont travaillé la-dessus, ayent fait tous leurrs efforts pour unir le Verre avec les Cops, quand ils l'auroiént pû faire (quoi que ce soit pourtant une chose très-difficile) ils n'eussent pas fait pour cela ce qu'ils prétendoient. Parce que tout ce qu'ils auroient pû faire, ç'eût été de vitrifier les Corps, [c'est a dire les reduire en une Matiére semblable au Verre, transparente & cassante comme est le Verre.] Cependant quoi que ce défaut vienne de la Matiére dont ils se servent, ils l'atribuent à la Science & ils soutiennnent qu'elle ne sçauroit faire autre chose. Ainsi ils inférent de-là qu'elle est fausse. Mais je répons à ces Gens - là, que ne travaillant pas sur la véritable Matiére, on ne doit pas s'etonner s'ils finissent mal, & s'ils ne réüssissent pas; outre qu'ils n'ont pas raison d'accuser la Science de leur propre erreur.

CHAPITRE XXIV.

Motif de ceux qui nient que l'Art soit dans les moyens Minéraux, dans les Végétables, & dans le mélange de quelque chose que ce soit.

EN voici d'autres qui s'imaginent qu'ils feront l'Oeuvre avec les Sels, les Alums, les Nitres, & les Borax ; mais quelque opération qu'ils puissent faire sur ces Minéraux, je suis sûr qu'ils n'y trouveront pas ce qu'ils cherchent. Et partant, si après avoir bien fait des expériences sur ces Matiéres par leur *Solution*, leur *Coagulation*, leur *Assation*, & par plusieurs autres opérations, ils ne trouvent presque rien qui puisse servir à la Transmutation, ils ne doivent pas inférer de-là que ce divin Art n'est pas véritable : puisque c'est un Art qui se fait nécessairement, & qu'il y en a plusieurs qui le sçavent. Ce n'est pas qu'à prendre tout cela en général, on ne puisse y trouver déquoi faire quelque altération ; mais il faudroit l'aller chercher bien loin, & se donner bien de la peine pour cela.

Ceux qui soûtiennent que l'Oeuvre se peut faire de tous les Végétaux, réüssiroient encore plus difficilement. Ainsi, quoi que ce qu'ils difent foit poffible, on peut dire néanmoins que c'eft une chofe impoffible à leur égard. Parce que leur vie ne fuffiroit pas pour pouvoir faire ce qu'ils prétendent. Et ainfi, fi ces Gens-là ne trouvent jamais l'Oeuvre, en fe fervant feulement des Végétaux, ils ne doivent pas conclure pour cela, qu'on ne la puiffe jamais faire par nul autre moyen.

Au refte, tous ceux de qui nous venons de rapporter les erreurs, n'ont fuppofé chacun qu'une feule Matiére pour être la véritable, & ils ont condamné généralement toutes les autres, & nous les avons tous réfutez les uns après les autres. Il y en a plufieurs, & même prefque une infinité d'autres, qui prétendent que pour faire l'Oeuvre, on doit faire une Compofition de toutes ces diverfes chofes, ou au moins de la plus grande partie, & les mêler en différentes proportions. Mais ces Gens-là font tout à fait ignorans, & ne fçavent ce qu'ils veulent faire. On peut dire même qu'ils fe trompent infiniment, parce qu'il y a une infinité de différentes chofes, qui peuvent être mêlées les unes avec les autres, & elles peuvent être mêlées en tant de fortes, & par tant de différentes proportions, que ces maniéres & ces proportions font tout de même infinies en nombre. Et de-là il s'enfuit évidemment, qu'ils

peuvent

peuvent ſe tromper en une infinité de façons; ſoit dans le trop, ſoit dans le moins.
Quoi que pourtant ils ſe puiſſent redreſſer,
pourvû qu'ils commencent à travailler dans
la véritable Matiére. Pour moi, ſans m'a-
muſer à faire de longs diſcours là deſſus,
à refuter cette infinité, j'enſeignerai en peu
de mots toute la Science, & ce qui peut
ſervir pour la connoître. Et par ce moyen
les Perſonnes ſages qui m'entendent, pourront éviter une infinité d'erreurs, qu'ils
commettroient dans le choix de la Matiére & dans leur travail. Mais nous
examinerons auparavant les Principes naturels des Métaux ; nous en donnerons la
Définition, & nous en rapporterons les
Cauſes, autant qu'il eſt expédient pour
notre divin Magiſtére ; comme je l'ai fait
eſpérer au commencement de ce Livre.

TROISIE'ME PARTIE
DU PREMIER LIVRE.

Des Principes naturels & de leurs Effets.

CHAPITRE XXV.

Des Principes naturels & des Corps Métalliques, selon l'opinion des Anciens.

SUivant l'opinion des Anciens, qui, comme nous, ont soutenu la vérité de notre Art : Je dis que les prémiers Principes naturels, je veux dire ceux dont la Nature se sert pour former les Métaux, sont l'Esprit fœtide, & l'Eau vive, qu'on appelle autrement Eau séche. Or j'ai dit cidevant qu'il y a deux Esprits fœtides, l'un, qui est blanc en son intérieur, & rouge au dehors ; & l'autre qui est noir. L'un & l'autre néanmoins, dans l'Oeuvre du Magistére, ont disposition à devenir rouge. J'expliquerai succinctement, mais suffisamment & sans rien obmettre, la Nature de ces deux Principes, comment & de quelle Matiére ils sont formez. Je serai obligé, pour cet effet, d'étendre mon Discours,

& de faire un Chapitre particulier de chaque Principe naturel. Ces Principes ont néanmoins en général cela de commun entre eux, que chacun d'eux est d'une Composition très-forte, & d'une Substance qui est uniforme & homogène : parce que dans leur Composition, les plus petites parties de la Terre, sont tellement & si fortement unies avec les moindres parties de l'Air, de l'Eau & du Feu, que nulle d'entre elles ne peut être séparée d'aucune des autres, dans la résolution qui se fait de tout le Composé. Au contraire, elles se résolvent toutes ensemblement, & l'une avec l'autre, à cause de l'étroite liaison qu'elles ont par ensemble, ayant été mêlées & unies par leurs plus simples & plus petites parties. Et cela par le moyen de la chaleur naturelle, laquelle dans les entrailles de la Terre, a été condensée & multipliée également, selon le cours & la manière ordinaire d'agir de la Nature, & que leur Essence le requiert. Ce que je dis conformément au sentiment de quelques anciens Philosophes.

CHAPITRE XXVI.

Des Principes naturels des Métaux, selon l'opinion des Modernes.

IL y en a d'autres, qui ne sont pas de ce sentiment, & qui croyent que ni le Vif-argent ni le Soufre, tels qu'ils sont naturellement, ne sont pas les Principes [c'est-à-dire la Matiére prochaine des Métaux :] mais qu'auparavant ils doivent être altérez & changez en une Matiére terrestre. Ainsi, ils soutiennent que le Principe, dont la Nature se sert pour former les Métaux, est une chose toute différente de l'Esprit fœtide [c'est-à-dire du Soufre] & de l'Esprit fugitif [ou de l'Argent-vif.] Et ce qui les a obligez à le croire, ç'a été prémiérement que dans les Mines d'Argent, & dans celles des autres Métaux, l'on n'a jamais trouvé un Argent-vif ni un Soufre, tels que nous les voyons, & que la Nature les a produits ; & qu'au contraire on ne les trouve faits comme ils sont, que séparément, & chacun dans sa Mine particuliére. Secondement à cause, disent-ils, qu'on ne va point d'une extrémité à l'autre, sans passer par une disposition qui tienne le milieu [entre ces deux extrémi- tés.] Et partant il est impossible [qu'une

Matiére] paſſe de la moleſſe de l'Argent-
vif, à la dureté d'aucun des Métaux, que
par une diſpoſition moyenne entre la mol-
leſſe de l'un, & la dureté de l'autre. Or
dans les Mines on ne trouve aucune Matiére qui ait cette conſiſtance entre le dur & le
mou, & qui participe également de ces deux
choſes, D'où ils concluënt que ni le Vif-
argent ni le Soufre, ne ſont pas les Principes que la Nature employe à former les
Métaux ; mais que ce doit être quelque
choſe qui ſe fait par l'altération de leur Eſſence ; laquelle ſe change naturellemenr en
une Subſtance terreſtre, Ce qui ſelon eux,
ſe fait de cette ſorte.

L'Argent-vif & le Soufre ſe changent
prémiérement en une eſpéce de Terre. Et
enſuite de ces deux Subſtances terreſtres,
il ſort une vapeur fort ſubtile, & fort pure par le moyen de la chaleur renforcée
dans les entrailles de la Terre, & cette double vapeur eſt la Matiére prochaine, ou le
Principe des Métaux. Car cette vapeur
étant cuite & digérée par la chaleur tempérée de la Mine, il s'en fait une certaine
maniéré de Terre, & par ce moyen elle
devient en quelque façon fixe. Après quoi
l'Eau minérale venant à couler au travers
de la Mine, & des pores de la Terre, elle la diſſout & s'unit ainſi avec elle également, par une union naturelle & ſolide.

Ils difent donc que l'Eau, qui coule par les cavités de la Terre, venant à trouver une Subftance terreftre, aifée à diffoudre, elle la diffout & s'unit avec elle en égale proportion, jufqu'à ce que cette Subf-tance, ainfi diffoute de la Terre, & de l'Eau, qui y coule & qui la diffout, ne faffent qu'une même chofe par une union naturelle, & que ces deux chofes foient changées en nature Métallique, dans laquelle tous les Elémens fe rencontrent dans une proportion néceffaire ; y étant mêlez & unis par leurs moindres parties, jufqu'à ce que de ce mélange, il fe faffe une Subf-tance uniforme & homogéne. Enfuite ce mélange s'épaiffit & s'endurcit en Métail, par une continuelle & longue digeftion de la chaleur des Mines. Voilá quelle eft leur opinion, qui n'eft pas tout à fait confor-me à la vérité, quoi qu'elle en approche beaucoup.

CHAPITRE XXVII.

Divifion de ce qu'il y a à dire des trois Principes.

NOus avons dit en général quels font les Principes naturels des Métaux ; il faut maintenant en traiter en particulier. Ainfi, comme il y a trois Principes, nous ferons un Chapitre de chacun, dont le prémier fera du Soufre, le fecond de l'Arfenic, & le troifiéme de l'Argent-vif. Aprés quoi nous parlerons des Métaux, qui font les effets, & qui font formez de ces Principes : & nous ferons tout de même un Chapitre particulier de chacun d'eux. Et enfin nous parlerons des fondemens & des opérations du Magiftére, & nous en déclarerons les caufes.

CHAPITRE XXVIII.

Du Soufre.

LE Soufre eft une graiffe de la Terre, qui s'eft épaiffie dans les Mines par le moyen d'une cuiffon modérée, jufqu'à ce qu'elle devienne dure & féche, & lors elle s'apelle Soufre. Or le Soufre a une compofition très-forte, & il eft d'une Subftance qui eft femblable, & homogéne en toutes fes parties, C'eft pourquoi on n'en fçauroit tirer l'huile par la diftilation, comme on fait des autres chofes qui en ont. Et ceux qui entreprennent de le calciner, fans rien perdre de fa Subftance, qui foit utile & confidérable, perdent leur peine, ne pouvant être calciné qu'avec beaucoup d'artifice, & qu'il ne fe faffe une grande diffipation de fa Subftance. Car de

cent livres de Soufre que l'on mettra à calciner, à peine en trouvera-t'on trois de
reste, après la calcination. On ne sçauroit
non plus le fixer, qu'il n'ait été calciné
auparavant. Néanmoins, en le mêlant a-
vec quelque autre Substance, on peut empêcher qu'il ne s'envole & ne s'enfuïe si
promptement, & le garantir de l'*adustion*.
Il se calcinera même étant mêlé. Mais si
on vouloit tirer de lui la Matiére de l'Œuvre, en le préparant par lui-même, on
n'y reüssiroit pas : parce qu'il ne se parfait
qu'étant mêlé avec autre chose, & sans lui
le Magistére est si long à faire, qu'on est
contraint d'en abandonner l'Ouvrage. Que
si on le joint avec son pareil, l'Arsenic,
il se change en Teinture, & il donne à
chaque Métail, le poids des Métaux parfaits ; il lui ôte ses impuretés, & il le rend
resplandissant. Il est rendu parfait par le
moyen du Magistére, sans lequel il ne
peut rien faire de tout ce que je viens de
dire : au contraire, il gâte & noircit les
Corps avec qui on le mêle. C'est pourquoi on ne doit jamais s'en servir sans le
Magistére.

Mais si dans la préparation, on peut
trouver le moyen de le mêler & de le joindre amiablemant aux Cops ; c'est-à-dire
de l'unir si bien à eux, qu'il n'en puisse plus
être separé, on découvrira par ce moyen

un des plus grands Sécrets de la Nature ;& on sçaura une des voyes de la perfection : parce qu'il y a plusieurs voyes qui tendent & qui conduisent au même effet. (1) Il y en a pourtant une qui est plus parfaite que l'autre.

Un autre effet du Soufre est qu'il augmente assurément le poids de quelque Métail que ce soit que l'on calcine avec lui, & qu'avec le Soufre on peut rendre le Cuivre semblable à l'Or. Il se joint aussi avec le Mercure. Et si on les sub'ime tous deux ensemble, on en fait du Cinabre. Enfin on calcine aisément tous les Corps ou Métaux avec le Soufre, hormis l'Or & l'Etain ; & le prémier encore plus difficilement que l'autre. Mais il n'est point vrai que le Souffre puisse coaguler véritablement, & avec quelque profit le Vif-Argent en Soleil & en Lune, & que cela se fasse aisément & sans beaucoup d'artifice, comme quelques Fous se le sont imaginé. Néanmoins les Métaux qui ont moins d'Argent - vif, & par conséquent moins d'humidité, se calcinent plus facilement par le Soufre ;& au contraire,ceux qui ont beaucoup d'Argent-vif ou d'humidité,

---

(1) Géber parle ici des différentes Médecines, du prémier, du second & du troisiéme Ordre, par lesquelles il prétend qu'on peut donner la perfection aux Corps imparfaits, & desquelles la derniére est la plus parfaite.

se calcinent aussi plus difficilement. Mais je proteste par le Dieu très-haut, que c'est le Soufre qui illumine ; c'est-à-dire, qui donne l'éclat, & qui perfectionne tous les Corps, ou Métaux ; parce qu'il est de lui-même Lumière & Teinture.

Le Soufre a cela de plus, qu'il ne se dissout qu'avec peine ; parce que parmi ses parties, il n'y en a point qui tiennent de la nature du Sel, en ayant seulement doléagineuses, lesquelles ne se dissolvent pas aisémemt dans l'Eau. J'en dirai la raison ci-après dans le Chapitre du *Dissolvent*, où je ferai voir manifestement ce qui peut être dissous dans l'Eau, & ce qui ne le peut point être.

Au reste le Soufre se sublime, parce que c'est un Esprit. Si on le mêle avec Vénus, & que des deux on en fasse une Composition, on en fait une couleur violette fort belle. Il se mêle tout de même avec le Mercure, & par la cuisson il s'en fait un Azur fort agréable. Il ne faut pas pourtant s'imaginer pour cela, que le Soufre puisse de lui-même servir à faire l'Oeuvre des Philosophes. Car ce seroit une erreur, comme je le ferai voit claire-ment dans la suite. Pour le choisir, il le faut prendre massif & clair. En voila assez pour le Soufre.

CHAPITRE XXIX.

De l'Arsenic.

L'Arsenic est fait tout de même, d'une Matiére subtile, & il est fort semblable au Soufre. C'est pourquoi on ne doit point le définir autrement. Il y a néanmoins cette différence entr'eux, que l'Arsenic donne facilement la Teinture blanche, & fort difficilement la rouge ; au lieu que le Soufre teint aisément en rouge, & difficilement en blanc. Or il y a de deux sortes de Soufre & d'Arsenic, l'un qui est jaune & l'autre rouge, qui tous deux servent à notre Art ; les autres espéces n'y pouvant de rien servir. L'Arsenic se fixe comme le Soufre ; mais l'un & l'autre se subliment mieux, si on les mêle avec des Métaux réduits en chaux. Mais ni le Soufre ni l'Arsenic, ne sont pas la Matiére qui donne la perfection à notre Oeuvre, parce qu'ils ne sont pas parfaits pour pouvoir donner la perfection. Ils peuvent néanmoins y contribuer avec condition. On doit choisir l'Arsenic qui soit clair, par écaille, & point pierreux.

CHAPTRE XXX.
De l'Argent-vif.

L'Argent-vif, qui selon l'usage des Anciens, s'appelle autrement Mercure, est une Eau visqueuse, faite d'une Terre blanche sulphureuse, très-subtile, & d'une Eau très-claire, lesquelles ont été cuittes & digérées dans les entrailles de la Terre par la chaleur naturelle des Mines, & mêlées & unies fort exactement par leurs moindres parties, jusqu'à ce que l'Humide ait été également tempéré par le Sec, & le Sec par l'Humide. C'est pourquoi il coule fort aisément sur une superficie égale & unie, à cause de la fluidité & de l'humidité de son Eau : & il ne s'atttache point à ce qu'il touche, encore que sa matiére suit visqueuse & gluante ; parce que la sécheresse qui est renfermée dans lui, tempére cette humidité & l'empêche de s'attacher à ce qu'il touche. C'est lui, qui selon l'opinion de quelques Anciens, étant joint avec le Soufre, est la Matiére des Métaux. Il s'attache facilement à Saturne, à Jupiter, & au Soleil : plus difficilement à la Lune, & plus difficilement encore à Vénus qu'à la Lune : mais jamais à Mars, si ce n'est par artifice ; & de-là l'on peut découvrir un grand Sécret. Car il est ami dés Métaux, & étant de leur nature, il s'unit aisément avec eux, & il sert de moyen ou milieu pour joindre les Teintures: Et il n'y a que l'Or seul qui aille au fond du Mercure, & qui se noye dans lui. Il dissout Jupiter, Saturne, la Lune & Vénus, & ces Métaux se mêlent avec lui, & sans lui l'on ne sçauroit dorer nul Métail. Il se fixe, & il devient une Teinture d'une rougeur très-éxubérante, pour parfaire les Corps imparfaits, & d'une très grande splendeur: & il ne se sépare jamais du Corps auquel il est joint, tandis qu'il demeure en sa nature. Le Mercure n'est pas néanmoins notre Matiére, ni notre Médecine, à le prendre tel que la Nature le produit: mais il peut y contribuer avec condition, aussi bien que le Soufre.

CHAPITRE XXXI.

Des Effets des Principes naturels, qui sont les Corps Metalliques.

NOus avons maintenant à parler des Corps Métálliques, qui sont les effets, & qui sont formez de ces Principes. Il y en a six en tout, l'Or, l'Argent, le Plomb, l'Etain, l'Airain, ou Cuivre & le Fer. Le Métail est un Corps minéral fufible, & qui fe forge & s'étend fous le marteau en toute dimenfion. Il eft d'une Subftance ferrée, & d'une très-forte & ferme compofition. Les Métaux ont grande affinité entre-eux. Les parfaits ne communiquent pourtant point la perfection aux imparfaits, étant mêlez avec eux. Par exemple, fi l'on mêle du Plomb avec de l'Or, lors que ces deux Métaux font en fufion; le Plomb ne deviendra pas Or par ce mélange. Car en mettant après cette Compofition au feu, le Plomb fe féparera de l'Or, & fe confumera, partie par évaporation, & partie par *aduftion*, l'Or demeurant tout entier en cette Opération; qui eft une de fes épreuves. Il en eft de même des autres Métaux imparfaits, felon la voye ordinaire de la Nature. Mais il n'en eft pas ainfi en notre Magiftére, où le Parfait aide & perfectionne l'Imparfait, & où l'Imparfait reçoit de foi-même la perfection, fans qu'on lui ajoûte rien d'étranger, & où enfin l'Imparfait eft encore élevé à la perfection par notre même Magiftére. Et je prens Dieu à témoin, qu'en ce Magiftére le Parfait & l'Imparfait fe changent & fe perfectionnent l'un l'autre; qu'ils font changez & perfectionnez l'un par l'autre, & que chacun d'eux fe perfectionne par foi-même, fans le fecours d'aucun autre.

CHAPITRE XXXII.
Du Soleil ou de l'Or.

NOus avons parlé en général des Corps, où des Métaux ; il faut maintenant faire un Discours particulier de chacun d'eux. Commençons par l'Or. L'Or est un Corps métallique, jaune, pésant, qui n'a point de son, & fort brillant, qui a été également digéré dans la Mine & lavé pendant un long-tems par une Eau minérale, qui s'étend sous le marteau, qui se fond par la chaleur du feu, & qui, sans se diminuer, soufre la Coupelle & le Ciment. C'est là la Définition de l'Or, d'où l'on doit inférer que nulle chose ne doit être censée Or, si elle n'a toutes les Causes & les Différences ou Propriétés qui sont contenuës en cette Définition. Il est certain néanmoins que ce qui peut donner véritablement & radicalement la Teinture, l'uniformité & la pureté de l'Or à quelque Métail que ce soit, peut généralement de tous les Métaux en faire de l'Or. Et j'ai remarqué que le Cuivre, ayant été converti en Or par un effet de la Nature, il s'ensuit qu'il peut l'être aussi par l'artifice. Car j'ai vû dans les Mines de Cuivre, d'où il couloit de l'Eau qui, entrainant avec elle des paillettes de Cuivre fort déliées, & les ayant lavées & nettoyées continuellement & pendant un long-tems ; cette Eau venant enfuite a tarir, & ces paillettes ayant demeuré trois ans ou environ dans du Sable tout fec, j'ai reconnu, dis-je que ces paillettes ont été cuites & digérées par la chaleur du Soleil , & j'ai trouvé parmi ces mêmes paillettes de l'Or très-pur. Ce qui ma fait croire qu'ayant été nettoyées par l'Eau qui couloit, & puis également digérées par la chaleur du Soleil , dans la féchereffe du Sable, elles avoient acquis l'homogénéité & l'uniformité que nous voyons qu'a l'Or dans toutes fes parties. C'eft pourquoi, en imitant la Nature, autant qu'il nous eft poffible, nous faifons la même altération, & le même changement, quoi qu'en cela pourtant nous ne puiffions ni ne devions pas même imiter la Nature en tout.

L'Or eft encore le plus précieux de tous les Métaux, & c'eft lui qui donne la Teinture rouge , parce qu'il communique fa Teinture & fa perfection à tous les autres Corps Métalliques. On le calcine , & on le diffout même ; mais cela fe fait fans nulle utilité, & c'eft une Médecine qui réjoüit & qui conferve le Corps dans la vigueur de la jeuneffe. L'Or fe romp & fe met en piéces facilement, fi on l'amalgame avec le Mecure ; l'odeur du Plomb fait auffi le même effet. De tous les Mé-

taux il n'y en a point qui approchent plus
effectivement de fa Subftance, que Jupiter
& la Lune, ni qui fe mêlent mieux avec
lui. Saturne lui reffemble dans le poids, &
en ce qu'il n'a point de fon, non plus que lui,
& qu'il eft auffi bien que lui éxemt de roüille & de pourriture. Vénus approche plus
de l'Or par la couleur, comme elle lui eft
encore plus femblable en puiffance ; &
après elle la Lune, puis Jupiter & Saturne, & enfin Mars le moins de tous. Et en
cela gît l'un des Sécrets de la Nature. Les
Efprits peuvent auffi être mêlez & unis à
l'Or, & il les rend fixes par un grand artifice, qui ne tombera jamais dans l'efprit
d'un Homme, qui aura l'intelligence dure
& qui fera hebété.

CHAPITRE XXXIII.

De la Lune ou Argent.

L A Lune, qu'on appelle ordinairement
l'Argent, eft un Corps Métallique
blanc d'une blancheur pure, qui eft net,
dur, fonnant, qui foufre la Coupelle, qui
s'étend fous le marteau, & qui eft fufible
par la chaleur du feu. La Lune eft donc
la Teinture de la blancheur. Elle endurcit
Jupiter, & par artifice elle le change en fa
nature. Elle fe mêle avec le Soleil, fans le

rendre aigre ni cassant : mais à moins que d'en sçavoir l'artifice, elle ne demeure pas avec lui à toutes épreuves. Qui pourroit néanmoins la subtiliser, puis l'épaissir & la fixer, en l'unissant ensuite à l'Or, elle demeure avec lui dans le feu, & elle ne s'en sépare plus du tout. On la met sur le suc des acides, tels que sont le Vinaigre, le Sel Ammoniac & le Verjus, & il s'en fait un fort beau Bleu céleste. L'Argent est un Corps fort noble, mais il l'est moins que l'Or. Il a sa Mine particuliére & séparée, encore que par fois il s'en trouve dans les Mines des autres Métaux ; mais cet Argent-là n'est pas si bon que l'autre. On peut le calciner & le dissoudre par un grand travail, mais cela ne peut servir de rien.

CHAPITRE XXXIV.

De Saturne ou du Plomb.

LE Plomb est un Corps métallique, noirâtre, terrestre pesant, qui n'apoint du son, & fort peu de blancheur, mais beaucoup de *lividité*, qui ne souffre ni la Coupelle ni le Ciment, qui est mou & aisé à étendre sur le marteau, sans beaucoup d'efforts, & enfin qui se fond facilement sans s'enflammer auparavant, ni rougir au feu.

Quelques Ignorans s'imaginent que de fa
nature, le Plomb *s'approche* de l'Or, &
qu'il lui eft fort femblable ; mais ce font
des Gens qui n'ont ni fens ni entendement,
& qui ne fçavroient d'eux-mêmes découvrir aucune vérité, ni l'inférer des chofes
qui font un peu fubtiles : ainfi ils en jugent
feulement felon leur fens, & felon les ap-
parences extérieures. Car ce qui les oblige à croire qu'il y a beaucoup d'affinité entre ce Métail & l'Or, c'eft qu'ils voyent
qu'il eft fort péfant, qu'il n'a point de fon,
& qu'il ne pourrit point non plus que l'Or.
Mais ils fe trompent manifeftement en cela, comme nous le ferons voir enfuite.
Le Plomb a beaucoup de terreftréité ;
c'eft pourquoi on le lave, & par ce moyen
on le change en Etain. Ce qui fait voir que
l'Etain eft plus proche que lui de la perfection. On brûle le Plomb, & il s'en fait
du *Minium*, & en le mettant fur la vapeur
du Vinaigre, il s'en fait de la *Ceruse* ; &
quoi qu'il foit beaucoup éloigné de la
perfection, il fe change pourtant fort aifément en Argent par notre Art, & dans la
tranfmutation qui s'en fait, il ne retient pas
le même poids qu'il avoit étant Plomb ;
mais fon poids diminuë, & il fe reduit au
véritable poids de l'Argent, & cela fe fait
par le moyen du Magiftére. Le Plomb
fert auffi à éprouver l'Argent dans la Cou-

pelic, nous en dirons la raison cy-après.

CHAPITRE XXXV.

De Jupiter ou de l'Etain.

L'Etain est un Corps métallique blanc d'une blancheur impure; livide, un peu sonnant, participant d'un peu de terrestréité, qui a radicalement en soi le *Cric*. Il est mou, & se fond aisément & soudainement sans se rougir au feu; il ne souffre ni la Coupelle ni le Ciment, & s'étend en toute dimension sous le marteau; de sorte qu'il peut être réduit en feüilles fort déliées. Jupiter donc de tous les Corps ou Métaux imparfaits, est celui qui a le plus de ressemblance naturelle avec les Corps parfaits, & qui s'approche le plus du Soleil & de la Lune. Mais pourtant plus de la Lune que du Soleil, comme je le ferai voir clairement ci-après. Au reste, comme ce Métail a reçû beaucoup de blancheur par les Principes de sa composition, cela fait qu'il blanchit les autres Corps ou Métaux, qui ne sont pas blancs. Il a néanmoins ce défaut qu'il rend aigres & cassans les Corps à qui on le joint, hormis Saturne & le Soleil très-pur. Jupiter a encore cette propriété, qu'il s'attache fortement au Soleil & à la Lune. C'est pourquoi il

ne s'en fépare pas facilement dans les *épreuves.* Dans la tranfmutation qui s'en fait
par notre Magiftére, il reçoit une Teinture rouge, qui le rend fort brillant, & il
acquiert le véritable poids de l'Or. On
peut l'endurcir & le purifier plus aifément
que Saturne, comme je le dirai enfuite. Et
qui fçauroit le Sécret de lui ôter le défaut
qu'il a de rendre aigres & caffants [les Métaux aufquels on le mêle] il auroit un
moyen infaillible de s'enrichir bien-tôt.
Parce qu'ayant beaucoup d'affinité avec
le Soleil & la Lune, il s'attacheroit à eux,
fans pouvoir jamais en être féparé.

CHAPITRE XXXVI.

De Vénus ou du Cuivre.

VEnus eft un Corps métallique, livide, qui tient beaucoup d'une rougeur obfcure, qui rougit au feu, eft fufible, s'étend fous le marteau, réfonne fortement, & ne foufre ni *Coupelle* ni *Ciment*,
Vénus contient donc en apparence dans la
profondeur de fa Subftance la couleur &
l'effence de l'Or. Elle fe forge & s'enflamme fans fe fondre, comme font l'Argent
& l'Or. D'où l'on peut tirer un Sécret.
Car elle eft le milieu du Soleil & de la
Lune; elle fe change facilement en l'un &

en l'autre de ces deux Métaux, & la tranfmutation qui s'en fait eft fort bonne, fans
beaucoup de déchet,& eft aifée à faire Elle
a une très-grande affinité avec la Tutie,
qui lui donne une bonne couleur d'Or;
d'où l'on peut tirer du profit. Et comme
elle n'a point befoin d'être endurcie pour
pouvoir rougir au feu fans fe fondre, on
doit fe fervir d'elle, plûtôt que des autres
Métaux, dans la petite Oeuvre, & dans
la moyenne [dont il fera parlé dans le fecond Livre, mais non pas dans la grande.
Elle a néanmoins un défaut, que n'a pas
Jupiter, qui eft qu'elle devient aifément
livide, & que les chofes acres & acides la
tachent. Et ce n'eft pas un petit artifice,
que de lui pouvoir ôter ce défaut-là,tant il
eft profondément enraciné en elle.

CHAPITRE XXXVII.

De Mars ou du Fer.

MArs ou le Fer eft un Corps métallique, fort livide, qui a peu de rougeur, qui participe d'une blancheur impure, qui eft dur & inflammable, qui n'eft pas
fufible au moins d'une fufion, laquelle fe
faffe directement[ou fans addition] qui eft
malléable,& qui a beaucoup de fon. Or le
Fer eft d'un rude travail [& difficile à ê-

tre mis en œuvre] à cause qu'il ne peut pas
être fondu. Que si on le fond sans y ajoûter la Médecine qui change sa nature, on
le joindra au Soleil & à la Lune, & il n'en
pourra être séparé par quelque épreuve
que ce soit, qu'avec un grand artifice.
Que si on le prépare auparavant que de le
joindre [aux Corps imparfaits] on ne
sçauroit plus trouver le moyen de l'en séparer; pourvû que, sans changer sa nature & sa fixité, on ne lui ôte seulement que
les impuretés qu'il a. Il peut donc aisément servir de Teinture pour le rouge,
mais difficilement pour le blanc; & si on
le mêle avec le Soleil & la Lune, il ne
change point leur couleur au contraire, il
l'augmente en quantité.

CHAPITRE XXXVIII.

*De la différence des Métaux imparfaits à
l'égard de la perfection.*

DE ce que nous venons de dire, il est
évident que de tous les Corps imparfaits, Jupiter est le plus éclatant, le plus
lumineux, & qui a le plus de perfection.
Ainsi, dans la transmutation, il se change en Soleil & en Lune, avec bien moins
de déchet que pas un. Mais quoi que
l'Œuvre, que l'on fait de lui, ne soit pas

difficile à faire, toutefois le travail en est
long, à cause qu'il se fond fort promptement. Après Jupiter, Vénus se transmuë
le plus parfaitement. Elle est néanmoins
difficile à manier: mais le travail en est
plûtôt fait que celui de Jupiter. Saturne
vient ensuite, car il ne se transmuë pas si
bien ni si parfaitement que Vénus; il se
manie pourtant fort aisément, mais le travail qu'on fait sur lui dure fort long-tems,
& est long à faire. Enfin Mars est celui de
tous les Métaux imparfaits, qui se transmuë avec le plus de déchet, qui est le plus
malaisé à manier, & celui de qui le travail
dure le plus. Moins donc les Corps imparfaits ont de disposition à être promptement
fondus, tels que sont Vénus & Mars,
plus ils sont difficiles à être transmuez. Et
ceux qui se fondent plus aisément, reçoivent très-facilement la transmutation. Ceux
aussi qui sont plus livides, plus impurs, &
qui ont le plus de crasses terrestres, se
transmuent avec plus de peine, & reçoivent le moins de perfection. Or toutes les
différences de perfections que nous venons
de remarquer, se trouvent dans la moindre, & la moyenne Oeuvre seulement:
car dans la grand'Oeuvre, toutes les perfections sont égales; c'est-à-dire, que les
Métaux imparfaits, qui sont transmuez,
reçoivent tous une même & égale perfection,

tion, quoi qu'ils ne soient pas aussi aisément & aussi entiérement transmuez les uns que les autres, comme nous venons de le faire voir. Il reste à dire qu'elle est la disposition dans les Métaux imparfaits, qui fait qu'il y en a qui sont plus aisez à manier les uns que les autres, & que le travail en est ou plus long ou plus court.

Nous avons parlé des Principes naturels des Corps métalliques, & nous avons traité de chacun de ces Principes, & de ces Corps séparément dans autant de Chapitres particuliers, & nous n'avons rien avancé, qui ne soit conforme au sentiment & à la doctrine de ceux qui ont pénétré dans le profond de la Nature, & qui l'ont vûë à découvert, & que nous n'ayons appris & éprouvé par les longues & laborieuses expériences que nous en avons faites. Il reste maintenant, pour l'accomplissement de cette Ouvrage, à expliquer par ordre en cette derniére Partie tous les Principes du Magistére, & à découvrir la perfection que nous avons vûë, & en déclarer les Causes.

QUATRIE'ME ET DERNIERE PARTIE DU PREMIER LIVRE.

Qui traite des Principes artificiels de l'Art.

CHAPITRE XXXIX.

Division des choses contenuës en cette Partie, où il est parlé en passant de la perfection, de laquelle il sera traité dans le second Livre.

NOus avons deux choses à faire en cette derniére Partie. Prémiérement à parler des Principes [artificiels] du Magistére ; Et en second lieu de sa perfection. Ces Principes sont les diverses Opérations dont l'Artiste se sert pour faire le Magistére. Il y en a de plusieurs sortes, car la *Sublimation*, la *Descension*, la *Distilation*, la *Congulation*, la *Fixation*, & la *Cération*, sont autant d'Opérations particuliéres, & qui sont toutes différentes les unes des autres. Nous traiterons de chacune séparément. Pour ce qui est de la perfection, elle consiste à avoir la connoissance de

plusieurs choses; prémiérement de celles,
par le moyen desquelles on peut parfaire
l'Oeuvre; secondement de celles qui contribuent à la perfection; puis de la chose
même qui donne la derniére perfection
Et enfin des choses, par le moyen desquelles on connoît si le Magistére a toute
la perfection qu'il doit avoir, ou s'il ne l'a
pas. Les choses par lesquelles on parvient
à l'accomplissement de l'Oeuvre; consistent dans une Substance manifeste, dans
des Couleurs pareillement manifestes, &
dans les Poids de chacun des Corps [ou
Métaux] qui doivent être transmuez, &
de ceux qui ne doivent point recevoir de
transmutation, les considérant dans la Racine de leur nature; je veux dire, tels
qu'ils sont naturellement, sans qu'il in-
tervienne aucun artifice; & les considérant
aussi dans leur Racine, tels qu'ils peuvent
devenir par l'artifice; en considérant encore les Principes de ces mêmes Corps,
selon leur profondeur, & tels qu'ils sont
dans leur intérieur; & selon leur *manifeste*
ou extérieur, comme ils sont dans leur nature, tant sans artifice que par artifice.
Car si l'on ne connoissoit les Corps &
leurs Principes dans le profond, & dans
l'extérieur de leur nature, tels qu'ils peuvent être par l'artifice, & tels qu'ils sont
sans artifice, l'on ne connoîtroit pas ce

qu'ils ont de superflu, ni ce qui les approche de la perfection, ni ce qui les en éloigne ; & ainsi l'on ne pourroit jamais parvenir à la perfection de leur transmutation.

La considération des choses qui aident à la perfection, consiste à connoître prémiérement la nature des choses que nous voyons d'elles-mêmes & sans artifice s'attacher au Corps, & y causer quelque changement, comme sont la Marcasite, la Magnésie, la Tutie, l'Antimoine, & la Pierre Lazuli. Secondement à connoître ce qui nettoye les Corps, sans néanmoins s'y attacher, comme sont les Sels, les Aluns, les Nitres, les Borax & toutes les autres choses qui sont de même nature. Et enfin à connoître la vitrifaction, laquelle purifie & nettoye par la ressemblance de nature.

A l'égard de ce qui fait la perfection, elle consiste dans le choix de la pure Substance de l'Argent vif, & cette pure Substance, c'est une Matiére qui a pris son origine de la Matiére de l'Argent-vif, & qui en a été produite. Cette Matiére n'est pas pourtant l'Argent-vif en sa nature, ou tel qu'il est naturellement, ni en toute sa Substance ; mais ç'en est seulement une partie. Encore n'est-ce pas une partie de l'Argent-vif à le prendre tel qu'il est préfeulement ; c'eſt-à-dire, au ſortir de la Mine ; mais lorſque notre Pierre eſt faite. Car c'eſt notre Pierre qui illumine & qui empêche que les Métaux imparfaits ne ſoient brûlez, & qu'ils ne s'enfuient de deſſus le feu, ce qui eſt une marque de la perfection.

Enfin, ce qui fait connoître ſi le Magiſtére a ou n'a pas toute ſa perfection, conſiſte dans les épreuves que l'on fait par *la Coupelle*, par *le Ciment*, par *l'Ignition*, par *l'Expoſition* que l'on fait du Métail tranſmué *ſur la vapeur des Acides*, par *l'Extinction*, par *l'Addition* ou le mélange *du Soufre* qui brûle les Corps ; par *la Reduction* qui ſe fait *des Corps* [en leur propre nature] après avoir été calcinez ; & enfin par *la facilité ou la difficulté* qu'ont les Corps *à s'attacher à l'Argent-vif*. Nous allons expliquer toutes ces choſes, avec leurs Cauſes, & avec des expériences aiſées, par le moyen dequoi l'on connoîtra qu'en tout ce que j'ai avancé, je n'ai rien dit qui ne ſoit véritable. Car ces expériences ſeront ſi évidentes, qu'il n'y aura perſonne qui n'en demeure d'accord. Mais prémiérement nous parlerons des Principes [extérieurs ou artificiels] du Magiſtére ou des Opérations [dont on ſe ſert pour le faire,] en commençant par *la Sublimation*, & continuant de ſuite dans l'ordre que nous jugerons être le plus nécessaire.

CHAPITRE XL.

De la Sublimation en général, & pourquoi on l'a inventée.

LA raison pour laquelle on a imaginé & inventé la Sublimation, ç'a été, parce que ni les anciens ni nous, n'avons rien trouvé, & que ceux qui viendront après nous ne pourront jamais rien trouver, qui puisse s'unir aux Corps, que les Esprits, ou au moins que ce qui a tout ensemble la nature du Corps & de l'Esprit. Or l'expérience nous fait voir que les Esprits, sans être purifiez par quelque préparation, étant projettez sur les Corps, ou Métaux imparfaits, ou ne leur donnent pas de couleur parfaite, ou les corrompent entiérement, & les brûlent, & les noircissent. Et cela, plus ou moins, selon la diversité des Esprits. Car il y a des Esprits qui brûlent & qui noircissent, comme le Soufre, l'Arsenic & la Marcasite; & ceux-là corrompent & salissent entiérement les Corps. Et il y en a d'autres qui ne brûlent pas; mais qui sont volatils, & qui s'enfuient par la chaleur, telles que sont toutes les sortes de Tuties & le vif-Argent.

Et ceux-là ne donnent aux Corps que des Couleurs imparfaites. En voicy les raisons. La prémiére sorte d'Esprits brûlent & noircissent [les Corps sur lesquels on les projette,] ou parce que l'on ne leur a pas ôté leur onctuosité *adustive* & brûlante qui s'enflamme facilement, & par conséquent qui noircit : ou parce qu'on leur a laissé leur terrestréité, laquelle noircit tout de même. Et ce qui fait que la seconde sorte d'Esprits ne donne pas de Couleur qui soit parfaite, c'est la seule terrestréité [qui ne leur a pas été ôtée] & qui donne aux Corps une Couleur livide & noirâtre, lors qu'on en fait projection sur eux. L'*adustion* fait aussi le même effet.

Pour éviter ces inconveniens, les Chimistes ont imaginé un moyen d'ôter l'onctuosité (qui est ce qui fait l'*adustion*) aux Esprits qui en ont, & d'ôter à tous les Esprits en général, les féces terrestres qui causent cette couleur livide. Ce qu'ils n'ont pû faire par nulle autre opération, que par la Sublimation seule. Car le feu, en élevant les Esprits, lors qu'on les sublime, en élévent toujours les parties les plus subtiles. Et par conséquent les parties les plus grossiéres demeurent dans le fond du vaisseau. Ce qui fait voir évidemment que la Sublimation purifie

les Esprits, en séparant d'eux la terrestréité qui empêchoit qu'ils ne fussent entrans ; c'est-à-dire, qu'ils ne pûssent pénétrer les Corps, & qui étoit la cause de
la couleur imparfaite & impure, que ces
Esprits leur communiquoient. Or on voit
manifestement que par la Sublimation
les Esprits sont dépoüillez de cette te
restréité ; parce qu'ayant été sublimez,
ils sont plus resplendissans & plus diapha-
nes ; qu'ils entrent & pénétrent avec plus
de facilité dans l'épaisseur des Corps, &
qu'ils ne leur impriment pas une couleur
désagréable comme ils faisoient, avant
que d'avoir été sublimez. Il est encore
évident que la Sublimation ôte l'adustion
aux Esprits, parce que l'Arsenic, qui,
avant que d'être sublimé, étoit mauvais,
& prenoit feu tout aussi-tôt ; après l'avoir
été, il ne s'enflamme plus : mais étant
mis sur le feu il s'évapore sans brûler.
Ce qui se fait tout de même dans le Soufre, comme on le trouvera, si l'on veut
l'éprouver. Les Chimistes ayant donc remarqué qu'il n'y avoit que les Esprits
tous seuls, qui, en s'attachant aux Corps,
& en les pénétrant, peuvent les changer
& les altérer ; & n'ayant rien trouvé qu'ils
pûssent substituer aux Esprits, & avec
quoi ils pûssent faire le même effet ; il a
fallu nécessairement les préparer & les pu-

rifier par la Sublimation, n'y ayant que cette Opération qui le puisse faire. Et partant ç'a été la cause pour laquelle on l'a inventée. Nous allons dire maintenant ce que c'est, & de quelle maniére elle se fait, sans rien obmettre.

CHAPITRE XLI.

Ce que c'est que la Sublimation; comment se fait celle du Soufre & de l'Arsenic, & des trois dégrés du feu qu'il y faut observer.

LA Sublimation est l'élévation qui se fait par le feu d'une chose séche, en sorte qu'elle s'attache au vaisseau. Il y en a de diverses sortes, selon la différence des Esprits que l'on doit sublimer. Car l'une se fait avec une forte *ignition*, ou inflammation du [Vaisseau & de la Matiére:] l'autre avec un feu médiocre; & l'autre enfin par un feu lent & doux. Le Soufre & l'Arsenic doivent être sublimez de cette derniére façon. Car comme ils ont de deux sortes de parties, les unes très-subtiles, & les autres grossiéres, qui toutes sont jointes ensemble également & très-fortement, si l'on venoit à sublimer ces deux sortes d'Esprits par un feu violent, toute leur Substance monteroit sans aucune séparation de leurs parties subtiles d'avec les grossiéres ; elle monteroit même non seulement sans être purifiée, mais encore étant toute noire & brûlée. Pour pouvoir donc séparer la Substance terrestre & impure de ces Esprits d'avec la partie subtile, il faut nécessairement se servir de deux moyens. Le prémier est d'avoir un régime de feu bien proportionné, & l'autre de purifier ces deux Esprits en les mêlant avec des *féces*, parce que les *féces* avec lesquelles on les mêle [ayant auparavant mis le tout en poudre] s'attachent aux parties les plus grossiéres & les retiennent avec elles, affaissées dans le fond de l'*Aludel* [c'est-à-dire du Vaisseau sublimatoire] & les empêchent de monter. C'est pourquoi l'Artiste se doit servir de trois différens dégrés de feu pour la Sublimation de ces Esprits. Le prémier doit être proportionné de telle sorte qu'il n'y ait que ce qui a été altéré, purifié, & rendu plus *lucide*, qui monte, & que l'on voye manifestement, que ce qui s'éléve est effectivement purifié & nettoyé, par les *féces* terrestres qu'on y a mêlées. Le second dégré de feu consiste à faire élever & sublimer par un feu plus fort tout ce qui est de pure Substance, qui, dans la prémiére Sublimation, a demeuré engagé dans les *féces*, de maniére que l'*Aludel*

& les *féces* mêmes rougissent , ce que l'Artiste remarquera visiblement. Le troisiéme dégré est de faire un feu fort doux , sans mêler plus aucunes *féces* a ce qui a été dèja sublimé & purifié par leur moyen & leur mélange , dans les précédentes Sublimations; de maniére qu'il n'en monte presque rien , & que ce qui montera par ce dégré de feu , soit très-subtil. Ce qui est une chose absolument inutile à l'Oeuvre , parce que c'est cela même , qui dans l'Arsenic & dans le Soufre , est cause qu'ils s'enflamment & se brûlent. La raison donc pour laquelle on fait la Sublimation du Soufre & de l'Arsenic , c'est afin qu'en séparant leur terrestréité impure , par un régime de feu qui soit propre & convenable , & faisant éxhaler leurs parties les plus subtiles & vaporeuses (qui est ce qui les rend adustibles , & qui cause la corruption) il ne nous en reste que cette partie qui consiste en une égalité ; (c'est-à-dire, qui n'est n'y trop subtile ni trop grossiére , & qui fait une simple fusion sur le feu sans aucune *adustion*, qui s'éxhale & s'en aille en fumée , & sans qu'elle s'enflamme.

Au reste, il est aisé de faire voir que ce qui est le plus subtil, est ce qui rend *adustible*, ou qui cause l'*adustion*. Car le feu change facilement en sa nature tout ce qui lui est le plus semblable. Or dans toutes les choses *adustibles*, c'est-à-dire qui brûlent, facilement, tout ce qu'elles ont de subtil est plus semblable au feu & ce qui est encore plus subtil, lui est encore p'us semblable : Et par conséquent ce qui sera très-subtil, le sera aussi beaucoup plus. L'expérience le démontre tout de même. Car le Soufre & l'Arsenic, qui n'ont point été sublimez, s'enflamment & prennent feu tout d'abord, & le Soufre encore plûtôt que l'Arsenic ; mais quand on les a sublimez, ils ne s'enflamment plus directement, c'est-à-dire d'eux-mêmes ; mais ils se fondent & se *liquefient*, puis ils s'évaporent, & s'éxhalent sans s'enflamer. D'ou il est évident que ce que nous avons avancé est véritable.

CHAPITRE XLII.

Des Fèces des Corps Métalliques, qu'il faut ajoûter aux Esprits pour les sublimer, & quelles doivent être leur quantité & leur qualité.

IL faut prendre les *fèces* d'une Matiére qui ait le plus de rapport avec les Esprits que l'on veut sublimer & avec laquelle ils se puissent mêler mieux & plus

intimement ; parce qu'une Matiére, à laquelle les Efprits s'uniront plus éxactement , retiendra beaucoup mieux leurs
feces & leurs *terreftreites* , quand on les
fublimera , qu'une autre qui n'auroit aucune affinité avec eux. Et la raifon en eft
affez évidente d'elle-même. Il eft d'ailleurs aifé de faire voir qu'il faut mêler
des *feces* dans la Sublimation des Efprits;
parce que fi on fublimoit le Soufre & l'Arfenic avec les *feces* de quelque chofe de
fixe, leur Subftance fe fublimeroit néceffairement toute entiére fans être purifiée,
& fans aucune féparation du pur d'avec
l'impur ; comme le fçavent ceux qui en
ont fait l'expérience. Or qu'il faille que
les *feces* ayent du rapport avec ces deux
Efprits , & qu'ils fe mêlent enfemble éxactement & en toute leur Subftance, la raifon en eft ; parce que fi ce mêlange ne fe
faifoit pas de la forte , il vaudroit autant
n'y rien ajoûter : à caufe que la Subftance
des Efprits monteroit & fe fublimeroit
toute entiére, fans qu'il fe fît nulle féparation du pur d'avec l'impur , & fans être
nullement purifiée. Car puifque lors qu'on
fublime ces Efprits fans les mêler avec des
feces , leur Subftance monte & fe fublime
toute ; il faudroit auffi qu'il arrivât la même chofe en les fublimant avec des *feces*
avec lefquelles ils ne feroient pas mêlez

parfaitement. J'en parle comme fçavant, & comme l'ayant vû par expérience. Car ayant fait ma Sublimation fans y ajoûter des *féces*, ou en y en mettant, fans que les Efprits s'uniffent à elles jufques dans le profond, j'ai perdu ma peine, n'ayant point trouvé que les Efprits euffent été purifiez après avoir été fublimez de la forte. Mais les ayant fublimez enfuite avec *la Chaux* de quelque Corps Métallique, mon Opération a bien reüffi ; & j'ai trouvé que ces Efprits avoient été facilement & parfaitement purifiez par ce moyen. Les *féces* doivent donc être prifes de la Chaux des Métaux, parce qu'avec ces *Chaux*, la Sublimation fe fait facilement, & elle eft fort difficile à faire avec quelque autre chofe que ce foit. Il n'y a donc rien dont on fe puiffe fervir au lieu de ces *féces* ou de ces *Chaux*. Ce n'eft pas que la Sublimation ne fe puiffe abfolument faire fans *la Chaux* des Corps, mais je puis affûrer que fans cela elle eft fort difficile, & d'un travail à défefpérer ceux qui le feront, à caufe de fa longueur. Il eft vrai que la Sublimation qui fe fait fans *féces* & fans aucune *Chaux* des Corps a cette avantage qu'elle eft plus abondante, au lieu qu'elle eft beaucoup moindre avec les *féces*, & moindre encore avec les *Chaux*. Mais auffi il n'y a pas tant de peine, & il ne faut pas tant de tems à la faire.

Après la *Chaux* des Corps il n'y a rien dont on se puisse plus utilement servir dans la Sublimation, que *des Sels préparez*, & de tout ce qui est de même nature qu'eux. Car avec les Sels la Sublimation est fort abondante, & on sépare fort facilement ce qui a été sublimé d'avec les *féces* & d'avec *les Sels*, parce que ceux-ci se dissolvent, ce que ne fait nulle autre chose, dont on se sert pour intermède.

Pour ce qui est de la proportion des *féces*, on les doit mettre en égale quantité, c'est-à-dire poids pour poids, avec ce qui doit être sublimé. Mais il suffira à un Artiste, qui sçaura tant soit peu son métier, de ne mettre que la moitié de *féces* à proportion de ce qu'il sublimera. Et il sera un mal habile Homme s'il s'y trompe. Mais un Artiste expert, ne mettra qu'une fort petite portion de *féces*, à l'égard de ce qu'il doit sublimer : parce que moins il y en aura, & plus abondante sera la Sublimation, pourvû toutefois qu'on diminuë le feu à proportion de la diminution des *féces*. Car il faut donner le feu dans la Sublimation, à proportion des *féces*. Ainsi il faut faire le feu doux, quand il y a peu de *féces* ; l'augmenter, s'il y en a plus ; & le faire fort, quand il y en a beaucoup.

Mais parce que l'on ne sçauroit mesurer le feu, & qu'un Homme, qui n'est pas Artiste, s'y peut facilement tromper, tant à cause de la diverse proportion des *feces* [que l'on doit observer] qu'à cause de la différence des Fourneaux, & du bois dont on se sert, & même de la diversité des Vaisseaux, & de la maniére de les ajuster dans le Fourneau : qui sont des choses à quoi l'Artiste doit soigneusement prendre garde. Voici une régle générale que l'on doit suivre pour tout cela. Il faut d'abord faire un feu fort doux, pour tirer tout ce qu'il y a de *phlegme* dans ce que l'on veut sublimer. Après quoi, si par ce prémier dégré de feu, l'on voit qu'il ait monté quelque autre chose que le *phlegme*, il ne faudra pas augmenter le feu tout à coup, mais peu à peu, afin de pouvoir tirer, par le même dégré du feu fort doux, la partie la plus subtile de la Matiére que l'on sublime, & qu'il faut ou mettre à part, ou jetter, parce que c'est ce qui fait l'adustion. Et il faudra augmenter le feu quand il aura monté quelque peu de cette partie subtile, ou du moins une quantité qui ne soit pas considérable. Pour le connoître, on n'aura qu'à passer *une languette de drap* ou un tuyau envelopé de soye ou de laine, dans le trou qui est au haut de l'*Aludel.*

Car

Car s'il ne s'attache que peu de chose à *la languette*, ou que ce qui s'y attachera soit bien pur, ce sera une marque que le feu est trop doux, & qu'il faut l'augmenter. Que si au contraire, il s'en attache beaucoup, ou si ce qui s'y attachera est impur, c'est un signe que le feu est trop fort, & qu'il le faut diminüer. Mais s'il s'en attache beaucoup, & de bien pur, on aura trouvé le véritable dégré du feu, selon la proportion des *feces*. Or on connoîtra, en retirant la *languette* de l'*Aludel*, si ce qui sublime est pur ou impur: Comme de la quantité & de la pureté ou de l'impureté de ce qui s'y attachera, on pourra facilement imaginer & trouver quel doit être le véritable régime du feu dans toute la Sublimation, sans s'y pouvoir tromper.

A l'égard de la nature des *feces*, dont on se doit servir pour la Sublimation, les meilleures font les *Ecailles* ou *Pailletes de Fer*, ou bien de *Cuivre brulé*, qu'on appelle communément [ÆS USTUM] parce qu'ayant moins d'humidité, elles boivent plus aisément le Soufre & l'Arsenic, & s'y attachent plus fortement comme le sçavent ceux, qui en ont fait l'expérience.

CHAPITRE XLIII.

Des fautes que l'on peut faire, & qu'il faut éviter, à l'égard de la quantité des féces, & de la difposition du Fourneau en fublimant le Soufre & l'Arfenic. De la maniére de faire les Fourneaux, & de quel bois on fe doit fervir.

A Fin donc que l'Artiste évite toutes les fautes qu'il pourroit faire par ignorance en fublimant ces deux Efprits, je l'avertis prémiérement que s'il y mêle beaucoup de *féces*, rien de l'Efprit ne fe fublimera, à moins qu'il n'augmente le feu à proportion ; comme je l'ai déja dis, en enfeignant la maniére de bien proportionner le feu. Que s'il fe met fort peu de *féces* ou que ces *féces* ne foient de la *chaux* des Métaux, & s'il manque à trouver la proportion du feu, les Efprits, qu'on veut fublimer, monteront tous tels qu'ils font, fans être nullement purifiez. J'ai tout de même enfeigné le moyen de trouver cette proportion. On peut encore manquer par le *Fourneau*. Car un grand Fourneau fait un grand feu : & s'il eft petit, il en fait un petit, pourvû que le bois qu'on y met, & que *les Regiftres* [ou les trous] qu'on fait aux Fourneaux

pour donner de l'air, foient faits à proportion. Si l'on mettoit donc beaucoup
de Matiére à fublimer fur un petit Fourneau, il ne donneroit pas affez de chaleur pour la pouvoir éléver. Et fi l'on en
mettoit peu dans un grand Fourneau, le
trop grand feu diffiperoit toute la Matiére, & la réduiroit en fumée. De même,
quand le Fourneau eft fort épais, il fait
un feu refferré & fort : & s'il eft mince,
le feu en eft rare & foible ; & en cela on
fe peut auffi tromper. Si les *Regiftres* du
Fourneau font grands, il fera un feu clair
& grand ; & le feu fera foible s'ils font
petits. De même, quand le Vaiffeau eft
pofé, s'il y a une grande *diftance* entre
lui & les côtés du Fourneau, il fera un
grand feu, qui fera moindre, s'il y a moins
d'efpace entre deux. Et en tout cela on
fait fouvent de grandes fautes.

Pour les éviter, l'Artifte doit faire fon
Fourneau conforme au dégré du feu qu'il
veut donner. Ainfi s'il veut faire un feu
fort & violent, il doit faire fon Fourneau épais avec de grands *Regiftres*, & fi
large qu'il ait un grand *efpace* entre fon
Vaiffeau fublimatoire & les côtés du Fourneau. Que s'il veut que fon feu foit médiocre ou foible, il doit donner à toutes
ces chofes une étenduë plus médiocre &
plus petite.

Je vais t'enseigner le moyen de trouver toutes ces proportions, & celle qui sera la plus propre, pour quelque Opération que tu veüilles faire, & je te dirai comment tu en dois faire l'expérience pour en être assuré.

Si tu veux donc faire une grande Sublimation, tu dois avoir un *Aludel* si grand, que toute la Matiére que tu mettras dans le fond de ton Vaisseau, ne tienne qu'un empan de hauteur. Tu mettras ensuite cet *Aludel* dans un Fourneau si large, que le Vaisseau étant posé au milieu, il y ait tout au moins deux pouces de distance entre lui & les côtés du Fourneau, auquel il faudra faire des trous, ou *Régistres*, qui soient espacez également, afin que la chaleur se communique également par tout. Après tu mettras une barre de fer epaisse d'un pouce au milieu du Fourneau, qui soit fortement appuyée sur les deux côtés & élevée au dessus du fond du Fourneau d'un bon empan, sur laquelle tu poseras ton *Aludel*, que tu joindras d'espace en espace au Fourneau, afin qu'il soit plus ferme. Alors, fais du feu, & prens garde si la fumée sort bien, & si la flamme va librement par tout le Fourneau; & si elle est tout autour de l'*Aludel*. Car si cela est, ce sera une marque que la proportion est bien observée; ti-

non la proportion n'est pas bonne, & il
faudra élargir les *Registres*. Après quoi,
si l'Opération se fait mieux, cela sera bien
de la sorte ; sinon la faute proviendra de
ce qu'il n'y aura pas assez d'intervalle entre le Fourneau & l'*Aludel*. Ainsi il faudra
ratisser les côtés du Fourneau, pour donner plus d'ouverture & de jour ; puis essayer comment cela sera ; continuant à ratisser les côtés du Fourneau, & à agran-
dir les *Registres* jusques à ce qu'il ne reste
plus de fumée au dedans, que la flamme
paroisse claire au tour de l'*Aludel*, & que
la fumée sorte librement par les *Registres*.
Cette instruction suffit, quelque quantité
de Matière qu'on veüille sublimer, pour
imaginer & pour trouver la juste proportion du Fourneau, celle de la grandeur
des *Registres* qu'il y faut faire, & celle
encore de la distance qu'il doit y avoir
entre l'*Aludel* & le Fourneau.

Pour ce qui est de *l'épaisseur du Fourneau*, elle dépend du feu que vous y
voulez faire. Car si votre feu doit être
grand, il faut que le Fourneau ait plus
d'épaisseur : & cette épaisseur doit être
toujours d'un bon empan. Que si le feu
est médiocre, le Fourneau sera assez épais
de la largeur de la main. Et si le feu est
petit, il suffira que le Fourneau ait deux
pouces d'épaisseur. Cette même propor-

tion se doit encore prendre *du bois*, dont l'Artiste se sert. Car le bois solide & serré fait un feu fort, & qui dure beaucoup. Celui qui est spongieux & léger, fait un feu foible & qui ne dure guéres. Le bois sec fait un grand feu, mais de peu de durée. Le bois vert, au contraire, fait le feu foible, & qui dure long-tems.

C'est donc par l'espace qui est entre l'*Aludel* & les côtés du Fourneau, par la grandeur & la petitesse des *Régistres*, par l'épaisseur ou la délicatesse des murs du Fourneau, & par la diversité du bois, que l'on connoîtra véritablement les divers *régimes* & les différens *dégrés du feu*. Comme ce sera de l'ouverture grande ou petite ; tant des *Régistres* que des *Portes*, par où l'on met le bois dans le Fourneau, & de la quantité & différence du bois dont on se sert, que l'on connoîtra quelle doit être précisement la durée du feu, & combien chaque sorte de feu durera également, dans un même dégré. Ce qui est très-nécessaire & d'une grande utilité à l'Artiste ; parce que cette connoissance lui épargnera plus de peine qu'on ne sçauroit croire. C'est pour quoi on doit mettre en pratique, & faire expérience de tout ce que nous venons de dire ; n'y ayant que la pratique & l'éxercice qui puissent rendre un Homme habile & expert en toutes ces choses.

CHAPITRE XLIV.

De quelle matiére, & de quelle figure l'Aludel doit être

POur avoir un bon *Aludel*, ou Vaisseau sublimatoire, il faut qu'il soit fait de verre & fort épais. Car il ne seroit pas bon de toute autre matiére, n'y ayant que le verre qui soit capable de retenir les Esprits, les empêcher de s'éxhaler & d'être consumez par le feu ; à cause que le verre n'a point de *pores* ; au lieu que les autres matiéres étant *poreuses*, les Esprits sortent & s'en vont peu à peu, au travers de leurs pores. Les Métaux mêmes ne valent rien à faire ces sortes de Vaisseaux ; parce que les Esprits ayant une grande affinité avec eux, ils les pénétrent, s'y attachent, & passent par conséquent aisément tout au travers, comme on le doit inférer de ce que nous avons dit ci-devant, & comme l'expérience le fait voir. D'où il s'ensuit qu'il n'y a point d'autre matiére que le verre seul, dont nous puissions utilement nous servir à faire les Vaisseaux sublimatoires.

Il faut donc faire une *Cucurbite* de verre qui soit ronde, dont le fond ne soitpas fort arrondi, mais presque plat, au milieu

de laquelle il faut faire en dehors un cercle ou ceinture de verre, qui l'environne
tout au tour ; & sur ce cercle il faut élever une *paroi* ronde, qui avance autant
en dedans que le couvercle de la Cucurbite
a d'épaisseur ; afin que dans cet espace le
couvercle puisse entrer à l'aise & sans peine, & il faut que ce couvercle ait autant
de hauteur ou environ, qu'en a la *paroi*
de la Cucurbite au dessus du cercle. De
plus, il faut faire deux couvercles à proportion de la concavité de ces deux *pa-
rois*, lesquels soient égaux, de la grandeur d'un empan, qui soient faits en
pointe ou en pyramide ; au sommet de
chacun desquels il y ait deux trous égaux,
& assez grands, pour y pouvoir faire entrer une grosse plume de poule, comme
il se verra plus clairement, parce que je dirai ci-après. Or a raison en général pour
laquelle on doit faire l'*Audel* de la manière que je viens de le dire, c'est afin
que l'Artiste en puisse tourner & remuer
le couvercle, comme il lui plaira ; & que
ces deux pieces joignent si exactement l'u-
ne à l'autre, que s'il est besoin qu'elles
demeurent sans être lutées, les Esprits pour
cela ne puissent point en sortir. Que si
quelqu'un peut imaginer quelque chose
de mieux & de plus propre [pour faire
cette Opération ;] ce que j'enseigne ici,

ne

ne doit pas l'empêcher de s'en servir.

Il y a encore une autre raison particu-liére qui oblige à faire l'*Aludel* comme je l'ai dit ; qui est, afin que la partie supé-rieure de la *Cucurbite* [c'est-à-dire tout ce qui est au-dessus de la ceinture de ver-re] entre entiérement dans son couver-cle ; & qu'ainsi la *Cucurbite* y entre jus-qu'à moitié. Car la fumée ayant cela de propre, qu'elle monte toûjours, & qu'el-le ne décend jamais ; je crois avoir trou-vé par-là le meilleur moyen qu'on puisse imaginer pour empêcher que les Esprits ne s'échapent, & ne se dissipent point ; ce que par l'expérience l'on trouvera être vrai.

Au reste, il y a une Maxime générale qu'il faut observer en toutes les Sublima-tions, qui est, que l'on doit nettoyer & vuider fort souvent le haut du couvercle de l'*Aludel*, en ôtant ce qui aura monté, de crainte que s'il s'y assembloit trop de Matiére, elle ne retombât dans le fond du Vaisseau ; & qu'ainsi, comme il fau-droit recommencer souvent, la Sublima-tion ne fût trop long-tems à se faire. Il faut encore avoir soin d'ôter & de mettre à part la Poudre qui aura monté, & qui se trouvera proche du trou, qui est au haut du couvercle, & ne la pas mêler avec ce qui sera fondu & entassé par gru-

meaux, & avec ce qui se trouvera clair
& transparent ; soit qu'il soit demeuré au
fond, soit qu'il soit monté, & qu'il se
soit attaché aux côtés du Vaisseau : parce
que toutes ces Matiéres ont moins d'*adustion*, que ce qui aura monté proche du
trou du couvercle ; comme je l'ai fait voir
ci-devant par raison & par expérience.

Au reste, on connoîtra que la Sublimation sera bonne & bien faite, si la Matiére sublimée est claire & luisante, & si
elle ne se brûle & ne s'enflamme point.
C'est ainsi que se doit faire la Sublimation
du Soufre & de l'Arsenic, pour être parfaite. Que si l'on ne trouve pas la Matiére
telle que nous venons de le dire ; il faudra la resublimer par elle-même, [c'est-
à-dire sans y rien mêler,] en observant
toutes les circonstances que nous avons
marquées, jusqu'à ce qu'elle soit de la
maniére que nous avons dit.

CHAPITRE XLV.

De la Sublimation du Mercure.

NOus avons maintenant à parler de la
Sublimation de l'Argent-vif, & à
dire pourquoi on la doit faire. Cette Sublimation ne consiste qu'à purger parfaitement le Vif-argent de sa *terrestréité*, & à

lui ôter son *aquosité* ou humidité superfluë. Car n'ayant point d'*aduftion*, [c'est-
à-dire ne se pouvant brûler] nous ne devons point nous mettre en peine de la
lui ôter.

Le meilleur moyen qu'il y ait de séparer la terrestréité superfluë de l'Argent-
vif, c'est de le mêler avec des *féces*, ou
avec des choses avec lesquelles il n'ait nulle affinité. Pour cet effet on se servira,
par éxemple, de toutes les sortes de
Talc, ou bien de coquilles d'œuf calcinées, ou de verre pilé fort menu, & de
toutes les sortes de Sels, après les avoir
préparez [ou *décrépitez.*] Car tout cela
le nettoye & le purge fort bien. Au lieu
que tout ce qui a affinité avec lui, à la
réserve des Corps parfaits, non-seulement ne le nettoye point, mais le corrompt & le noircit ; parce que ce sont
des choses, qui toutes ont un Soufre combuftible, lequel dans la Sublimation, venant s'élever avec l'Argent-vif, le gâte
& le corrompt. Ce qui se voit manifestement par l'expérience. Car si l'on sublime le Mercure avec de l'Etain ou du
Plomb, on trouvera que cette Sublimation l'aura rendu tout noir. Il vaut donc
mieux le sublimer avec ce qui n'a nulle
ressemblance naturelle avec lui, qu'avec
les choses qui lui sont semblables. Il est

vrai néanmoins que si ces choses-là n'avoient point de mauvais Soufre, la Sublimation de l'Argent-vif se feroit mieux avec elles, qu'avec toutes les autres: parce que, comme il s'uniroit mieux avec elles, elles le nettoyeroient aussi beaucoup mieux. Ainsi le Talc est le meilleur *intermède*, ou moyen, qu'on puisse employer pour sublimer le Mercure, parce que ces deux Matiéres n'ont nulle affinité, & que d'ailleurs le Talc n'a point de Soufre.

Pour ôter à l'Argent-vif l'humidité superfluë, lorsqu'on le mêle aux *Chaux*, avec lesquelles on le doit sublimer, il faut le broyer & le mêler avec elles en arrosant l'Amalgame avec du vinaigre, ou avec quelque autre liqueur semblable, jusques à ce qu'il ne paroisse point de Mercure. Et ensuite on fera évaporer, sur un feu doux, la liqueur dont on l'aura arrosé. Car par ce moyen l'*aquosité* du Mercure s'évaporera aussi. Mais il faut prendre garde que la chaleur soit si douce, qu'elle ne fasse pas monter toute la Substance du Mercure. En l'arrosant donc, le broyant, & le faisant évaporer doucement par plusieurs fois, on lui ôtera la plus grande partie de son humidité, & ce qui en restera, s'en ira en le sublimant une seconde fois. Or lors qu'on le verra plus blanc que la neige, & qu'il demeure:

sa attaché au côté du Vaisseau sublimatoire, comme s'il étoit mort, [n'ayant plus nul mouvement ;] ou il faudra lors recommencer à le sublimer par lui-même, sans aucunes *féces*, à cause que ce qu'il a de fixe s'attache aux *féces*, & il y tiendroit si fortement, qu'il n'y auroit plus moyen de l'en pouvoir séparer : ou bien il faudra par après en fixer une partie, comme je l'enseignerai ensuite dans un Chapitre que je ferai exprès pour cela ; & resublimer sur cette partie fixe ce qui restera, afin de le fixer tout de même, & le mettre à part. Et pour sçavoir s'il sera fixe, on en fera l'essai en le mettant sur le feu. Car s'il fait une bonne fusion, on doit être assuré que la partie qui n'est pas fixe a été suffisament sublimée. Que si cette partie n'est pas bien fondante, vous lui ajoûterez quelque peu d'Argent - vif qui ait été sublimé, mais qui ne soit pourtant pas fixe, & vous le resublimerez jusqu'à ce qu'il devienne fusible. Et quand vous le verrez fort blanc, luisant & transparent, c'est une marque qu'il est parfaitement sublimé & purifié. Et s'il n'a pas toutes ces qualités, ce sera un signe que la Sublimation n'est pas parfaite.

N'épargnez donc point votre peine à le purifier par la Sublimation. Car telle que sera la *purification*, que vous lui aurez donnée, telle sera aussi la perfection qui s'en suivra, dans la projection que vous en ferez sur les Corps imparfaits, & sur l'Argent-vif crud ; c'est-à-dire qui n'aura point été préparé. C'est pourquoi il y en a eu, qui par la projection qu'ils en ont faite sur les Corps imparfaits, l'ont changé ou en Fer, ou en Plomb, ou en Cuivre, ou en Etain. Ce qui n'est provenu que de ce qu'il n'a pas été bien purifié ; c'est-à-dire qu'on ne lui a pas ôté sa *terrestréité*, & son *aquosité* superfluë, ou qu'on n'en a pas séparé le Soufre ou l'Arsenic, qui étoient mêlez avec lui. Que si on le purifie parfaitement par la Sublimation, & si on lui donne la perfection qu'il peut avoir, ce sera une Teinture pour le blanc fixe & véritable, qui n'aura pas sa pareille.

CHAPITRE XLVI.

De la Sublimation de la Marcasite.

Aprés avoir suffisamment parlé de la Sublimation de l'Argent-vif, & pourquoi on la fait ; voyons maintenant comment on doit sublimer la Marcasite. On la sublime en deux maniéres ; l'une sans faire rougir l'*Aludel*, & l'autre en le faisant rougir. Ce qui se fait ainsi, à cause qu'elle est composée de deux différentes Substances, qui sont un Soufre pur, mais qui n'est pas fixé, & un Argent-vif mortifié. La prémiére de ces Substances peut servir de Soufre, & l'autre peut tenir lieu d'Argent-vif mortifié & médiocrement préparé. Nous pouvons donc prendre cette derniére Substance de la Marçasite, & nous en servir au lieu d'Argent-vif; & ainsi nous n'aurons que faire de l'Argent-vif, ni de prendre la peine de le mortifier. Or pour sublimer la Marcasite, il la faut broyer, & la mettre dans l'*Aludel*, & faire sublimer tout son Soufre, par une chaleur qui soit si bien conduite, que le Vaisseau ne rougisse point ; ayant soin d'ôter fort souvent tout le Soufre qui se sublimera, pour la raison que nous en avons dite ; augmentant ensuite le feu peu à peu, jusqu'à ce que l'*Aludel* & la Marcasite même deviennent rouges. Et la prémiére Sublimation de la Marcasite se doit faire dans le Vaisseau sublimatoire, jusqu'à ce que le Soufre en soit séparé ; puis continuer tout de suite l'Opération, dans le même Vaisseau, jusqu'à ce que toutes les deux parties sulphureuses de la Marcasite soient sorties. Ce que tu reconnoîtras evidemment par les expériences suivantes.

Quand tout le Soufre sera sublimé, tu

verras que ce qui se sublimera par après, sera d'une couleur très-blanche, mêlée d'un bleu céleste, fort clair & fort agréable. Tu le connoîtras encore de la manière que je vais le dire. Tout ce qui sera de nature sulphureuse, brûlera, prenant feu, & jettant une flamme semblable à celle que fait le Soufre. Au lieu que ce qui est sublimé à la seconde fois, & après que tout le Soufre sera monté, ne s'enflamme point, & n'a nulle des autres propriétés du Soufre, c'est-à-dire qu'il n'en a ni la couleur ni l'odeur ; mais il ressemblera à de l'Argent-vif mortifié par plusieurs Sublimations.

CHAPITRE XLVII.

Du Vaisseau propre à bien sublimer la Marcasite.

ON ne peut point avoir de cette Matière, qu'en sublimant la Marcasite d'une manière toute particuliére. Pour cet effet, il faut avoir un Vaisseau de terre bien fort & bien cuit, qui soit long de la motié de la hauteur d'un homme, c'est-à-dire environ de trois pieds, & large à y pouvoir mettre la main. Ce Vaisseau sera de deux piéces, afin que le fond, qui doit être fait de la forme d'un plat fort creux , puiſſe ſe démonter & ſe rejoindre au corps du Vaiſſeau ; & il faut qu'il ſoit plombé bien épais, depuis la bouche juſqu'à une *palme* près du fond. Après quoi on lui appliquera un *chapiteau*, ou *chappe*, qui doit avoir un *bec* fort large. Voilà quel doit être le Vaiſſeau pour faire cette Sublimation. Ayant bien joint enſemble avec de bon lut les deux piéces de ce Vaiſſeau, mis la Marcaſite dans le fond, & ajuſté le *chapiteau*, on le poſera dans un Fourneau, qui ſoit propre à donner une forte ignition à la Matiére, c'eſt-à-dire qui la faſſe bien rougir, comme eſt celle qu'on donne à l'Argent & au Cuivre pour les fondre, en cas que l'on ait beſoin d'un tel dégré de feu. On fermera l'ouverture du Fourneau avec une plaque ou un rond qui ait une ouverture au milieu, par où l'on fera paſſer le Vaiſſeau, & on lutera cette plaque tout autour du Fourneau & du Vaiſſeau, de peur que ſi le feu venoit à paſſer entre deux, il ne nuiſît à l'Opé- ration, & qu'il n'empêchât la Matiére, qui ſe ſublimera, de s'attacher aux côtés du Vaiſſeau. Il faudra faire à cette plaque quatre petits *Régiſtres*, que l'on pourra laiſſer ouverts & fermer quand il ſera be- ſoin, ou pour donner plus d'air, ou mê- me pour jetter par-là du charbon dans le

Fourneau. On fera encore quatre autres *Régiſtres* ſemblables dans les côtés du Fourneau, qu'on placera de telle maniére, que chacun de ceux-ci ſe trouve entre deux de ceux qui ſeront à la plaque. Et ces *Régiſtres* ſerviront tout de même à jetter du charbon dans le Fourneau. On fera encore ſix ou huit petits trous, larges à pouvoir y mettre le petit doigt, qui demeureront toujours ouverts, afin que la fumée du Fourneau puiſſe librement ſortir par-là. Il faut que ces trous ſoient faits entre la plaque & les côtés du Fourneau.

Au reſte un Fourneau, pour être propre à donner une forte ignition, doit avoir les côtés hauts de deux coudées, & il faut qu'au milieu il y ait une plaque de fer percée de pluſieurs petits trous, qui ſoit fortement lutée avec les côtés du Fourneau. A l'égard des trous, on doit les faire étroits par-haut, allant toûjours en élargiſſant par bas, & ils doivent reſſembler à une pyramide ronde. On les fait de cette maniére, afin que la cendre, les charbons, & les autres choſes qui tomberont dedans, en ſortent plus aiſément, & que par ce moyen ces trous, demeurant toûjours ouverts, l'air entre plus librement par-là dans le Fourneau. Car plus un Fourneau reçoit d'air par les trous d'en bas, plus il est propre à donner un grand feu, & à faire une forte *ignition*, c'est-à-dire à enflammer & à rougir la Matiére, comme l'expérience te le fera connoître, si tu mets la main à l'œuvre.

La raison pour laquelle le Vaisseau, dont on se sert pour sublimer la Marcafite, doit être fort long, c'est afin que sa plus grande partie, étant hors du Fourneau, & par conséquent fort éloignée de la chaleur, elle ne s'échauffe point, & que les vapeurs, qui monteront de la Matiére qui sublime, rencontrant les côtés du Fourneau frais, elles s'y atachent, & qu'elles ne trouvent point d'issuë, ni rien qui les consume, ni qui les détruise, comme elles feroient, si le Fourneau étoit également échauffé par tout. Je le sçai par expérience, car ayant voulu faire cette Sublimation dans de petits *Aludels*, je trouvai que rien ne s'étoit sublimé, parce que l'*Aludel* étant fort court, il avoit été autant échauffé en haut qu'en bas. Ce qui avoit été cause que tout ce qui sublimoit, s'éxhaloit continuellement en fumée & sans que rien s'attachât aux côtés du Fourneau, tout s'en alloit peu à peu par les *pores*, que la chaleur avoit ouverts. C'est donc une régle générale pour toutes les Sublimations, que le Vaisseau doit être long, afin qu'il y en ait une bonne partie qui ne reſſente point la chaleur, & qui ſoit toûjours froide.

J'ai dit qu'il faloit plomber ou vernir, la plus grande partie de l'*Aludel* [pour faire bien la Sublimation de la Marcaſite.] C'eſt afin qu'à l'endroit où on le plombera, il n'y ait point de *pores*; parce que autrement les vapeurs qui monteroient pendant la Sublimation, s'échaperoient par-là. C'eſt pourquoi on plombe tout l'endroit du Vaiſſeau où elles montent, afin de les empêcher de ſortir. Mais on ne plombe point le fond, parce que [comme le *Vernix*, qu'on fait au Vaiſſeau de terre avec du Plomb, eſt une vitrification,] & que le fond de l'*Aludel*, étant continuellement danſ le feu, il rougit; ce *Vernix* ou cette *vitrification*, ſe fondroit; & par conséquent la Matiére ſe fondroit, & ſe vitrifiroit auſſi; le verre ayant cela de particulier, que [lors qu'il eſt en fuſion] il n'y a rien qu'il ne détruiſe, & qu'il ne change en ſa nature.

L'Artiſte ayant conſidéré toutes ces choſes, & en ſçachant les cauſes & les raiſons, comme nous venons de les dire, il allumera le feu ſous ſon *Aludel*, qu'il continuera d'entretenir toujours juſqu'à ce qu'il ſoit aſſuré par les épreuves qu'il en fera, que tout ce qui pouvoit ſe sublimer de sa Matiére soit monté. Cette épreuve se fait par le moyen d'une petite verge de terre, qui soit bien cuite, & qui ait un trou au milieu qui la perce jusqu'à moitié de sa longueur, qu'on fera entrer dans l'*Aludel* par le trou qui est en haut & qu'on approchera à un pouce près de la Matiére qui se sublime. Et après que l'on aura tenu-là quelque-tems cette verge, on la retirera. Et si l'on voit qu'il soit entré quelque chose de la Matiére dans le trou de cette verge, ce sera une marque assurée que la Sublimation ne sera pas achevée. Que s'il n'y a rien, tout sera entiérement sublimé. Cette épreuve servira pour toutes les autres Sublimations.

CHAPITRE XLVIII.

De la Sublimation de la Magnésie & de la Tutie, & des Corps imparfaits.

LA Sublimation de la Magnésie & de la Tutie, se fait pour la même raison, & de la même maniére, que nous venons de dire que se sublime la Marcasite. Car toutes ces Matiéres ne peuvent être sublimées sans une forte *ignition*, [c'est-à-dire sans que la Matiére & l'*Aludel* ne rougissent,] & ne demeurent long-tems en cet état. C'est pourquoi ces Matiéres se subliment toutes pour la même raison, ont les mêmes causes, les mêmes expériences, & conviennent toutes généralement en cela, que toutes les Matiéres qui se subliment avec *ignition*, ou *inflamation*, se subliment sans aucune *addition* de *féces* ; parce qu'elles en ont assez en elles-mêmes, & plus qu'il n'est nécessaire ; ce qui est cause qu'elles sont si difficiles à sublimer.

Tous les Corps imparfaits se subliment de la même maniére. Et il n'y a point d'autre différence, si ce n'est que le feu doit être bien plus fort pour faire leur Sublimation, que pour celle de la Magnésie, de la Marcasite, & de la Tutie. Il n'y a point de différence non plus entre les Sublimations particuliéres de chaque Corps, si ce n'est qu'il y en a quelques-uns qui ne sçauroient se sublimer, si on ne leur ajoûte quelque Matiére qui leur aide, & qui les éléve, au lieu que les autres n'en ont point besoin.

Or il y a deux choses à observer dans la Sublimation des Corps, qui la rendent plus aisée, comme l'expérience l'a fait voir. La prémiére est, qu'il ne faut pas mettre beaucoup de Matiére tout à la fois dans le fond de l'*Aludel*, parce que s'il

y en avoit quantité, la Sublimation ne
s'en feroit pas bien. L'autre est qu'il faut
que le fond de l'*Aludel* soit tout plat, &
nullement creux, afin que le Corps, dont
on ne fera qu'une couche fort mince, &
toute unie, dans le fond du Vaisseau,
puisse être élevée par tout également. Vénus & Mars sont les deux Corps qui ont
besoin d'*addition*, pour les élever, à cause qu'ils sont fort longs à fondre. On a-
joûte pour cet effet de la Tutie à Vénus,
& de l'Arsenic à Mars ; & avec ces deux
Matiéres, ces Métaux se subliment facilement, parce qu'ils ont grande conformité avec eux. Avec cette précaution,
on les sublimera de la même maniére
que la Tutie & les autres Matiéres, &
on observera la même méthode, & la même épreuve que dans la Marcasite.

CHAPITRE XLIX.

*De la Descension & du Moyen de purifier
les Corps par les Pastilles.*

APrès la Sublimation, nous avons à
parler de la *Descension*, de laquelle
nous dirons les usages & la pratique toute entiére. On l'a inventée pour trois usages. Le prémier, afin, que la Matiére
qui a été enfermée dans le Vaisseau, qu'on

appelle le *Defcenfoire* chimique, étant en fufion, décende & forte par le trou qui eft au fond de ce Vaiffeau ; & que nous connoiffions par-là, que cette Matiére s'eft fonduë d'elle-même.

Le fecond ufage de la *Defcenfion*, eft qu'elle garantit de la *Combuftion* les Corps qui font foibles, [c'eft-à-dire qui s'évaporent facilement étant en fufion,] quand ils ont repris corps, après avoir été calcinez. Car quand on veut faire reprendre corps aux Métaux, qui ont été réduits en chaux, comme c'eft une chofe qui ne fe peut pas faire tout à la fois, mais fucceffivement, & une partie après l'autre : fi la partie, qui eft redevenuë en fa prémiére nature de Métail, ne fe féparoit pas d'abord du refle, qui eft en chaux ; & fi elle devoit demeurer en fufion, jufqu'à ce que toute la chaux fût fonduë, & eût repris corps ; il eft certain qu'une bonne partie de ce qui s'eft prémiérement fondu, s'éxhaleroit. Il a donc falu trouver une invention pour féparer d'abord ce qui fe fond, afin de l'ôter de deffus le feu, qui le fait éxhaler : Et cela fe fait par le moyen du Vaiffeau *Defcenfoire*,

Le dernier ufage de la *Defcenfion*, c'eft qu'elle dépure les Corps, en les féparant des chofes qui leur font étrangéres. Car tout ce qui eft de pur, fe fond & décend:

&

& par ainsi tout ce qui n'est pas de sa même nature, demeure dans le Vaisseau.
Voila les usages de la *Descension*.

Disons maintenant comment elle se fait,
& comment doit être fait le Vaisseau dont
on se sert pour la faire. Il faut que ce
Vaisseau soit fait en pointe, & que ses
côtés, qui doivent être fort unis, aillent
toûjours en étraississant également par bas,
se terminant en pointe dans le fond, comme un entonnoir, afin que tout ce qui se
fondra, décende facilement dans le fond,
sans que rien ne l'arrête. Le couvercle
de ce Vaisseau (s'il en doit avoir un) sera fait comme un plat tout uni, & de telle maniére qu'il joigne fort éxactement
au Vaisseau; & tout deux doivent être
faits de bonne terre, & bien ferme, qui
ne se fêle ni ne se crevasse pas aisément
au feu, quelque fort qu'il puisse être.
On mettra dans ce Vaisseau la Matiére
qu'on a dessein de faire décendre, étant
en fusion, sur des verges rondes, qui
soient faites de terre bien cuite, &
qu'on appliquera dans le Vaisseau de telle
maniére, qu'elles soient plus proches du
couvercle que du fond. Après quoi on y
mettra le couvercle, qu'on joindra éxactement au Vaisseau; & ensuite on allumera des charbons sur ce couvercle, que
l'on entretiendra continuellement avec le

foufflet, jufqu'à ce que toute la Matiére
étant fonduë, elle décende dans le Vafe,
qui eft au deffous. Que fi la Matiére eft
difficile à fondre, au lieu de la metre fur
ces verges de terre, on la pofera fur une
plaque, ou toute unie, ou tant foit peu
creufe, de laquelle elle puiffe couler facilement, lors qu'elle fera fonduë, en
inclinant le haut du Vaiffeau *Defcenfoire,*
pour la faire tomber. Car de cette maniére la Matiére, fe tenant mieux & plus
long-tems fur la plaque, que fur des verges de terre, elle en recevra auffi mieux
l'impreffion du feu; & par conféquent
elle fe fondra beaucoup mieux. Outre
qu'en panchant de fois à autres le Vaiffeau *Defcenfoire,* on pourra connoître
plus aifément quand la Matiére fera fonduë.

Voilà quelle eft la maniére de purger
les Corps par la *Defcenfion.* Mais on les
purge encore mieux de leurs *tereftréités*
par les *Paftilles,* en leur faifant reprendre Corps après les avoir caleinez. Et
cette façon de les purifier, eft la même
que celle qui fe fait par le *Defcenfoire.*
En voici la maniére. Il faut prendre le
Corps qu'on veut purifier, & le mettre
ou en menuës piéces, ou en limaille, ou,
pour mieux faire, en chaux, & le mêler
avec quelque chaux qui ne foit point fu-

sible. Puis mettre le tout dans le *Descen-soire*, & le fondre à fort feu, jusqu'à ce que le tout, ou la plus grande partie, se soit remise en corps. Car nous avons trouvé par expérience, que les Corps sont nettoyez par ce moyen de beaucoup de *terrestréité*. Ce n'est pas pourtant que par-là, ils soient entiérement purifiez, comme ils le peuvent être parce que nous sçavons être capable de donner la perfection. Mais c'est une *mondification*, qui leur est utile, & qui les rend plus propres à la transmutation, lors que l'on fait projection sur eux de la Médecine; pour leur donner la perfection; étant pour eux une préparation à la recevoir. Nous dirons dans la suite tout ce qui est nécessaire pour cela.

CHAPITRE L.

De la Distillation; de ses Causes, & des trois maniéres de la faire, par l'A-lambic, par le Descensoire, & par le Filtre.

NOus avons maintenant à parler de la Distillation & de ses Causes. La Distillation est une élévation qui se fait des vapeurs *aqueuses*, dans un Vaisseau propre. Il y en a de plusieurs sortes, se-

lon la diverſité des choſes qu'on peut diſ-
ſtiller. Ainſi il y en a une qui ſe fait par le
feu, & l'autre ſans feu : La prémiére ſe
fait en deux maniéres, ou par l'élévation
des vapeurs dans l'Alambic, ou par le
Deſcenſoire chimique, par le moyen duquel on tire l'huile des Végétaux. La *Diſtillation* qui ſe fait ſans feu, eſt celle que
l'on fait par le *Filtre.*

Le principal uſage de toutes les *Diſtillations* en général, c'eſt pour purifier les
Liqueurs des *féces*, leſquelles, étant mêlées & confonduës avec elles, les rendent
troubles ; & pour les empêcher auſſi par
ce moyen de ſe gâter & de ſe corrompre.

L'uſage particulier de la *Diſtillation*,
qui ſe fait par l'élévation & pas le moyen
de l'Alambic, c'eſt pour avoir une Eau
pure, ſans mélange d'aucunes *féces*. Car
l'expérience fait voir évidemment, que
l'Eau qui a été diſtillée deux ou trois fois,
ne laiſſe ni ne dépoſe nulles *féces* terreſ-
ſtres. Or ce qui oblige d'avoir des Liqueurs ainſi purifiées, c'eſt afin que ſi on
a beſoin d'abreuver, ou de faire quelque
imbibition ſur les Eſprits, ou ſur les Pou-
dres médécinales, on la puiſſe faire avec
une Eau ſi pure, qu'après qu'elle ſera
exhalée par la chaleur, elle ne laiſſe aucune impureté qui infecte, ni qui gâte nos
Médécines, ni les Eſprits que nous aurons purifiez.

Pour ce qui est de la *Distillation*, qui se fait par bas ou par le *Descensoire*, on ne l'a inventée qu'afin de tirer de ce que l'on distille, l'huile toute pure & naturelle. Parce que l'on ne peut la tirer naturelle ni *combustible* par l'Alambic, & on la tire ainsi par le *Descensoire*, afin de conserver sa couleur, qui est mêlée parmi sa Substance. Car il peut arriver qu'on ait besoin de cette couleur.

L'autre espéce de *Distillation*, qui se fait sans feu par le moyen du *Filtre*, est pour avoir seulement de l'Eau bien claire. Nous allons voir maintenant comment l'on doit faire toutes ces *Distillations*, & nous en dirons par même moyen les Causes & les Expériences.

La *Distillation*, par l'élévation des vapeurs ou par l'*Alambic*, se fait en deux maniéres : ou en posant une *Cucurbite* dans une terrine pleine de cendre, qui servent d'*interméde*, ou en mettant la *Cucurbite* dans un Chaudron ou dans quelque autre Vaisseau de cuivre plein d'eau, & en l'acommodant tout autour avec des herbes ou de la laine, de peur que si elle n'étoit ainsi arrêtée & soûtenuë, elle ne vacillât dans l'eau, & qu'elle ne se rompît, en venant à heurter contre les bords du Vaisseau, avant que la *Distillation* fût achevée. Or il y a cette différence entre ces deux *Diſtillations*, que celle qui ſe fait *avec les cendres*, ſe fait à un feu plus grand, plus âpre, & plus fort ; & que celle *du bain* ſe fait par une chaleur douce & lente. Parce que l'eau, qui ſert d'*intermede* ou de milieu, dans cette derniére eſpéce de *Diſtillation*, ne s'échauffe pas ſi fortement que fait la cendre. Et c'eſt pour cela que dans celle-ci, ce qui diſtille eſt coloré, & que les parties les plus groſſiéres & terreſtres, montent auſſi bien que les ſubtiles; au lieu que dans celle qui ſe fait *au bain* il n'y a que les parties les plus ſubtiles qui s'élévent, ſans être colorées ; & elles reſſemblent bien plus à de l'Eau toute ſimple. D'où il s'enſuit que dans la *Diſtillation* au bain, il ſe fait une ſéparation plus ſubtile des parties de la Matiére qu'on diſtille, que par celle qui ſe fait au feu de cendres. Ce que je ſçai par expérience. Car ayant diſtillé de l'huile par le feu de cendres, je trouvai mon huile, qui avoit paſſé dans le Récipient, ſans que preſque elle eût été altérée ; & pour faire la ſéparation de ſes parties, je fus contraint de la diſtiller par le bain, ſans quoi je ne l'aurois jamais pû faire. Mais l'ayant diſtillée au bain pour la ſeconde fois, je ſéparai mon huile en ſes parties élémentaires, & je tirai une Eau très-blanche & très-claire d'une huile ,

qui étoit parfaitement rouge. De sorte
que toute la rougeur de l'huile demeura
dans le fond de la *Cucurbite*. Ce qui fait
voir évidemment que c'est par le seul
moyen de cette *Distillation*, que l'on
peut faire la véritable séparation des Elémens, de tous les Végétaux, de tout ce
qui en provient, & de toutes les choses qui leur ressemblent ; comme c'est
par le *Descensoire* qu'il faut tirer l'huile
des mêmes Végétaux, & de tout ce qui
leur est semblable. Et c'est aussi par le
Filtre que l'on clarifie toutes sortes de
Liqueurs ; ainsi que le sçavent ceux qui
en ont fait l'expérience : comme au contraire ceux qui ne sçavent pas ceci, n'ont
jamais travaillé aux Distillations, étant une
chose aisée à apprendre à ceux qui voudront la pratiquer.

Pour faire la Distillation *au feu des cendres*, il faut avoir une terrine qui soit forte, & la poser sur un Fourneau semblable
à celui que nous avons décrit, pour faire
la Sublimation : prenant garde qu'il y ait
la même distance entre la terrine & les
côtés du Fourneau, & que le Fourneau
ait tous les mêmes Régistres, pour la raison que nous avons dite en cet endroit-
là. On met dans le fond de la terrine
des cendres sassées d'un pouce d'épais,
& dessus ces cendres on pose la *Cucurbite*,

que l'on couvre tout autour des mêmes cendres jusqu'au coû. Après quoi, l'on met dans cette *Cucurbite* ce que l'on veut distiller ainsi. Puis l'on y ajuste le Chapiteau de telle sorte, que le coû de celle-là entre entiérement dans le coû de celui-ci, & qu'il aille jusqu'à son rebord, de peur que rien de ce que l'on veut distiller, & sur tout les Esprits, ne puissent sortir. Cela fait, on lutte bien le Chapiteau & la *Cucurbite* ensemble, par l'endroit où ils se joignent ; puis on applique le Récipient, dans le coû duquel le bec du Chapiteau doit entrer jusqu'à moitié ; & ensuite on enveloppe l'endroit, par où ces deux Vaisseaux se joignent, d'un linge trempé de blanc d'œufs, de crainte que rien ne s'éxhale par-là. Enfin le linge étant sec & toutes choses bien disposées, on fait du feu dans le Fourneau pour faire la Distillation. Or la *Cucurbite* & son Chapiteau doivent être de verre. Et pour ce qui est du feu, il le faut augmenter autant qu'il sera nécessaire, pour faire la Distillation, & jusqu'à ce qu'il ait tiré toute l'humidité de la Matiére.

La *Distillation*, qui se fait au bain, est semblable à celle qui se fait au feu des cendres, à l'égard de la *Cucurbite* & de l'*Alambic*. Mais elle en est différente, en ce qu'au lieu d'une terrine, on se sert d'une

chaudiére

Chaudiére de fer, ou plûtôt de cuivre, que l'on ajuſte ſur un Fourneau, de la même maniére que nous avons dit ci-devant. Et dans le fond de la Chaudiére, on fait une couche de foin, de laine, ou de quelque autre matiére ſemblable, de l'épaiſſeur de trois travers de doigts : Et ſur cette couche on poſe la *Cucurbite* avec ſon *Alambic*, accommodez & luttez comme nous venons de le dire : En ſorte qu'il y ait du foin tout autour de la *Cucurbite*, juſqu'au coû de l'*Alambic*, de peur qu'elle ne vint à ſe caſſer. Sur cette couche on met de petites baguettes déliées, ou des ſarmens, & par deſſus tout cela de gros grais, ou cailloux, afin que par leur péſanteur, faiſant enfoncer le Vaiſſeau *Diſtillatoire*, & le foin que l'on a mis autour, il tienne par ce moyen le Vaiſſeau ferme & aſſujetti, & qu'il l'empêche de vaciller & de s'élever ſur l'eau ; ce qui pourroit le faire rompre, & être cauſe que la *Diſtillation* ſeroit entiérement perduë. Enſuite on remplit d'eau la Chaudiére, & on fait du feu deſſous pour la faire boüillir, [ayant ſoin de la remplir d'autre Eau chaude, à meſure que celle qui eſt dedans s'éxhale] continuant de le faire juſqu'à ce que tout ſoit diſtillé.

On fait la Diſtillation par le Deſcenſoire

avec un Vaisseau de verre, auquel on applique un couvercle de même matiére, y
ayant mis auparavant ce que l'on veut faire
distiller. On les lutte ensemble, on fait
du feu dessus, & la Distillation décend
dans le *Récipient* ou le *Vaisseau*, qui est
dessous pour la recevoir.

A l'égard de la Distillation qui se fait
par le *Filtre*, ou par la *Languette*, on la
fait de cette sorte. On met dans un Bassin de verre ou de terre, la Liqueur que
l'on veut filtrer. On aura des Languettes
[de drap blanc faites en pointe] bien lavées & bien nettes ; on les trempera dans
de l'Eau ; on couchera le bout le plus
large dans le fond de la terrine, & le bout
le plus étroit pendra hors du Bassin, sur
un autre Vaisseau qu'on mettra pour recevoir la Liqueur. L'Eau dont la Languette
sera abreuyée, distillera la prémiére, puis
la Liqueur du Bassin se filtrera : & si l'on
trouve qu'elle soit louche, on la remettra dans le Bassin, & on la refiltrera jusqu'à ce qu'elle soit bien claire & bien
nette.

Je ne m'amuserai point à prouver ces
Opérations, parce qu'elles sont si aisées
d'elles-mêmes, qu'elles n'ont besoin d'aucunes preuves.

CHAPITRE LI.

De la Calcination, tant des Corps que des Esprits, de ses Causes, & de la maniére de la faire.

APrès la Distillation, nous avons à parler de la Calcination. La Calcination est la Réduction qui se fait d'une chose en poudre, par la privation de l'humidité, qui lie & unit ses parties ensemble. L'usage pour lequel on l'a inventée, est afin d'ôter, par l'action du feu, le Soufre brûlant, qui gâte & qui infecte les Corps où il se trouve. Il y a plusieurs sortes de Calcinations, selon la diversité des choses qui doivent être calcinées. Car on calcine les Corps ou Métaux ; on calcine les Esprits, & on calcine les autres choses étrangéres, c'est-à-dire qui n'ont nulle affinité ni avec les Corps ni avec les Esprits ; & toutes ces Calcinations se font pour des fins toutes différentes. Premiérement les Métaux imparfaits étant de deux sortes, les uns durs, comme sont Vénus & Mars, les autres mols, tels que sont Jupiter & Saturne, on les calcine pour diverses intentions ; l'une générale & l'autre particuliére. La prémiére, c'est pour leur ôter par la violence du feu, ce Soufre qui les corrompt & les rend noirs. Car ce n'est que par la Calcination qu'on peut brûler & consumer le Soufre *adustible* de quelque chose que ce puisse être. Les Métaux, par exemple, étant des Corps solides & épais, & leur mauvais Soufre étant caché & renfermé dans la Substance de l'Argent-vif, qui est répanduë & mêlée par tout le Métail [puis que c'en est la partie principale, & celle qui fait la liaison & la continuité de toutes les autres,] c'est par conséquent l'Argent-vif qui empêche ce Soufre de pouvoir être brûlé, [lorsqu'on met les Métaux dans le feu, & qu'ils y fondent ou qu'ils y rougissent.] Ainsi il faut nécessairement rompre & diviser la continuité du Métail, afin que le feu agissant librement sur toutes ses moindres parties, il puisse plus facilement brûler ce Soufre, qui ne sera plus défendu par l'humidité & la liaison de l'Argent-vif.

La Calcination se fait encore pour un autre dessein, qui concerne généralement tous les Métaux : Qui est que par ce moyen on les purifie de leur *terrestréité*. Car l'expérience nous a fait connoître, qu'en calcinant plusieurs fois les Métaux, & en les remettant par après en Corps, ils se purifient & se rafinent, comme nous le ferons voir ensuite.

Pour ce qui est de la Calcination des Corps, ou Métaux moûs, outre qu'elle les dépoüille de leur mauvais Soufre, & qu'elle les purifie de leur *terrestréité*; ce que la Calcination fait en tous les Corps; elle sert encore en particulier à les endurcir & à les rendre capables de rougir au feu, pourvû qu'on fasse cette Opération plusieurs fois avec adresse. Nous en parlerons plus particuliérement dans le second Livre. Car l'expérience nous fait voir évidemment que par cette invention, les deux Métaux moûs s'endurcissent, & Jupiter encore davantage & plûtôt que Saturne.

On calcine les Esprits pour les mieux disposer à devenir fixes, & à se résoudre en Eau. Car tout ce qui est calciné est plus fixe, & se dissout plus aisément que ce qui ne l'est pas. Et la raison en est, par ce que les parties de ce qui a été calciné, étant devenuës plus subtiles par l'action du feu, [qui en a séparé la *terrestréité* & l'humidité volatile, ainsi qu'il a déja été dit,] ces parties se mêlent plus facilement avec l'Eau, & elles se changent aussi par conséquent plus facilement en Eau; comme on le connoîtra, si l'on en fait l'expérience.

A l'égard des choses étrangéres, [c'est-à-dire, qui ne sont ni Métaux ni Esprits,] on les calcine pour servir à la préparation qu'il est nécessaire de donner aux Esprits & aux Corps, de laquelle nous traiterons plus amplement dans le Livre suivant. Mais cette calcination ne contribuë rien à la perfection des Corps, ni à celle des Esprits.

Il est donc évident qu'il y a plusieurs sortes de Calcinations, & que cette diversité ne provient que de la différence des choses qui peuvent être calcinées. Car les Corps se calcinent tout autrement que les Esprits, & que les autres choses. Et les Corps mêmes ne se calcinent pas tous de la même maniére, parce qu'ils sont différens entre eux. Ainsi les Corps moûs peuvent être calcinez en général, ou par le feu seulement, sans y rien ajoûter, ou en y ajoûtant le Sel préparé, ou en l'y mettant tel qu'il est sans nulle préparation.

Pour faire la Calcination par le feu seulement, on prend un Vaisseau de terre, fait comme un plat, bien fort & bien cuit, qu'on pose sur le Fourneau *Calcinatoire*, lequel doit être fait de la maniére que nous avons ci-devant décrit le Fourneau à donner une forte *ignition*, & dont nous parlerons encore ensuite. Et l'on pose ce Vaisseau de telle sorte dans le Fourneau, que l'on ait la liberté d'y mettre des charbons dessous, & qu'il y ait affez d'efpace pour les fouffler. On met enfuite du Plomb ou de l'Etain dans ce Vaiffeau, qui eft fortement appuyé fur un trépié de fer, ou fur trois cailloux, & qui eft encore affermi par trois ou quatre autres cailloux, que l'on ferre entre lui & les côtés du Fourneau, afin qu'il ne puiffe branler. Après quoi, on fait fous le Vaiffeau affez de feu pour faire fondre le Plomb ou l'Etain que l'on y a mis. Quand le Métail fera fondu, & que l'on verra *une peau noire* fe former deffus, par le moyen du feu, on la retirera avec une *Spatule* de fer, ou de quelque autre matiére, qui ne fe puiffe brûler, pour de cette *peau* en faire *la chaux*. Et on continüera à ôter cette *peau* [à mefure qu'elle fe formera] jufqu'à ce que tout le Métail foit réduit en poudre. Que fi c'eft le Saturne que l'on calcine, il faudra mettre *les peaux* que l'on en aura tirées, [& qui fe mettront en poudre,] fur un plus grand feu, que celui avec lequel on l'aura fondu, & les y ténir jufqu'à ce que *fa chaux* devienne fort orangée. Que fi l'on calcine du Jupiter, il faudra mettre *fes peaux* fur un feu qui ne foit pas fi fort, [que celui où l'on mettra le Saturne,] & l'y laiffer jufqu'à ce que fa *chaux* foit parfaitement blanche.

Mais il y a ici une chofe à quoi l'Artifte doit prendre gardé, qui eft que Saturne, étant réduit en *chaux*, reprend Corps fort aifément ; ce que Jupiter ne fait qu'avec peine : parce qu'autrement il pourra faillir, fi, lors qu'il aura retiré *les peaux*, ou la poudre de Saturne, & qu'il l'aura mife fur un plus grand feu, il ne prend garde à fi bien régler ce feu, qu'il empêche que ce Métail ne reprenne Corps, avant que fa *chaux* foit parfaite, & qu'elle devienne orangée. Je l'avertis donc que pour bien faire cette Opération, il doit donner le feu fort tempéré, & ne l'augmenter que peu à peu & par dégrés, jufqu'à ce que Saturne foit bien calciné, afin qu'il ne reprenne pas Corps; & qu'ainfi l'on puiffe fûrement augmenter le feu pour parfaire entiérement *fa chaux*.

Voici une autre précaution que l'Artifte doit prendre, lors qu'il calcinera Jupiter. Car fi à caufe de la difficulté qu'il y a de le remettre en Corps, après qu'il eft calciné, il arrivoit qu'il ne pût pas l'y remettre ; mais ou il demeurât toûjours en *chaux*, ou que cette *chaux* fe vitrifiât ; il fe tromperoit, s'il croyoit que pour cela il fût impoffible de faire reprendre Corps à ce Métail, lorfqu'il feroit une fois calciné. Je l'avertis donc que s'il ne donne le feu fort à la *chaux* de Jupiter, il ne le remettra point en Corps : & il fe

peut faire même qu'il ne l'y remettra pas
encore pour cela, parce qu'il pourra se
vitrifier. Car Jupiter, dans le profond de
sa Substance, a un Argent-vif volatil,
qui s'enfuit lors que l'on tient ce Métail
long-tems dans le feu : & par ce moyen il
demeure privé de son Humidité propre &
naturelle. De sorte qu'en cet état il sera
plus propre à se changer en Verre qu'en
Métail, étant une Maxime assurée, Que
tout ce qui a perdu son Humidité naturelle, ne se peut fondre que pour se vitrifier. D'où il s'ensuit que pour mettre Jupiter en Corps [après sa Calcination] il
faut faire un feu violent, qui fasse fondre
sa *chaux* d'abord & tout à coup, autrement il ne s'y remettra point. La pratique & le travail t'apprendront la maniére
de bien faire cette Opération.

On calcine ces deux Métaux par l'*addition* du Sel, qui contribuë beaucoup
par son acuité à les calciner, en jettant
dessus, lorsqu'ils sont en fusion, plusieurs
pincées de Sel l'une après l'autre, que
l'on mêle, en remuant fortement avec
une Verge de fer, le Métail lorsqu'il est
en fusion, & jusqu'à ce que par ce mêlange il soit réduit en poudre. Après quoi
on achéve de parfaire leur *chaux* de la
maniére, & avec toutes les précautions

que nous venons de dire. Il y a encore
cette différence dans cette derniére Calcination de ces deux Corps, que Saturne
après avoir été calciné la prémiére fois,
reprend plus aisément corps que Jupiter ;
mais que sa *chaux* n'est pas plus aisée à
parfaire que celle de Jupiter ; Ce qui
provient de ce que Saturne a une humidité
plus fixe, & qu'il a bien plus de *terrestréité*,
que n'en a Jupiter.

Vénus & Mars se calcinent aussi , mais
comme ces deux Métaux sont fort difficiles à fondre, on ne les calcine d'aucune
des deux maniéres dont nous venons de
parler. Cela se fait ainsi. On fait des *Lamines* de ces deux Métaux , que l'on met
dans un fort feu , mais qui ne soit pourtant pas si fort qu'il les puisse fondre. Car
comme ces Métaux ont beaucoup de *terrestréité* & de Soufre *adustible* & volatil, ils
se calcinent aisément de cette sorte. Parce
que la grande quantité de *terrestréité* , qui
est mêlée parmi leur Argent-vif , en sépare la continuité, en empêchant que les parties de cette Argent-vif ne soient unies
& contiguës les unes aux autres. Ce qui
fait qu'il y a des pores dans ces Métaux ,
par où le Soufre trouvant un passage libre,
sort & s'en va en fumée ; & dans lesquels
le feu, entrant pareillement avec liberté , il

brûle ce Soufre & l'éléve en vapeur. Et par ce moyen les parties de ces Métaux, se trouvant plus éloignées les unes des autres, cet éloignement & cette discontinuité sont cause qu'elles sont aussi plus facilement réduites en poudre. Et il est aisé de juger par l'expérience, que cela se fait ainsi. Car si vous mettez une *Lamine* de Vénus dans un fort feu, vous verrez qu'il en sortira une flamme bleuâtre, telle qu'est celle que fait le Soufre, & vous trouverez ensuite, au dessus de votre *Lamine*, plusieurs écailles qui se mettront en poudre. Parce que le Soufre se brûle plus facilement dans les parties, qui sont le plus exposées au feu, & sur lesquelles il agit plus fortement, telles que sont les parties extérieures.

A l'égard du *Fourneau*, dont on se doit servir pour faire cette Calcination, il doit être le même que celui de la Distillation, dont nous avons parlé ci-devant, si ce n'est qu'il doit y avoir une grande ouverture en haut, afin que la fumée puisse librement sortir. Il faut mettre au milieu du Fourneau les *Lamines* de ces deux Métaux que l'on veut calciner, afin que le feu les environne également, & de tous côtés. Et pour ce qui est du Vaisseau où l'on mettra ces *Lamines*, il doit être d'une terre forte & bien cuite, de crainte qu'il ne vint à fondre par la violence du feu, & il doit être fait comme une terrine, ou un plat bien épais.

Reste à parler de la Calcination des Esprits. Elle se fait lors qu'étant presque fixes, on leur donne un feu qu'on augmente par dégrés & peu à peu, jusqu'à ce qu'ils puissent soufrir un feu très-fort. Le Vaisseau, dans lequel on les mettra pour les calciner, doit être rond & d'un verre bien épais, de peur qu'il ne se fonde, que l'on bouchera fort éxactement, & qu'on posera ensuite dans un Fourneau, tel qu'est le dernier que nous avons décrit.

On se sert du même Vaisseau & du même Fourneau pour calciner toutes les autres choses ; néanmoins nous ne sommes point embarassez à les retenir, ni à les empêcher de s'éxhaler, qui est ce qui donne le plus de peine dans la Calcination des Esprits ; parce que rien ne suit ni n'est volatil, que les seuls Esprits, & ce qui a affinité avec leur nature.

CHAPITRE LII.

De la Dissolution.

LA Dissolution, c'est la Réduction qui se fait d'une chose solide & séche en

Eau ou en Liqueur. Cela se fait par le
moyen des Eaux subtiles, acres & *ponti-
ques* ou mordicantes, qui n'ont nulles
feces : comme est le Vinaigre distillé, le
Verjus, les Prunes aigres, & les Poires
qui ont beaucoup d'acrimonie, le Jus
de Grénades pareillement distillé, & les
autres Liqueurs semblables. On l'a inventée pour rendre par son moyen plus subtiles les choses qui ne sont pas bien fon-
dantes ny entrantes, & qui ont des Esprits fixes fort utiles, qui sans cette Opération se perdroient, aussi bien que les
autres choses qui sont de la nature des
Esprits. Car il est certain que tout ce qui
se dissout, est nécessairement ou Sel ou
Alun, ou d'une nature semblable. Or
les Sels & les Aluns ont cela de propre,
qu'ils rendent fusibles les choses ausquelles on les ajoûte avant qu'elles se vitrifient. Et par ainsi les Esprits étant dissous,
ils donneront une fusion toute semblable.
Et comme ces Esprits ont naturellement
une grande affinité, tant avec les Corps,
qu'entre eux mêmes : s'ils ont la fusion,
il s'ensuit nécessairement qu'il entrent dans
les Corps, qu'ils les pénétrent, & qu'en
les pénétrant, ils les transmuent. Or afin
qu'ils puissent faire cet effet, il faut qu'a-
près qu'un Corps a été dissous & coagulé,
on lui ajoûte, avec grand artifice, quel-

que Esprit qui ait été purifié auparavant, sans pourtant qu'il ait été rendu fixe, & les sublimer tous deux ensemble tant de fois que l'Esprit demeure uni avec le Corps ; qui lui communique une fusion plus promte, & que dans la profusion l'empêche de se vitrifier. Car les Esprits ont cela de particulier, qu'ils ne se vitrifient jamais, & qu'ils empêchent les choses, ausquelles ils sont mêlez, de se vitrifier, tandis qu'ils demeurent avec elles. L'Esprit donc qui retient plus la nature de l'Esprit, sera celui qui garantira le mieux de la vitrification, Or l'Esprit qui n'est que purifié, est moins altéré, & a plus la nature d'Esprit que celui qui est purifié, fixé, calciné, & dissous. C'est donc cette sorte d'Esprit qu'il faut ajoûter [au Sel & à l'Alun :] car par leur mêlange il se fait une bonne fusion, un *ingrès* ou facilité d'entrer & de pénétrer, & une fixation permanente & durable.

Nous avons dit qu'il n'y avoit que les Sels, les Aluns, & les choses semblables qui se dissolvent. Ce que nous pouvons proûver par l'expérience que nous en avons faite sur toutes les choses nàturelles, c'est-à-dire sur les Mineraux, les Végétaux & les Animaux. Car ayant essayé sur toutes ces choses, nous avons trouvé qu'il n'y a que cela seul qui puisse se dissoudre. D'où nous inférons que tout ce qui se dissout, doit nécessairement être de leur nature. Et partant, puisque nous voyons que ce qui a été calciné & dissous plusieurs fois, se dissout après cela fort facilement, nous jugeons de là, que tout ce qui est calciné participe de la nature des Sels ou des Aluns, & qu'il a toutes les mêmes propriétés.

Or il y a deux manières de faire la Dissolution : l'une par le fumier échauffé, & l'autre par l'eau bouillante, qui toutes deux se font pour la même fin, & font tout le même effet. La prémiére se fait en mettant ce qui est calciné dans un Matras de verre, sur quoi on versera une fois autant de Vinaigre distillé, ou de quelque autre Liqueur semblable ; & ayant bien luté la bouche du Matras en sorte que rien ne puisse exhaler, on l'enterrera dans du fumier échauffé, & on l'y laissera trois jours durant pour se dissoudre. Après quoi on séparera par le Filtre, ce qui aura été dissous, & ce qui ne l'aura pas été, on le calcinera une seconde fois, puis on le remettra en Dissolution, comme on a déja fait continuant à faire cette Opération, jusqu'à ce que tout soit entiérement dissous, ou au moins la plus grande partie, selon le besoin qu'on en aura.

La Dissolution, qui se fait par l'eau

boüillante, est beaucoup plûtôt faite &
est meilleure. Voici comment on la fait.
On met tout de même ce qui a été calciné dans un Matras avec du vinaigre. On
bouche bien le Matras, de peur que rien
n'éxhale. On le pose ensuite dans une
Chaudiére pleine d'eau & de foin, de la
même maniére que nous avons dit qu'il
faloit faire pour la Distillation au bain.
Aprés cela on fait du feu dessous. On
fait boüillir l'eau une bonne heure. On
distille ce qui est dissous, que l'on met
à part ; & on calcine une seconde fois ce
qui a demeuré sans se dissoudre, jusqu'à
ce que tout soit entiérement dissous.

CHAPITRE LIII.

*De la Congulation, de ses Causes, & des
divers Moyens de Conguler le Mercure,
& les Médecines dissoutes.*

LA Coagulation est une Opération
par laquelle on réduit une chose liquide en une Substance solide, en lui
ôtant son *aquosité* ou humidité. On l'a inventée pour deux usages. L'un est pour
endurcir l'Argent-vif, l'autre pour dessé-
cher les Médecines qui sont dissoutes,
en ôtant l'humidité mêlée avec elles. Il
y a donc autant de différentes Coagulations,

tions, qu'il y a de diverses choses à coaguler. Car l'Argent-vif se coagule d'une
manière, & les Médecines & les autres
choses dissoutes d'une autre. Il y a même deux manières différentes de coaguler
l'Argent-vif ; l'une en lui ôtant toute son
humidité naturelle ; & l'autre en épaississant cette humidité, jusqu'à ce qu'elle s'endurcisse. De quelque manière néanmoins
que l'on veüille faire cette Coagulation,
elle est très-difficile ; & il faut être bien
habile, & fort adroit pour la faire, à cause de l'union & de la composition très-
forte de ses parties. J'enseignerai dans ce
Chapitre, tout ce qu'il y a à faire pour
cela.

Il y en a eu qui se sont imaginé, que
pour le coaguler, il n'y avoit qu'à le conserver & à le tenir long-tems dans un feu
modéré;mais ayant crû l'avoir congelé par
ce moyen, après l'avoir retiré de dessus
le feu, ils ont trouvé qu'il étoit aussi coulant qu'auparavant. Ce qui les ayant é-
tourdis & surpris, ils ont soûtenu fortement que sa Coagulation étoit impossible.
Il y en a d'autres, lesquels supposans par
les Principes naturels, que tout ce qui est
humide se dessèche par la chaleur du feu,
ont crû qu'ils le coaguleroient en continuant à le tenir long-tems dans un feu qui
lui fût propre. Et en effet ils l'ont poussé

jusques-là qu'ils en ont fait, les uns une Pierre ou Poudre blanche, & les autres une Pierre ou Poudre rouge & orangée ; mais qui n'étoit ni fondante ni entrante. Et n'ayant pû deviner d'où provenoit la cause de cette diversité, ils ont laissé cette Opération comme une chose inutile. D'autres ont essayé de le coaguler avec des Médecines, & ils se sont trompez. Car, ou ils ne l'ont point coagulé ; ou l'ayant rendu plus subtile par la chaleur, ils l'ont fait évaporer insensiblement ; ou la Coagulation qu'ils en ont faite, n'étoit pas en forme de Métail. De sorte que ne sçachant à quoi attribuer un effet si contraire à leur intention, ils ont désesperé d'en venir à bout. D'autres ont fait, avec beaucoup d'industrie & d'artifice, certaines Compositions, desquelles, ayant fait projection sur le Mercure, ils l'ont coagulé ; mais inutilement, parce qu'ils l'ont converti en un Corps ou Métail imparfait, dont ils n'ont point connu la cause non plus que les autres ; n'ayant pas assez d'expérience pour cela. J'expliquerai ici toutes ces Causes, afin que l'Artiste puisse découvrir par-là le moyen d'en faire la Coagulation.

Mais pour mieux connoître ces Causes, on doit remarquer auparavant que l'Argent-vif, comme je l'ai dèja dit plusieurs

fois, est d'une Substance uniforme ; je
veux dire qu'il a ses parties toutes semblables & d'une même nature. D'où il s'ensuit qu'il n'est pas possible, en le tenant
peu de tems sur le feu, de lui ôter son
aquosité, ni de l'épaissir. Et partant les
prémiers dont nous avons parlé, n'ont pas
réüssi à le coaguler, pour s'être trop pré-
cipitez à faire leur Opération. L'Argent-
vif d'ailleurs étant d'une Substance subtile, il s'enfuit de dessus le feu. C'est
pourquoi le trop grand feu fait saillir ceux
qui le font éxhaler. De plus, l'Argent-
vif se mêle plus facilement avec le Soufre,
l'Arsenic & la Marcasite, parce qu'il est
de même nature qu'eux. Et c'est ce qui
fait qu'étant mêlé avec ces Minéraux, il
semble qu'il soit coagulé, non pas pourtant qu'en cet état il ait l'apparence d'un
Corps métallique : mais il paroit seulement comme si on l'avoit amalgamé avec
du Plomb, ou comme si c'étoit de l'Antimoine, ou quelque autre chose semblable ; parce que ces Matiéres, avec lesquelles on le mêle, étant volatiles, elles
ne peuvent pas le conserver ni le maintenir dans le feu, jusqu'à ce qu'il puisse se
faire Corps : mais elles s'envont & s'évaporent avec lui par la chaleur. Et c'est ce
qui trompe ceux qui prétendent le coaguler en le mêlant ainsi. Outre cela, le Vif

argent a beaucoup d'humidité en sa composition naturelle, que l'on n'en sçauroit
séparer, si l'on n'a l'adresse de faire un feu
violent, & de l'y tenir sans qu'il puisse
s'échapper ; & si l'on ne trouve le moyen
de le conserver dans un feu qui lui soit
propre & convenable. Or j'appelle un feu
propre & convenable à l'Argent-vif, celui qu'on augmente à proportion qu'il le
peut souffrir, jusqu'à ce qu'on lui ôte enfin son humidité, ne lui en laissant qu'autant qu'il lui en faut pour être fusible,
comme le font les Métaux ; parce que s'il
n'y avoit point du tout d'humidité, il ne
seroit pas fusible. Et c'est-là la faute que
font ceux qui le coagulent en une Pierre
blanche ou rouge, qui n'a nulle fusion.

Pour ce qui est des Couleurs qui sur-
viennent à cette Poudre, il est aisé d'en
deviner la cause, si l'on considére que
l'Argent-vif a naturellement en soi des parties sulphureuses, l'un plus l'autre moins,
lesquelles peuvent en être séparées par artifice. La Soufre ayant donc cette propriété, Qu'étant mêlé en plus grande ou en
moindre quantité avec l'Argent-vif, il
rend toute la Composition rouge ou orangée ; ainsi que l'expérience le fait voir
dans le Cinabre artificiel, qui n'est fait
que de ces deux Matiéres. Le Soufre é-
tant séparé du Vif-argent, celui-ci ne pro-

duira par conféquent que la Couleur blanche par le moyen du feu. C'eft donc-là
ce qui fait cette diverfité de Couleurs ,
lorfque l'Argent-vif a été coagulé en Pierre ou en Poudre. Le Vif-argent a encore
une impureté terreftre & fulphureufe mêlée dans fa Compofition , qui infecte néceffairement toutes les Coagulations que
l'on en fçauroit faire. Et de-là vient le
manquement de ceux, qui, en le coagulant, en font un Corps ou un Métail
imparfait. Et c'eft encore pour cela, que
felon la différence des Médecines, dont
on fe fert pour le coaguler , il s'en forme
différens Corps ou Métaux. Car fi la Médecine ou l'Argent-vif que l'on coagule ,
ont un Soufre qui ne foit pas fixe ; de cette Compofition il s'en fera un Corps ou
Métail mol comme il s'en fera un dur, fi
le Soufre eft fixe. De même, fi le Soufre eft
blanc, le Corps ou Métail qui s'en forme-
mera fera blanc : & fi le Soufre eft rouge , le Corps fera pareillement rouge.
Que fi le Soufre n'eft pas tout à fait blanc,
le Corps, qui en fera formé, ne fera pas
auffi parfaitement blanc ; ni parfaitement
rouge, fi le Soufre n'eft pas tout à fait
rouge. Enfin, fi le Soufre eft terreftre &
livide, le Corps fera impur : comme au
contraire il fera pur, fi le Soufre n'a point
d'impureté terreftre. Car c'eft une Maxi-

me conflante, Que tout Soufre [Métallique] qui n'eft pas fixe, forme un Corps
livide ; ce que ne fait jamais le Soufre
fixe, au moins de lui-même. Ainfi, felon que la Subftance du Soufre fera pure
ou impure, le Corps ou Métail, qui s'en
formera, fera pur ou impur.

La même diverfité peut provenir du
Vif-argent feul, fans le mêlange du Soufre, & il fera tout de même des effets
tout différens, felon qu'il aura été purifié & préparé par les Médecines qui le
coaguleront. C'eft pourquoi l'on peut
manquer tout de même dans la *Coagulation* du Mercure, & il fe peut changer
différemment par les Médecines que l'on
employera pour la faire. Ainfi, parfois
l'Argent-vif fe *coagule* en Plomb, parfois
en Etain, d'autrefois en Cuivre, & quelquefois en Fer. Ce qui arrive à caufe de
l'impureté des Médecines : Comme lors
qu'il fe *coagule* en Or ou en Argent, ce
changement ne peut provenir que de la
bonté ou de la pureté de ce qui en fait la
Coagulation. (1)

Voyons maintenant de quelle maniére
on peut *coaguler* l'Argent-vif. Cela fe
fait en le précipitant fouvent, c'eft-à-di-

---

(1) La Médecine, qui coagule le Mercure en Or & en Argent, le fait tant par fa pureté que par fa couleur. La Médecine, qui eft rouge, le coagule en Or : Celle qui eft blanche, le coagule en Argent.

re en le faifant tomber du haut du Vaiffeau
dans le fond , par le moyen d'un feu fort
& violent , parce qu'un tel feu lui ôte
facilement fon *aquofité* ou humidité , [qui
eft ce qui empêche fa *Coagulation.*] Pour
cet effet , il le faut mettre dans un Vaiffeau qui foit fort haut , afin que lors qu'il
viendra à s'élever , il trouve un lieu frais,
où il puiffe demeurer attaché aux côtés du
Vaiffeau , qui n'auront pas été échauffés ,
à caufe de fa hauteur. Ce Vaiffeau doit
être éxactement bouché, de crainte que
le Vif-argent n'en forte & ne s'enfuye ,
mais qu'il y demeure jufqu'à ce que par
une forte chaleur, le Vaiffeau ayant rougi , il fe précipite & retombe au fond &
qu'il remonte & retombe à plufieurs re-
prifes & tant de fois qu'enfin il devienne
fixe.

C'eft-là la prémiere maniére de le coaguler. En voici une autre. Il faut le tenir
long-tems fur un feu qui lui foit propre
& proportionné, l'ayant mis dans un Matras de verre , qui ait le cou fort long &
la panfe large , qu'on laiffera tout ouvert,
afin que l'humidité de l'Argent-vif puiffe
s'évaporer infenfiblement.

On le *coagule* encore autrement par
une Médecine qui lui eft propre, la compofition de laquelle j'enfeignerai ci-après
plus clairement , & autant qu'il eft nécef-

faire : Et pour ne laisser rien à dire sur ce sujet, je vais la décrire ici par avance, selon l'expérience que j'en ai faite plusieurs fois. C'est une Médecine qui le pénétre & s'unit intimement à lui par ses moindres parties, avant qu'il puisse s'évaporer par la chaleur du feu. Et de-là on doit inférer nécessairement que cette Médecine doit être faite de choses, qui ayent beaucoup de conformité avec lui : comme font tous les Corps Métalliques, & le Soufre & l'Arsenic, qui sont des Esprits. Mais comme nous ne voyons point que nul des Corps puisse donner à l'Argent-vif une *Congulation* permanente & véritable : & qu'au contraire il les quitte & se détache d'eux par la chaleur, quelque grande affinité qu'ils ayent ensemble : Il s'ensuit de-là que nul des Corps Métalliques ne le pénétre, ni ne s'attache intimement à lui. Et par conséquent la Médecine, dont nous parlons,, doit être d'une Substance plus subtile, & avoir une fusion plus liquide, que n'ont les Corps Métalliques. D'ailleurs, nous ne voyons point aussi que les deux autres Esprits, demeurant en leur nature, & tous tels qu'ils sont, fassent sur l'Argent-vif une *Congulation* fixe & permanente ; mais entiérement volatile ; impure & noire. Volatile, parce que les Esprits le sont : noire & impure, à cause du mélange

de leur Substance terrestre & *adustible*.
Et par ainsi il s'ensuit évidemment que de
quelque Matière que ce soit que se prenne
cette Médecine, ce doit être nécessairement une chose, dont la Substance soit
tres-subtile & très-pure, qui s'unisse intimement à l'Argent - vif par la conformité
de sa nature; qui ait une fusion tres-facile
& fort liquide, & qui soit coulante comme de l'Eau, ou de la Cire, & de l'Huile; & enfin qui soit fixe & permanente,
résistant à tous les efforts du feu. La Médecine, qui aura toutes ces propriétés,
coagulera l'Argent - vif, & le transmuera
en Or & en Argent,

Je viens de te déclarer le moyen d'inventer cette Médecine, & je t'ai dit comment tu la pourras découvrir, te l'ayant
indiquée en termes propres. C'est à toi
maintenant à t'appliquer soigneusement à
la rechercher, & tu la trouveras. Néanmoins, afin que tu n'ayes pas sujet de te
plaindre, que je n'en aye pas assez dit,
j'ajoûte que cette Médecine se prend des
mêmes Corps Métalliques préparez avec
leur Soufre ou Arsenic, & même du Soufre seul & de l'Arsenic seul préparez, &
encore des Corps Métalliques tous seuls.
Mais je t'avertis qu'elle se fait plus facilement, plus prochainement, & plus parfaitement de l'Argent - vif tout seul. Car la

Nature embraſſe plus amiablement ſa propre nature ; elle s'unit & ſe plaît mieux a-
vec elle qu'avec toute autre qui lui ſeroit
étrangére. Outre que l'Argent-vif étant effectivement compoſé d'une Subſtance très-
ſubtile ; il eſt auſſi beaucoup plus facile de
tirer de lui cette Subſtance ſubtile [qui
eſt néceſſaire pour faire la Médecine] que
de quelqu'autre choſe que ce ſoit.

Pour ce qui eſt de la maniére de faire
cette Médecine, ce doit être par la Sublimation, comme je l'ai déja ſuffiſament dit.
Et à l'égard de la fixation [qu'il lui faut
donner] j'en parle dans un Chapitre exprès.

Il reſte à dire un mot de la *Coagulation* des Corps qui ont été diſſous ; elle
ſe fait en les mettant dans un Matras, que
l'on poſera dans une terrine pleine de cendres, l'y enterrant juſqu'au coû, & tenant ces Vaiſſeaux ſur un feu doux & tempéré, juſqu'à ce que toute l'*aquoſité* de
la Matiére, qu'on veut ; *coaguler*, ſoit
évaporée.

CHAPITRE LIV.

De la Fixation, de ſes Cauſes, & de la Maniére différente de fixer les Corps & les Eſprits.

LA Fixation eſt une Opération par laquelle une choſe, qui s'enfuit du feu, eſt renduë en état de le pouvoir ſouffrir, ſans s'évaporer. La raiſon pour laquelle on l'a inventée, c'eſt afin que la Teinture, le changement & l'altération que fait la Médecine, dans le Corps qu'elle altére, y demeurent toujours, ſans que cette Teinture & cette altération changent, ni qu'elles puiſſent en être ſéparées par quelque dégré de feu que ce ſoit.

Il y a de pluſieurs ſortes de *Fixations*, ſelon la diverſité des choſes qui peuvent être renduës fixes. Ces choſes ſont, prémiérement quelques Corps ou Métaux imparfaits, tels que ſont Saturne, Jupiter & Vénus. Secondement les Eſprits, ſçavoir le Soufre & l'Arſenic dans le prémier dégré ; Mercure dans le ſecond ; & dans le troiſiéme la Marcaſite, la Magnéſie, la Tutie & les autres choſes de cette nature.

Pour ce qui eſt des Corps ou Métaux

imparfaits, on les fixe en les calcinant,
& en leur faifant enſuite reprendre corps.
Car par la Calcination ils ſont purifiez du
Soufre combuſtible & volatil qui les corrompt, c'eſt-à-dire qui cauſe leur imperfection, comme il a été ſuffiſemment expliqué dans le Chapitre précédent, où
nous avons traitté de la Calcination.

Le Soufre & l'Arſenic ſe fixent en deux
maniéres. La prémiére ſe fait en les ſublimant tant de fois par eux-mêmes dans un
Aludel, qu'ils deviennent fixes. Ainſi le
tout conſiſte à les fixer promptement. Et
pour cet effet il faut trouver le moyen de
faire & de réitérer en peu de tems pluſieurs Sublimations de ces deux Matiéres.
Ce qui ſe fera par le moyen de deux *Aludels* avec leur double couverele, de telle maniére que la Sublimation s'en faſſe
continuellement & ſans interruption, juſqu'à ce que ces deux Eſprits ſoient rendus
fixes. De ſorte que l'on mette d'abord,
dans le ſecond *Aludel* tout ce qui ſera
ſublimé & monté dans le couvercle du
prémier, en continuant à faire ainſi les Sublimations de ſuite, & l'une après l'autre,
ſans laiſſer s'arrêter & s'attacher au côté de
l'*Aludel*, ce qui s'éléve de ces deux Matiéres ; les faiſant ſublimer inceſſamment,
tant qu'il ne s'éléve ni ſe ſublime plus rien
par la chaleur du feu. Car plus on fera de

Sublimations en moins de tems , & plûtôt
& mieux on les fixera.

Et c'est cela même qui a fait imaginer
la seconde maniére de faire la Fixation de
ces deux Esprits , laquelle se fait en précipitant & faisant tomber au fond du Vaisseau
ce qui monte à mesure qu'il se sublime ,
afin qu'il demeure toûjours dans la chaleur, jusqu'à ce qu'il soit fixe. Et cela se
fait avec un Vaisseau de verre fort haut ,
duquel on doit lutter le fond , parce
qu'autrement il se casseroit : puis avec une
spatule de fer ou de pierre , on fait tomber
en bas [où est la chaleur] ce qui monte
& s'attache au côté du Vaisseau , continuant à faire toûjours tomber ce qui s'é-
léve, jusqu'à ce qu'il se fixe & qu'il ne
monte plus.

Pour ce qui est de l'Argent-vif , sa Fixation se fait de même que celle du Soufre & de l'Arsenic ; si ce n'est qu'on ne
sçauroit fixer ces deux derniers , si auparavant , par cette derniére maniére de Fixation , on ne sépare avec adresse leurs
plus subtiles parties qui sont inflammables.
Ce qu'il n'est pas nécessaire de faire à l'Argent-vif , parce qu'il ne s'enflamme ni ne
se brûle point au feu. On doit donner aussi
au Soufre & à l'Arsenic une chaleur beaucoup plus tempérée pour les fixer , qu'à
l'Argent-vif. Il y a encore cette différen-

ce, qu'il faut bien plus de tems à les fixer qu'à fixer l'Argent-vif, & que comme ils s'elévent beaucoup plus que lui, à cause qu'ils sont plus subtils, il faut aussi que le Vaisseau, dans lequel on les sublimera, soit plus haut.

On fixe ainsi la Marcasite, la Magnésie, & la Tutie. Après qu'on les aura sublimées une fois ; & que, par cette Sublimation, on en aura eu ce qu'on en veut avoir, il en faudra jetter les *féces* ou ordures, puis on les resublimera par elles-mêmes, en remettant ce qui se sera élévé au haut du Vaisseau, sur ce qui aura resté dans le fond, jusqu'à ce que ces Matiéres deviennent fixes.

CHAPITRE LV.

De l'Incération.

L'Incération est le ramollissement qui se fait d'une chose dure ou séche, & qui n'est pas fusible, pour la rendre liquide & coulante. D'où il est aisé de juger, que cette Opération n'a été inventée, qu'afin qu'une chose, qui par deffaut de fusion, ne pouvoit entrer dans un Corps Métallique, pour l'altérer & le changer, fût tellement ramollie, qu'elle devînt fluide & entrante. Ce qui a fait croire à quelques-uns que

l'*Incération* se devoit faire avec des choses liquides, telles que sont les Huiles &
les Eaux. Mais cela n'est point vrai, étant
une chose tout-à-fait opposée aux Principes naturels du Magistére , & condamnée
manifestement d'erreur , par la maniére
d'agir de la Nature. Car nous ne voyons
point que l'humidité que la Nature a mise
dans les Corps Métalliques, par la nécef-
sité qu'ils avoient d'être fondus & ramollis , soit une humidité qui puisse être bien-
tôt consumée [comme est l'humidité des
Huiles & des Liqueurs ,] puisqu'au contraire c'est une humidité permanente , &
qui dure autant que les Métaux eux-mêmes. Et de vrai, si cette humidité pouvoit
être évaporée en peu de tems par la chaleur du feu , il faudroit nécessairement
qu'après que les Métaux auroient été ou
rougis au feu, ou fondus une fois seulement, ils n'eussent plus du tout d'humidité. D'où il s'ensuivroit qu'on ne pourroit
plus ni forger ni fondre quelque Métail
que ce fût, qui auroit été une fois rougi
dans le feu.

Afin donc d'imiter la Nature dans ses
Opérations, autant que nous le pourrons ,
nous devons faire l'*Incération* comme elle
la fait. Or il est certain que la Nature a in-
céré les Corps qui sont fusibles , en leur
donnant pour Principe & pour fondement

de leur *Incération*, l'humidité même qui les rend fusibles, laquelle soufre & soûtient la chaleur du feu, plus que nulle autre humidité, telle qu'elle puisse être. Nous devons donc *incérer* nécessairement avec la même humidité. Or cette humidité *incérative* ne se peut mieux trouver nulle part que dans les Esprits. Je veux dire qu'elle se trouve dans le Soufre & dans l'Arsenic prochainement ; mais plus prochainement , & mieux encore dans l'Argent - vif. Car après que leur résolution est faite, nous ne voyons point que leur humidité se sépare de leur terre, tant la Nature a fortement uni ces deux choses ensemble , lorsqu'elle en a fait le mêlange & la composition ; au lieu que dans la résolution de toutes les autres choses, qui ont une humidité intérieure, on voit par expérience que cette humidité se sépare de leur Substance terrestre ; après quoi il ne leur reste nulle humidité. Ce qui n'arrive pas de même dans les Esprits , & sur tout dans l'Argent-vif. Et partant, rien ne nous peut empêcher de nous servir d'Esprits pour faire l'*Incération*.

Pour cet effet, il faut les sublimer tant de fois avec le Corps, à qui par leur moyen nous voulons donner l'*Incération*, que sans que ces Esprits perdent rien de leur humidité, ils s'unissent avec lui , &

que par ce moyen le Corps devienne facilement fufible. Ce que les Efprits ne peuvent faire, s'ils ne font auparavant nettoyez & dépoüillez entiérement de tout ce qui peut caufer de la corruption. Je trouverois plus à propos que leurs Huiles fuffent prémiétement fixées avec de l'Huile de Tartre ; après quoi ces Efprits pourroient être utiles à donner quelque Incération que ce foit, dont on puiffe avoir befoin en cet Art.

Fin du prémier Livre.

SECOND LIVRE
DE
LA SOMME
DE LA PERFECTION
DE GEBER.

PREFACE.

Division de ce second Livre, en trois Parties.

PREZ avoir traité des Principes du Magistére dans le Livre précédent, il ne nous reste plus qu'à faire voir, comme nous l'avons promis, en quoi consiste l'accomplissement de notre Art, par un Discours qui l'explique clairement. Or la connoissance de la perfection consiste en trois choses. Car nous devons prémiérement examiner les choses, par le moyen

desquelles nous pouvons découvrir plus facilement en quoi consiste la perfection de notre Oeuvre. En second lieu, nous avons à examiner quelle est la Médecine qui doit nécessairement donner la perfection, & rechercher en quoi on la peut mieux trouver, & d'où on la peut plus prochainement tirer, afin de parfaire les Imparfaits de quelque maniére que ce soit. Enfin nous devons considérer les Artifices, par le moyen desquels nous puissions connoître si la perfection est véritable & accomplie. Quand nous aurons suffisamment traité de ces trois choses, nous aurons donné une idée & une entiére connoissance de la perfection, autant qu'il est nécessaire pour notre Art.

PREMIERE PARTIE
DU SECOND LIVRE.

CHAPITRE I.

De la Connoissance des choses, par les-
quelles on peut découvrir la possibilité
de la perfection, & la Maniére de la
faire.

ON ne sçauroit connoître comment
se fait la transmutation des Corps
imparfaits & de l'Argent-vif, si auparavant
l'on n'a une véritable connoissance de leur
Nature, & si l'on ne sçait quelles en sont
les Racines & les Principes. Je donnerai
donc prémiérement la connoissance des
Principes des Corps ou Métaux, en dé-
clarant ce qu'ils sont par leurs propres Causes, & ce qu'ils ont en eux de bon & de
mauvais. Ensuite je ferai voir quelles sont
les Natures & les Essences, de tous ces
Corps, avec toutes leurs propriétés, & je
dirai les causes de leur imperfection, &
celles de leur perfection; ce que je prouverai par des expériences manifestes.

CHAPITRE II.

De la nature du Soufre & de l'Arsenic.

IL est nécessaire avant toutes choses, de connoître la nature des Esprits, c'est-à-dire du Soufre, de l'Arsenic & de l'Argent-vif, parce que ce sont les Principes des Corps. J'ai dit ci-devant que le Soufre & l'Arsenic étoient une graisse de la terre. Ce qui est si vrai que cela se voit évidemment par la facilité que le Soufre & l'Arsenic ont à s'enflammer & à se fondre au feu, n'y ayant que les huiles & les graisses, & ce qui est de leur nature, qui s'enflamme & qui se fonde facilement par la chaleur. Ce qui nous fait voir que le Soufre, & l'Arsenic qui lui ressemble, ont en eux-mêmes deux causes de corruption ou d'imperfection; qui sont l'une une Substance inflammable, & l'autre des *Feces*, ou impuretés terrestres. Et par ainsi il n'y a que leur moyenne Substance, laquelle tient le milieu entre l'inflammable & l'impur, qui puisse servir à donner la perfection. Or la raison pour laquelle la Substance inflammable & les *Feces* impures de ces deux Esprits, causent la corruption & l'imperfection; c'est prémiérement à l'égard des *Feces* terrestres & grossiéres, qu'elles empêchent la fufion & la pénétration. Et pour ce qui eft de la Subftance inflammable, c'eft qu'elle ne peut foutenir le feu, ni par conféquent donner la fixité; & que c'eft elle qui étant jointe avec les Corps, leur donne la noirceur de quelque efpéce qu'elle foit. Il n'y a donc que la moyenne Subftance de ces deux Efprits, qui puiffe être caufe de la perfection, parce qu'elle n'eft pas fi terreftre, qu'elle ne puiffe entrer facilement ; ce qui vient de ce qu'elle eft bien fondante, & que fes parties fubtiles ne font pas fi volatiles, qu'elles ne demeurent affez de tems dans le feu pour faire leur action fur les Corps & les changer. Cette moyenne Subftance ne peut néanmoins communiquer la perfection aux Métaux imparfaits ni au Vif-Argent, fi auparavant elle n'eft renduë fixe. Car n'étant pas fixe d'elle-même, quoiqu'elle ne s'enfuïe pas d'abord du feu, & qu'elle y demeure affez pour faire impreffion fur les Corps ; le changement pourtant qu'elle fait fur ces Corps, n'eft pas ftable, ne demeurant pas toûjours, & n'étant pas à toute épreuve.

Il s'enfuit de ce que nous venons de dire, que l'Artifte doit néceffairement féparer la moyenne Subftance du Soufre & de l'Arfenic pour s'en fervir en notre Art. Ce que quelques-uns ont crû impoffible,

à cause que cette moyenne Subſtance eſt
fortement mêlée & unie d'une union naturelle avec les autres parties de ces deux
Eſprits. Mais ces gens-là diſent manifeſtement le contraire de ce qu'ils peuvent
faire. Car s'ils calcinent le Soufre, je ne
dis pas fortement, mais juſqu'à ce qu'il ne
ſe puiſſe plus fondre ni s'enflammer; il eſt
certain que cette Calcination ne ſe pourra
faire, ſans qu'il y ait ſéparation de ſes parties. Parce que le Soufre demeurant dans
ſa Compoſition naturelle, & dans ſa ſimple Subſtance; [c'eſt-à-dire tel qu'il a été
produit par la nature,] il doit néceſſairement s'enflammer & brûler. Et par conſéquent ne brûlant plus, il faut que par la
ſéparation que l'artifice a fait des différentes Subſtances qui ſont en lui, ſa partie inflammable ait été détachée & ſéparée de
celle qui ne l'eſt pas. C'eſt pourquoi, s'il ſe
peut faire qu'en calcinant le Soufre, on
puiſſe venir juſqu'à lui ôter tout ce qu'il a
d'inflammable, [comme on le peut,] l'expérience doit convaincre ces gens-là, que
l'on peut abſolument ſéparer les différentes parties du Soufre les unes des autres.
Mais parce qu'ils n'ont pas eu aſſez d'adreſſe pour faire cette ſéparation, ils ſont perſuadez qu'elle n'eſt pas poſſible.

Ce que nous avons dit juſques ici dans
ce Chapitre, fait voir que le Soufre n'eſt

point la véritable Matiére, dont l'on doive se servir dans notre Art; & qu'il n'y a en lui, tout au plus, qu'une de ses parties qui puisse y être utile. Et j'ai enseigné par quel artifice on peut faire la séparation de cette partie d'avec les autres.

Pour ce qui est de l'Arsenic, parce que dans la Racine & le Principe de sa Composition, il y a eu plusieurs de ses parties inflammables qui ont été dissipées par l'action de la Nature, qui en a fait le mélange; il n'est pas si difficile de faire la séparation de ses parties, que de celle du Soufre. Mais l'Arsenic ne peut qu'être Teinture pour le blanc, comme le Soufre pour le rouge. C'est pourquoi il faut s'appliquer, sur-tout à faire adroitement la séparation des parties du Soufre, comme devant être d'une plus grande utilité.

CHAPITRE III.

De la Nature du Mercure ou Argent-vif.

L'Argent vif a tout de même des superfluités qu'il faut lui ôter. Car il a deux Causes d'imperfection: l'une est une Substance terrestre, impure, & l'autre une humidité ou *aquosité* superfluë & volatile, laquelle s'évapore au feu, mais sans s'enflammer. Quelques-uns ont crû pourtant,

que l'Argent-vif n'avoit point de terrestréité superfluë & impure : Mais ils n'ont
pas raison, l'expérience faisant voir qu'il a
beaucoup de *lividité* ou de noirceur, &
que sa blancheur n'est pas assez pure, ni
bien nette, [ce qui ne peut provenir que
d'une terre impure.] Outre qu'il ne faut
pas être grand Artiste pour tirer de lui une
terre noire & semblable à de la lie. Car
pour le faire, il n'y a qu'à le laver de la
maniére que je le dirai ensuite.

Mais comme on peut perfectionner l'Argent-vif en deux maniéres, l'une en faisant une Médecine de lui, & l'autre en lui
donnant la perfection par le moyen d'une
Médecine ; il faut aussi le préparer, & le
purifier de deux façons différentes. La prémiére, qui est celle dont nous parlons, se
fait par la *Sublimation*, afin d'en faire une
Médecine. L'autre maniére dont nous parlerons ensuite, se fait par la *Lotion* [c'est-
à-dire en le lavant] & celle-là c'est pour
le coaguler. Ainsi pour du Mercure en
pouvoir faire l'Elixir, ou la Médecine
qui donne la perfection, on doit prémié-
rent le bien purifier par la *Sublimation* de
toutes ses *féces* & impuretés grossiéres,
afin que venant à en faire la projection sur
les Corps imparfaits, il ne leur communique pas une couleur plombée & *livide*. Et
il faut encore lui ôter son *aquosité* volati-

le, de crainte que la Médecine que l'on en feroit, ne s'évaporât & ne s'en allât toute en fumée dans la projection. De sorte qu'il ne faut conserver que sa moyenne Substance, pour en faire la Médecine; parce qu'il n'y a en lui que cette moyenne Substance toute seule, qui ait cette propriété de ne se point brûler ni se consumer au feu, & qui empêche les Corps ausquels elle s'unit, d'être ni brûlez ni consumez: Et qu'outre cela elle demeure & persévére dans le feu, sans s'évaporer; & qu'enfin elle donne la fixité à ce qui est volatil.

J'ai dèja fait voir ailleurs dans les Discours que j'en ai fait, que l'Argent-vif étoit ce qui donnoit la perfection. Et cela même se vérifie par expérience. Car nous voyons que l'Argent-vif s'attache plus fortement, & qu'il s'unit plus parfaitement, prémiérement à d'autre Argent-vif, puis à l'Or, & après l'Or à l'Argent. Ce qui fait voir évidemment, que l'Or & l'Argent, qui sont les deux Métaux parfaits, participent plus de la nature de l'Argent-vif, que les autres Corps Métalliques; que nous jugeons par-là, n'avoir pas tant de conformité avec lui, & que nous trouvons véritablement être moins participans de sa nature. D'ailleurs, on voit que tout ce qui demeure plus long-tems au feu, &

ce qui lui réſiſte mieux ſans ſe brûler, a le
plus d'Argent-vif. Et par ainſi l'Argent-
vif eſt ce qui donne la perfection, & ce
qui empêche les Corps Métalliques de
brûler, & de ſe conſumer dans le feu, qui
eſt le dernier dégré, & la plus grande marque de perfection.

On ſe ſert du ſecond dégré ou moyen
de purifier l'Argent-vif, pour lui donner
la *Coagulation*. Pour le faire, il n'y a ſeulement qu'à le laver tout un jour, afin de
lui ôter par ce moyen ce qu'il a de terreſtre & d'impur. Cela ſe fait ainſi. On prend
un plat de terre, dans lequel on met l'Argent-vif, que l'on veut purifier. On verſe
pardeſſus de bon vinaigre, ou quelque
autre liqueur ſemblable, tant que l'Argent-
vif en ſoit tout couvert. On met enſuite
le plat ſur un feu fort doux, où on le tient
ſans qu'il boüille. Il faut remuer inceſſemment l'Argent-vif avec le doigt, ſur le
fond du plat, afin qu'il ſe mette en fort menuës parties, comme ſi c'étoit une Poudre blanche très-ſubtile, continuant à remuer toûjours, juſqu'à ce que tout le vinaigre ſoit évaporé, & que l'Argent-vif ſe
réüniſſe, & reprenne ſa prémiére forme.
Après quoi, on le lave avec de l'eau, &
l'on jette tout ce qui en ſort de craſſe noire, qui demeure attachée au plat. On réï-
tere cette Opération, juſqu'à ce que l'on

voye que l'Argent-vif ait entiérement perdu sa couleur *livide* & noirâtre, que ses terreſtréités lui cauſent, & qu'il devienne d'un beau bleu clair, mélé d'une couleur azurée, comme eſt celle des Cieux. Car lors on peut dire qu'il a été parfaitement bien lavé. L'Argent-vif étant en cet état, il faut faire la projection deſſus de la Médecine, qui a la vertu de le *conguler*, & il ſe *congulera* en Poudre, laquelle tranſmuëra les Corps imparfaits en Soleil & en Lune, ſelon que la Médecine qui le congulera, & de laquelle nous parlerons ci-après, aura été préparée.

On doit inférer de ce que je viens de dire, que l'Argent-vif, pris tel qu'il eſt au ſortir de la Mine, n'a pas la vertu de perfectionner les Corps ou Métaux imparfaits: mais que ce qui peut donner cette perfection, c'eſt une choſe qui eſt tirée & faite de lui par notre artifice. On peut dire la même choſe du Soufre & de l'Arſenic, qui eſt ſemblable au Soufre. Il ne faut donc pas s'imaginer que naturellement nous puiſſions faire ce que fait la Nature en la production de ces choſes; mais nous l'imitons ſeulement par notre artifice naturel, par le moyen duquel nous les élévons à pouvoir donner la perfection aux Corps imparfaits.

CHAPITRE IV.

De la Nature de la Marcafite, de la Magnéfie & de la Tutie.

IL nous reste à parler encore en particulier des autres Esprits, c'est-à-dire de la *Marcafite*, de la *Magnéfie* & de la *Tutie*, qui font une forte impression fur les Corps. Il faut donc dire quelle est leur Nature, la confidérant par fes Caufes, & par les expériences que l'on en a.

La Marcafite est compofée de deux Subftances, dont l'une est un Argent-vif mortifié, & qui approche de la fixité : Et l'autre est un Soufre adustible [c'est-à-dire qui s'enflamme & fe brûle.] Et certes l'expérience fait voir manifeftement que la Marcafite a un Soufre en elle. Car lorfqu'on vient à la fublimer, il en fort & il s'en éléve vifiblement une Subftance fulphureufe qui fe brûle. Et fans la fublimer, on peut encore remarquer par un autre moyen, que la Marcafite a du Soufre. Car fi on la met au feu pour la faire rougir, elle ne rougit point qu'auparavant elle ne fe foit enflammée par l'*aduftion* de fon Soufre. D'ailleurs, il paroît manifeftement qu'elle a auffi de l'Argent-vif ; parce qu'elle donne au Cuivre la blancheur du véritable Argent, comme fait l'Argent-vif lui-même. Outre que lorsqu'on la sublime, on voit qu'elle prend la couleur du bleu célèste ; & elle a évidemment une lueur métallique. Ce qui fait voir à ceux qui font ces Opérations sur elle, qu'elle a en soi & en sa Racine les deux Substances de Soufre & d'Argent-vif.

Il est aisé de prouver par les mêmes expériences, que la Magnésie est composée d'un Soufre plus mat & plus trouble, d'un Argent-vif plus terrestre & plus crasseux ; & que son Soufre est plus fixe & moins inflammable, que celui de la Marcasite ; & qu'ainsi elle a plus qu'elle de conformité avec la nature de Mars.

Pour la Tutie, ce n'est qu'une fumée des Corps blancs. Ce qui se connoît par une expérience évidente. Car prémiérement si l'on fait projection des deux fumées qui sortent des Corps de Jupiter & de Vénus, & qui s'attachent conjointement aux murailles des fournaises des Fondeurs, & de ceux qui travaillent sur ces deux Métaux ; le mélange de ces deux fumées fait la même impression & le même effet que la Tutie. Secondement, parce que cette fumée des Métaux, ni la Tutie non plus, ne se remettent point en Corps, si l'une & l'autre n'est mêlée avec quelque Métail. Or comme la Tutie est la fumée des

Corps blancs, elle ne donne point aux Corps blancs la Teinture orangée, mais seulement aux Corps ou Métaux rouges; parce que l'orangé n'est autre chose qu'un mélange proportionné du rouge & du blanc. Au reste la Tutie, subtile comme elle est, pénétre profondément dans les Corps, & par ainsi elle les altére & les change mieux que ne fait le Métail d'où elle est sortie. Et ce changement souffre mieux l'éxamen, pourvû qu'on le fasse avec tant soit peu d'artifice, de la maniére que je l'ai déja dit.

Et partant tous les Corps, qui reçoivent quelque altération, ils la reçoivent nécessairement par le moyen & par la vertu de l'Argent-vif, ou du Soufre, ou des choses semblables, parce qu'il n'y a que cela seul qui se communique, & qui s'unisse naturellement aux Corps ou Métaux, à cause de la grande conformité qui est entre eux.

CHAPITRE V.

De la Nature du Soleil.

IL faut maintenant parler à fond des Corps Métalliques, & découvrir leur Essence cachée, en reprenant le Discours que nous en avons fait dans le Livre précédent, auquel nous ajoûterons beaucoup de choses néceſſaires. Nous parlerons donc prémiérement du Soleil, puis de la Lune, & enſuite des autres Corps Métalliques, & nous en dirons tout ce qui ſera néceſſaire pour en donner la connoiſſance. Et en tout cela nous n'avancerons rien, que nous ne prouvions par les expériences que l'on en peut faire.

Le Soleil eſt formé d'un Argent-vif très-ſubtil, & de peu de Soufre fort pur, fixe & clair, qui a une rougeur nette, qui eſt altéré & changé en ſa nature, & qui fixe & teint cet Argent-vif. Et comme ce Soufre n'eſt pas également coloré, & qu'il y en a qui eſt plus teint l'un que l'autre; de-là vient qu'il y a auſſi de l'Or qui eſt néceſſairement plus jaune, & d'autre qui l'eſt moins.

Or il eſt évidènt que l'Or eſt formé de *la plus ſubtile Subſtance de l'Argent-vif*, parce que l'Argent-vif, qui ne s'attache uniquement qu'à ce qui eſt de ſa même nature, & qui ne reçoit point tout ce qui n'en eſt pas, s'attache facilement & s'unit fortement à l'Or; de ſorte qu'il ſemble l'embraſſer. Il ne faut point d'autre preuve pour montrer que cette Subſtance de l'Argent-vif, dè laquelle l'Or eſt formé, *eſt claire & nette*, que la ſplendeur & l'éclat qu'a l'Or, qui brille auſſi-bien la nuit qu'en.

qu'en plein jour. Ce même *Argent-vif*
doit aussi nécessairement être *fixe*, & sans
nul mélange de Soufre impur & combustible ; parce que l'Or ne diminuë & ne s'enflamme point dans le feu, quoiqu'on l'y
fasse rougir & qu'on l'y fonde. *Son Soufre
est tingem* [c'est-à-dire qu'il teint l'Argent-
vif] parce que le Soufre minéral étant mêlé avec l'Argent-vif vulgaire, & étant sublimé avec lui, il lui communique une couleur rouge, qui est ce qu'on appelle le *Cinabre artificiel*, & que ce même Soufre
étant amalgamé avec les Corps Métalliques, & sublimé avec eux à fort feu, en
sorte que ce que les Métaux ont de plus
subtil, soit élevé & sublimé avec lui, cette
Sublimation devient très-jaune. Ce n'est
donc que la pure Substance du Soufre qui
fait une couleur nette & pure dans les Métaux. Et c'est par conséquent le Soufre
impur qui leur donne une couleur impure
& imparfaite. Il n'y a qu'à considérer l'Or,
pour être persuadé qu'il est *jaune*, & celui
qui en douteroit seroit aveugle.

La Matiére & l'Essence de l'Or, n'est
donc autre chose que la Substance très-
subtile & pure de l'Argent-vif, laquelle a
été fixée par le mélange & par l'union de
la Matiére très-subtile & fixe du Soufre
incombustible, qui a une Teinture rouge
& claire. Mais il y a pourtant plus d'Ar-

gent vif que de Soufre dans la compofition de l'Or. Ce qui fe connoît par la facilité qu'a l'Argent-vif de s'attacher à l'Or,
ce que ne fait pas le Soufre. Ainfi, fi l'on
veut faire quelque altération & quelque
changement dans les Métaux imparfaits,
on doit fe propofer l'Or pour modéle de
ce que l'on doit faire, & tâcher de réduire
toûjours ces Métaux à la même égalité
qu'eft celle de l'Or. Nous en avons ci-devant enfeigné le moyen.

Au refte, parce que les parties, dont
l'Or a été prémiérement formé, étoient
fubtiles & fixes, elles fe font auffi beaucoup refferrées & condenfées, & c'eft ce
qui rend l'Or fi péfant. D'ailleurs, comme la Nature a mis long-tems à le cuire &
à le digérer, par une chaleur fort tempérée, fes parties [les plus cruës & volatiles,] fe font éxhalées fentement & peu à
peu ; & par ainfi il a été épaiffi parfaitement & comme il le faut, dans le dernier
mélange qui s'eft fait de fes Principes ; &
c'eft ce qui fait qu'il ne fe fond qu'après a-
voir rougi.

Il fe voit, de ce que nous venons de
dire, quel la perfection des Métaux dépend de trois chofes. Prémiérement, de la
grande quantité de leur Argent-vif. Secondement, de l'uniformité & égalité de leurs
Subftances, qui fe fait par un mélange

égal & bien proportionné de leurs Principes. Et en troisième lieu, de ce qu'ils s'endurcissent & s'épaississent par une longue &
modérée digestion. Et par ainsi l'impureté
& l'imperfection des Métaux, proviendra
du trop du Soufre, de la diversité de Substance, & d'une digestion précipitée, qui
les endurcit, & les épaissit trop soudainement.

Ainsi, si le Soufre, qui vient à se mêler
avec l'Argent-vif, péche en quantité & en
qualité, il s'en formera nécessairement divers Métaux imparfaits, selon la différente proportion de ce Soufre, & selon qu'il
sera bon ou mauvais. Car le Soufre [qui
entre dans la composition des Métaux] est
ou fixe, & n'est pas tout *combustible*, où
il l'est entiérement. Où ce Soufre est volatil : & il l'est, ou entant que Soufre, ou
non pas comme Soufre. Ou bien il est en
partie volatil, & en partie fixe. De plus, ce
Soufre, ou n'est Soufre qu'en partie, ou
en partie il ne l'est pas. Et ce qui est Soufre, est ou tout pur, ou tout impur. Ou
il y en a seulement la moitié d'impur, ou il
n'y en a que fort peu. Le Soufre est encore ou en grande quantité, & ainsi il domine l'Argent-vif. Ou il y en a peu, & l'Argent-vif a le dessus. Ou ces deux Principes sont si bien proportionnez, qu'il n'y
en a pas plus de l'un que de l'autre. Enfin,

Z ij

ou ce Soufre est blanc, ou il est rouge,
ou il tient le milieu entre ces deux couleurs. Et c'est ce différent mélange de ces
deux Principes, qui produit nécessairement dans la Nature différens Corps Métalliques, & d'autres semblables Corps,
tels que sont les Métallions. Nous allons
examiner cette différence des Métaux, &
nous en rapporterons les causes & les propriétés, que nous prouverons par des expériences sensibles.

CHAPITRE VI.

De la Nature de la Lune.

NOus avons dit dans le Chapitre précédent, que l'Or se forme, lorsqu'un
Soufre pur, fixe, rouge & clair, se mêle de telle sorte avec un Argent-vif pur &
net, que non-seulement le Soufre ne domine pas, mais que l'Argent-vif y soit en
plus grande quantité. Que si un Soufre
net, fixe, blanc, d'une blancheur pure &
claire, vient à se mêler avec un Argent-
vif, pur, fixe & clair, & que le Soufre ne
domine pas, mais qu'il y ait tant soit peu
plus d'Argent-vif, il s'en formera de l'Argent, qui est un Métail parfait, mais pourtant moins pur & plus grossier que n'est
l'Or. Car ses parties ne sont pas si serrées

que celles de l'Or ; & par conséquent il n'est pas si péfant que l'Or. L'Argent n'est pas encore si fixe que l'Or, comme il paroît en ce qu'il diminuë dans le feu: Ce qui est une marque que son Soufre n'est pas tout à fait fixe ni *incombuftible*, puifqu'il s'enflamme un peu, lorfqu'on fait rougir ce Métail dans le feu. Or quand je dis que le Soufre de l'Argent n'est pas fixe, cela se doit entendre par rapport à celui de l'Or, n'étant pas impoffible que le même Soufre soit fixe, fi on le compare avec un autre qui l'est moins, & qu'il ne soit pas fixe, fi on le confidére par rapport à un autre qui l'est plus. C'est en ce fens, qu'à l'égard de l'Or le Soufre de la Lune n'est pas fixe, mais *combuftible* ; & qu'en faifant comparaifon de l'Argent avec les Métaux qui font imparfaits, son Soufre est fixe & *incombuftible*.

CHAPITRE VII.

De la Nature de Mars, où il est traité des Effets du Soufre & du Mercure, & des Caufes de la corruption & de la perfection des Métaux.

SI un Soufre fixe & terreftre, se trouve mêlé avec un Argent-vif qui soit pareillement fixe & terreftre, & fi tous deux ont une blancheur impure & livide, ou noirâtre ; & si dans la composition il y a beaucoup plus de ce Soufre fixe que d'Argent-vif, de ce mélange il s'en fait du Fer. Et parce que l'excès du Soufre fixe dans la composition des Métaux, en empêche la fusion ; il s'ensuit de-là, que le Soufre fixe ne se fond pas si promptement que fait l'Argent-vif ; au lieu que celui qui n'est pas fixe se fond plû-tôt. Ce qui nous fait connoître manifestement pourquoi quelques Métaux se fondent facilement, & promptement, & d'où vient qu'il y en a d'autres qui sont fort longs & fort difficiles à fondre. Car ceux qui ont le plus de Soufre fixe, se fondent plus lentement : & ceux qui ont le plus de Soufre *adustible*, se fondent plû-tôt. Ce qu'il est bien aisé de faire voir. Car pour preuve que le Soufre fixe des Métaux, est ce qui fait qu'ils sont plus difficiles à fondre ; c'est que le Soufre lui-même ne peut jamais devenir fixe, s'il n'est calciné, & quand il est calciné il n'est plus fusible. Et parconséquent c'est le Soufre fixe des Métaux qui en empêche la fusion. Or je sçai par expérience que le Soufre ne peut être fixe, s'il n'est calciné. Parce qu'ayant essayé de le fixer sans l'avoir calciné, j'ai trouvé qu'il étoit toûjours volatil, & qu'il s'enfuioit, jusqu'à ce qu'il fût changé en une terre semblable à de la chaux.

Mais il n'en est pas ainsi de l'Argent-vif, qui peut être rendu fixe, & en le changeant en terre, & sans qu'il soit besoin de l'y changer. On le fixe & on le change bien-tôt en terre, si on se hâte de faire sa fixation, en le sublimant avec précipitation. Et on le fixe tout de même par une Sublimation lente & réitérée, sans qu'il soit changé en terre, puisqu'il se fond alors de même qu'un Métail. Et cela, je le sçai pour l'avoir fixé de ces deux maniéres; l'une hâtée & précipitée, jusqu'à ce que son humidité fût consumée; & l'autre lente, en le sublimant plusieurs fois doucement & peu à peu. Je l'ai vû & je l'ai trouvé, dis-je, par expérience, comme je le dis.

Or la raison pourquoi cela se fait ainsi, c'est que la Substance de l'Argent-vif est visqueuse & serrée. On voit qu'elle est visqueuse par la séparation qui s'en fait en très menuës parties, lorsqu'on l'imbibe & qu'on l'amalgame avec d'autres choses. Car sa visquosité paroît lors évidemment ; parce [qu'encore qu'il soit séparé en une infinité de parties fort menuës,] il s'attache néanmoins, & il s'unit fortement à ce avec quoi on le mêle. Il n'y a personne qui ne voye tout de même que sa Substance est solide & fort serrée. Car il ne faut que le cosidérer & le soupéser, & l'on trouvera qu'il est si pésant, lorsqu'il est tout pur,

qu'il péſe plus que l'Or même. D'ailleurs
ſa compoſition eſt très-forte, comme nous
l'avons dèja dit ci-devant, à cauſe de la
mixtion très-éxacte de ſes deux Principes.
Et partant, l'Argent - vif peut être fixé,
ſans que ſon humidité ſoit conſumée, &
ſans qu'il ſoit changé en terre. car ſes parties étant bien unies enſemble,& ſa compoſition étant par conſéquent très-forte, ſes
parties venant à être encore plus reſſerrées
par l'action du feu, cela fait qu'il réſiſte au
feu, qui ne ſçauroit plus le détruire en cet
état, & la flamme même, pour grande &
violente qu'elle ſoit, n'a plus de priſe ſur
lui, & elle ne ſçauroit, ni le pénétrer, ni
le réſoudre en fumée : parce qu'il eſt trop
ſerré pour pouvoir être raréfié, & que
d'ailleurs il ne peut point être brûlé, n'ayant
point de Soufre inflammable, qui eſt ce qui
rend les Corps *aduſtibles*, ou capables d'ê-
tre brûlez & conſumez par le feu.

Nous avons découvert par-là deux Se-
crets admirables. L'un, pourquoi le feu
détruit les Métaux. Et de cela nous trouvons trois cauſes. La prémiére eſt un Soufre *aduſtible*, qui eſt renfermé dans le profond de leur Subſtance, lequel venant à
ſe brûler, diminuë cette Subſtance en la ré-
ſolvant en fumée, juſqu'à ce qu'il l'ait entiérement conſumée, quelque quantité que
les Métaux ayent d'Argent vif bien fixe &

bien fufible. La feconde caufe eft extérieure, & c'eft la violence du feu de flamme, qu'on augmente & qu'on entretient
toujours très-forte, & qui touchant continuellement les Métaux, les fond, les pénétre & les réfout en fumée, quelque fixes
qu'ils foient. La derniére caufe, c'eft la
Calcination des Métaux, qui les raréfie,
en éloignant leurs parties les unes des autres. Car cet éloignement fait jour à la
flamme, qui les pénétre par ce moyen, &
qui les réduit en fumée, quelque parfaits
qu'ils puiffent être. Que fi ces trois caufes
de la deftruction des Métaux, concourent
& fe trouvent enfemble ; il eft certain qu'ils
feront aifément détruits. Mais s'il en manque quelqu'une, ils feront plus difficiles à
détruire à proportion que ces caufes feront
moindres.

L'autre Secret que nous avons trouvé,
c'eft que nous avons connu par-là, que la
bonté & la perfection des Métaux, confifte
dans leur Argent-vif. Car rien de tout ce
qui caufe la deftruction & l'anéantiffement
des Métaux, ne pouvant divifer l'Argent-
vif en fes Principes : mais ou toute fa Subftance s'en allant de deffus le feu, ou y
demeurant toute entiere, fans que rien s'en
perde ; il faut néceffairement que la caufe
de la perfection des Métaux, foit dans
l'Argent-vif. Loüons donc & béniffons

Dieu qui a créé cet Argent vif, & qui lui a donné une Substance & des propriétés, qui ne se rencontrent en nulle autre chose de la Nature. De sorte que nous pouvons trouver en cette Substance d'Argent-vif la perfection, par un certain artifice, qui se trouve en lui par une puissance prochaine. Car c'est l'Argent-vif qui surmonte le feu, & que le feu ne sçauroit vaincre : au contraire, il se repose & il se plaît à demeurer dans le feu.

CHAPITRE VIII.

De la Nature de Vénus ou du Cuivre.

REprenons maintenant notre Discours. Quand le Soufre est impur, grossier, rouge, livide, que sa plus grande partie est fixe, & la moindre non fixe, & qu'il se mêle avec un Argent-vif grossier & impur ; de telle sorte qu'il n'y ait guères plus ni guères moins de l'un que de l'autre : de ce mélange il s'en forme du Cuivre. Et il est aisé de juger que pour faire ce Métail, ces deux Principes doivent être mêlez de cette maniére, si l'on considére les effets qu'ils produisent naturellement en lui. Car lorsqu'on le fait rougir au feu, on en voit sortir une flamme, comme est celle que fait le Soufre ; ce

qui eſt une marque qu'il a un Soufre qui
n'eſt pas fixe. Outre que ce Métail diminuë dans le feu, par l'évaporation qui ſe
fait de ce mauvais Soufre. On connoît
néanmoins qu'il a beaucoup de Soufre fixe,
parce qu'en le faiſant ſouvent rougir au
feu, & en le brûlant, après cela il ne ſe
fond pas ſi facilement, & il en devient plus
dur ; ce qui ne peut provenir que de ce
qu'il a beaucoup de Soufre fixe. D'ailleurs,
il paroît par la couleur de ce Métail, que
ſon Soufre eſt rouge, *livide*, impur, &
qu'il eſt mêlé avec un Argent-vif impur &
plein de craſſe. Ainſi on n'a pas beſoin
d'autre preuve pour le vérifier.

De là on peut faire une expériencequi
nous découvrira un Secret. Car puiſque
tout ce qui eſt changé en Terre par l'action de la chaleur, ſe diſſout facilement,
& ſe réduit en Eau ; & que cela ſe fait, à
cauſe que le Feu rend plus ſubtiles les parties ſur quoi il agit : il s'enſuit de-là, que
quelque ſubtile que ſoit naturellement une
choſe, elle le devient encore davantage,
ſi elle eſt réduite en cette nature de Terre,
[par la Calcination ;] & qu'elle ſe diſſout
mieux. Et partamt les choſes ſe diſſolvent
mieux, à proportion qu'elles ſont plus ſubtiles & plus calcinées. Ce qui fait voir
quelle eſt la cauſe de la corruption & de
l'impureté de Mars & de Vénus, & qu'el-

le ne provient que de la quantité qu'ils
ont de Soufre fixe, & non fixe, ou *adustible* : Vénus en ayant plus d'*adustible* que
Mars, & Mars plus de fixe que Vénus.
Quand donc le Soufre fixe de ces deux
Métaux est devenu encore plus fixe, par
la chaleur du feu, ses parties deviennent
plus subtiles, & ce qui est disposé en lui à
se dissoudre, se dissout ; comme il se voit
lorsqu'on expose ces deux Métaux sur la
vapeur du vinaigre. Car cette vapeur fait
sortir sur leur superficie, comme une fleur,
l'aluminosité [c'est-à dire les parties alumi-
neuses] de leur Soufre, par le moyen de
la chaleur qui vient de cette vapeur, & qui
subtilise les parties superficielles, & les plus
proches de ces Métaux. Et si vous faites
boüillir ces deux Corps dans quelque Eau
pontique ou sallée, vour trouverez qu'il
s'en dissoudra beaucoup par cette ébulli-
tion. Et si l'on va dans les Mines de ces
deux Métaux, on verra distiller & s'attacher à eux l'aluminosité, qui s'en dissout ;
laquelle se change & se résout en eau, à
cause de sa ponticité ou salure, & de la facilité qu'elle a à se dissoudre. Car il n'y a
rien de pontique ou salé, & qui se dissol-
ve facilement que l'Alun, & ce qui tient
de sa nature.

Pour ce qui est de ce que ces deux Métaux noircissent au feu, cela vient d'un

Soufre qui n'eſt pas fixe, & qui eſt *aduſti-ble*, qu'ils ont renfermé en eux. Et quoique Vénus ait beaucoup de ce Soufre, & que Mars en ait peu; néanmoins, comme ce qu'il en a eſt preſque fixe, c'eſt ce qui eſt cauſe qu'on ne peut pas ôter à Mars cette noirceur.

Nous avons fait voir ci-deſſus que le Soufre qui n'eſt pas fixe, eſt ce qui fait, & ce qui facilite la fuſion des Métaux ; & qu'au contraire le Soufre fixe n'a nulle fuſion, & qu'il l'empêche. Mais il n'en eſt pas ainſi de l'Argent-vif fixe. Car quelque fixité qu'il ait, il ne s'enſuit pas pour cela, qu'il ne faſſe point de fuſion, ni qu'il l'empêche de ſe faire. Je puis porter témoignage de cette vérité. Car par quelque moyen que j'aye pû imaginer de faire la fuſion, je n'ai jamais pû tenir le Soufre en fuſion après l'avoir fixé. Au lieu qu'ayant fixé de l'Argent-vif, après l'avoir ſublimé pluſieurs fois avec du Soufre fixe ; ce Soufre a été par ce moyen rendu bien fuſible.

Ce qui fait voir évidemment que plus les Corps ou Métaux ont d'Argent-vif, plus ils ſont parfaits ; & que ceux qui en ont le moins, ont auſſi moins de perfection. C'eſt pourquoi je t'avertis, que [pour faire le Magiſtére] tu dois faire en ſorte en toutes tes Opérations, que dans la Compoſition, il y ait toûjours plus d'Argent-vif que de Soufre. Et que si tu peux faire l'Oeuvre de l'Argent-vif tout seul, tu auras trouvé la perfection qui est la plus précieuse, & qui surpasse de beaucoup tout ce que la Nature peut faire de plus parfait. Car par elle tu pourras purifier les Corps imparfaits, jusques dans leur profondeur, & dans leur intérieur; ce que la Nature ne sçauroit faire. Or on doit juger que les Corps qui ont le plus d'Argent-vif, sont les plus parfaits, parce qu'ils reçoivent plus facilement l'Argent-vif que les autres, & qu'ils s'y attachent mieux. Car nous voyons que les Corps parfaits reçoivent amiablement l'Argent-vif, comme étant de leur même nature.

On voit par les choses que nous avons dites ci-devant, que dans les Corps ou Métaux, il y a de deux sortes de Soufre. L'un qui est caché dans la profondeur de l'Argent-vif, & qui y est dès le commencement de sa conformation; & l'autre qui survient à l'Argent-vif, après qu'il est déja fait. On ne peut lui ôter ce dernier qu'avec bien de la peine : mais il est impossible de lui ôter le premier, par le moyen du feu, de quelque artifice qu'on se serve, & quelque opération qu'on fasse pour cela, à cause que ce Soufre est intimement uni à lui, & qu'il est né avec lui. L'expérience confirme ce que nous venons de dire. Car

nous voyons que le feu détruit le Soufre
aduftible des Métaux : mais il ne fçauroit
leur ôter leur Soufre fixe. Ainfi, quand
nous difons qu'on peut purifier les Métaux
en les calcinant, & en leur faifant reprendre Corps : cela fe doit entendre, qu'on
peut les dépoüiller de leur Subftance terreftre, laquelle n'eft pas unie intimement
à eux, ni dans le profond de leur nature.
Car de prétendre par le moyen du feu,
féparer les chofes qui font intimement u-
nies ; cela ne fe peut, fi ce n'eft par le
moyen de la Médecine de l'Argent-vif,
qui couvriroit & tempéreroit cette Terre
ou ce Soufre, ou qui la fépareroit du
Compofé. Car on fépare en deux manières la Subftance terreftre ou fulphureufe,
qui eft intimement unie à la nature du
Corps ou du Métail. Prémiérement par la
Sublimation qu'on en fait avec la Tutie &
la Màrcafite, lefquelles élévent la Subftance de l'Argent-vif, & laiffént le Soufre en
bas. Ce qu'elles font par la reffemblance
qu'elles ont, tant avec l'Argen-vif qu'a-
vec le Soufre, n'étant que deux fumées
qui font compofées d'Argent-vif & de Soufre ; mais qui ont beaucoup plus du prémier que du dernier. Et cela fe voit par
expérience : parce que fi vous les mêlez par
une forte & prompte fufion avec les Corps,
les Efprits qu'elles contiennent, enléveront

les Corps avec eux, & les réduiront en
fumée. Et par ainſi ces deux Eſprits ſéparent des Corps cette terre ſulphureuſe. Secondement on peut ſéparer cette Suſtan-
ce terreſtre, qui eſt dans le Métail, en le
lavant & l'amalgamant avec l'Argent-vif,
comme nous l'avons dit ci-devant. Et la
raiſon' en eſt, parce que l'Argent-vif ne
s'attache & ne retient que ce qui eſt de ſa
nature, & laiſſe tout ce qui n'en eſt pas.

CHAPITRE IX.

De la nature de Jupiter ou de l'Etain

REvenons à la compoſition des Métaux. Si le Soufre, qui en eſt l'un des
Principes, a peu de fixité; s'il a une
blancheur impure, & s'il en a moins que
d'Argent-vif; ſi l'Argent vif eſt impur,
en partie fixe & en partie volatil, & s'il
n'a qu'une blancheur impure & imparfaite;
de ce mélange, il ſe fera de l'Etain.

Les Opérations que l'on fait ſur ce Métail pour le préparer [c'eſt-à-dire pour lui
ôter ſes impuretés] font voir qu'il eſt compoſé de la ſorte. Car en le calcinant, on
ſent la mauvaiſe odeur du Soufre qui en
ſort ; ce qui marque qu'il a un Soufre non
fixe ou *aduſtible*. Que ſi en s'exhalant,
ce Soufre ne fait pas une flamme bleuë,

comme

comme eſt celle que fait le Soufre vulgaire, lorſqu'il ſe brûle, il ne s'enſuit pas
pour cela qu'il ſoit fixe, parce que cela ne
vient nullement de ſa fixité, mais de ce
que dans la compoſition de ce Métail, il
y a beaucoup plus d'Argent-vif, lequel
par ſon humidité empêche ce Soufre de
brûler ſi viſiblement, qu'il puiſſe faire une
flamme.

Au reſte, il y a deux ſortes de Soufres,
& deux différens Argents-vifs dans l'E-
tain. L'un de ces Soufres, eſt *combuſtible*,
puiſque lors qu'on le calcine, il rend la
même odeur que le Soufre vulgaire. L'autre Soufre, qui eſt plus fixe, & qui pour
cette raiſon n'a point de mauvaiſe odeur,
comme le prémier, ſe voït dans la chaux
de ce Métail, laquelle demeure dans le feu,
ſans ſe brûler ny ſe conſumer.

On remarque tout de même deux Argents-vifs, dans l'Etain: l'un qui n'eſt
pas fixe, & qui lui donne le *cric*, & l'autre fixe, qui ne lui en donne point. L'expérience nous fait voir le prémier. Car
avant que l'Etain ſoit calciné, il a le *cric*,
& après avoir été calciné trois fois, il ne
ſ'a plus. Ce qui vient de ce que ſon Argent-vif volatil, qui faiſoit le *cric*, s'eſt
éxhalé dans la Calcination. Or il eſt certain que c'eſt l'Argent-vif volatil de l'E-
tain qui lui donne le *cric*. Car ſi on lave

du Plomb avec de l'Argent-vif, & qu'après l'avoir lavé, on le fasse fondre à un feu, qui ne soit pas plus fort, qu'il doit l'être pour fondre le Plomb, il demeurera une partie d'Argent-vif avec le Plomb, qui lui donnera le *cric*, & le changera en Etain. Cela se voit tout de même dans la transmutation qui se fait de l'Etain en Plomb. Car si on calcine plusieurs fois l'Etain avec le Plomb, & si on lui donne un feu propre à lui faire reprendre corps, il se convertira en Plomb. Et cette transmutation se fera plus facilement, si lorsque l'Etain est en fusion on lui ôte les pellicules, qui se forment au dessus, & si on les calcine à fort feu. Mais vous serez encore assurez que ces différentes Substances se rencontrent dans l'Etain, si vous pouvez trouver l'invention de le conserver dans des vaisseaux propres pour cela, & de faire la séparation de ces Substances, par le moyen d'un certain dégré de feu, comme je l'ai fait, après l'avoir découvert avec beaucoup de peine & de travail. Ce qui m'a fait connoître que j'avois eu raison de croire, que ce Métail étoit composé de toutes ces différentes Substances.

Que si vous me demandez ce qu'il reste de l'Etain, après qu'on l'a dépouillé de ces deux Substances, qui ne sont pas si-

xes , c'est-à-dire , après qu'on lui a ôté
son Soufre *combustible* & son Mercure
volatil , je vais vous le dire , afin de vous
faire connoître parfaitement la composition de ce Métail. Sçachez donc qu'a-
près cela il reste un Corps *livide* & pésant
comme le Plomb , mais qui est plus blanc.
Ainsi c'est un Plomb très-pur , dans la
composition duquel les deux Principes,
l'Argent-vif , & le Soufre , sont également fixes , quoi qu'ils ne soient pas tous
deux égaux en quantité;parce qu'il y a plus
d'Argent-vif dans cette composition, comme on le peut connoître par la facilité qu'a
l'Argent-vif a y entrer , tout tel qu'il est
en sa nature. Ce qui ne se feroit pas si facilement , si l'Argent-vif n'y étoit pas en
plus grande quantité. C'est pour cette raison que l'Argent vif ne s'attache à Mars ,
que par un très-grand artifice , ny à Vénus
non plus ; à cause du peu d'Argent-vif
qu'ont ces deux Métaux dans leur composition. Néanmoins Vénus , ayant plus
d'Argent-vif que Mars , comme il se voit,
en ce qu'elle est aisée à fondre ; au lieu
que Mars ne se fond qu'avec une extrême
difficulté ; l'Argent-vif par conséquent ne
doit s'attacher que très - difficilement à
Mars, & plus facilement à Vénus.

Or quand j'ay dit que dans ce Corps ,
que j'ai appellé Plomb très-pur , les deux

Subſtances qui en font la compoſition, étoient fixes, j'ai voulu dire que leur fixation, s'approchoit d'une forte fixation, & non pas qu'elles demeuraſſent toujours fixes à toute épreuve. Et pour preuve de cela, ſi l'on calcine ce Plomb très-pur, & qu'on en tienne la Calcination, ou la Chaux, dans un feu violent, ce feu ne ſéparera point ces deux Principes l'un d'a-vec l'autre; mais la Subſtance de ce Corps montera, & ſe ſublimera toute entiére, quoi que néanmoins plus purifiée qu'elle n'étoit.

Au reſte, la Subſtance du Soufre *aduſ-tible* eſt plus aiſée à ſéparer dans l'Etain, que dans le Plomb : comme il ſe voit en ce que Jupiter s'endurcit, qu'il ſe calcine, & que ſon éclat s'augmente facilement. Ce qui nous a fait connoître que ſon Soufre *aduſtible* & ſon Mercure volatil (qui ſont les deux choſes qui le corrompent & qui l'infectent) ne ſont pas de ſa prémiére compoſition, ni éxactement unies avec ſes Principes ; mais qu'elles ſurviennent après qu'il eſt déja formé. Et c'eſt pour cela qu'on les en peut facilement ſéparer, & que les divers changemens qu'on don-ne à ce Métail, c'eſt-à-dire ſa *Mondifica-tion*, ſon *Endurciſſement* & ſa *Fixation*, ſe font plus promptement que dans le Plomb. Et il eſt aiſé de deviner pourquoi cela se fait, si l'on considére tout ce que j'ai dit ci-devant ; & la remarque particuliére que j'ai faite. Car après l'avoir calciné & remis en Corps, lui ayant donné un feu fort & violent, j'ai vû, par les vapeurs qui s'élevent dans sa Sublimation, qu'il devenoit orangé, ce qui est une propriété du Soufre qui est fixe, & qui souffre la calcination. Tellement que de cette expérience, laquelle j'ai trouvée fort assurée, & qui m'a confirmé dans mon opinion, j'ai jugé que ce Métail avoit beaucoup de Soufre fixe dans sa composition C'est pourquoi j'éxhorte tous ceux qui auront envie de connoître la vérité en notre Science, de travailler soigneusement pour découvrir, & pour être convaincus de tout ce que je viens d'avancer ; & de ne cesser leur recherche & leur étude, jusqu'à ce qu'ils ayent acquis la connoissance des Principes des Corps & des propriétés des Esprits, & qu'ils en ayent une certitude entiére, sans se contenter de simples conjectures. Je leur en donne la facilité par la maniére dont je l'ai enseignée dans ce Livre, l'ayant dit suffisemment, & autant qu'il est nécessaire pour notre Art.

CHAPITRE X

De la Nature de Saturne, ou du Plomb.

IL ne nous reste plus à faire que la des-cription de Saturne. Ce Métail n'est en rien différent de Jupiter ; si ce n'est que sa Substance est plus impure, à cause qu'il est composé d'un Argent-vif & d'un Soufre plus grossier, & que son Soufre *combustible* est plus fortement attaché à la Substance de l'Argent-vif, qu'il ne l'est dans Jupiter. Et enfin qu'il y a plus de Soufre fixe dans sa composition. Nous en allons rapporter les causes, & les prouver par des expériences convaincantes.

Prémiérement, il n'y a qu'à considérer ces deux Métaux pour juger que Saturne a plus de *terrestréité*, & de *féces*, que Jupiter. Cela paroît encore en ce que la prémiére fois Saturne se calcine plus fa-cilement que Jupiter. Ce qui est une mar-que qu'il a beaucoup plus de *terrestréité*. Car l'expérience nous fait voir que les Corps qui ont le plus de *terrestréité* se cal-cinent plus facilement ; & que ceux qui en ont le moins, sont plus difficiles à cal-ciner parfaitement le Soleil. Enfin, il se vérifie que Saturne a plus de *terrestréité* & de *féces*, que Jupiter, en ce que sa

noirceur & son impureté ne se purifient
ni ne s'en vont point en le calcinant, & en
le remettant plusieurs fois en corps: comme
l'on voit que cela se fait dans Jupiter. Ce
qui est une preuve que Saturne a beaucoup plus d'impureté dans les Principes
de sa composition.

En second lieu, il est aisé de juger
que tout ce que Saturne a de Soufre *combustible* est plus fortement uni à la Substance de son Argent-vif, qu'il ne l'est
dans Jupiter. Parce que par l'évaporation
il ne sçauroit se séparer si peu de ce mauvais Soufre, (pourvû que la quantité en
soit un peu considérable) qu'il ne paroisse
d'une couleur orangée & fort teinte : outre que ce qui demeure même de ce Soufre au fond du Vaisseau, est de même
couleur. Ainsi il faut nécessairement de
trois choses l'une, ou que Saturne n'ait
point de Soufre qui soit *combustible* ; ou
qu'il en ait bien peu ; ou enfin que ce
qu'il en a soit fortement uni avec le Soufre fixe, dans sa prémiére composition.
Or on ne peut pas douter, que non seulement il a un mauvais Soufre, & qu'il
n'en a pas peu, mais même qu'il en a beaucoup, puisqu'il a l'odeur de ce Soufre ;
qu'il conserve long-tems cette odeur, &
qu'il est bien difficile de la lui faire perdre.
Ce qui nous a fait connoître évidemment

que son Soufre *combustible*, est assurément uni très-exactement avec son Soufre
incombustible, lequel approche fort de la
nature du Soufre fixe : en sorte que ces
deux Soufres étant mêlez & unis avec son
Argent-vif, il ne font tous ensemble qu'une
même Substance homogéne, c'est-à-dire
qui est toute de même nature. Et delà
vient que quand la vapeur du Soufre *combustible* de ce Métail, vient à s'élever,
elle monte nécessairement avec le Soufre
incombustible, n'y ayant que lui qui puisse
faire la couleur orangée.

Nous avons dit en troisiéme lieu, qu'il
y a plus de Soufre incombustible dans Saturne que dans Jupiter. Ce qui est si vrai,
que dans la préparation que l'on donne à
la Chaux de ces deux Métaux [en les tenant l'une & l'autre quelque tems dans le
feu] on voit que celle de Saturne devient
toute orangée ; au lieu que celle de Jupiter ne fait que blanchir. Ce qui nous a
fait connoître la cause pour laquelle Jupiter s'endurcit plûtôt par la Calcination,
& pourquoi il ne perd pas si aisément la
facilité qu'il a à se fondre, que fait Saturne
Car cela vient de ce que Saturne a plus de
Soufre & d'Argent-vif fixes, qui est ce
qui fait la dureté des Métaux.

Or il y a deux choses qui font, & qui
donnent la fusion, l'Argent-vif & le Soufre

fre *aduflible*. L'une defquelles, qui eft,
l'Argent-vif, eft fuffifante pour donner
une fufion parfaite, à quelque dégré de
feu que ce puiffe être ; foit qu'il faille que
les Métaux rougiffent auparavant que de
fe fondre ; foit qu'ils puiffent être fondus
fans cela. C'eft pourquoi comme dans
Jupiter il y a beaucoup d'Argent-vif, qui
n'eft pas fixe, il a auffi une grande facilité à fe fondre fort promptement, & il
eft difficile de la lui ôter.

La molleffe des Métaux vient tout de
même de deux caufes, qui font un Argent-vif, qui n'eft pas fixe, & un Soufre
combuflible. Et par ce qu'on ôte plus facilement le Soufre *combuflible* à Jupiter
qu'à Saturne, l'une des caufes qui le rendent moû, lui étant ôtée par la Calçina-
tion, il faut néceffairement qu'il s'endur-
ciffe ; au lieu que les deux chofes qui font
la molleffe, étant fortement unies dans la
compofition de Saturne, [& par conféquent, ni l'une ni l'autre ne lui pouvant
être ôtée qu'avec difficulté,] cela eft caufe qu'il ne peut pas s'endurcir fi aifément.
Il y a néanmoins cette différence entre la
molleffe qui vient de l'Argent-vif, & celle que fait le Soufre *combuflible*, que celle-ci eft caffante & ployante ; au lieu que
celle que fait l'Argent-vif s'étend & s'allonge beaucoup. Et cela fe voit manifef-

tément par l'expérience. Car il est certain que les Corps ou Métaux, qui ont quantité d'Argent - vif, ont une grande extension ; & qu'aucontraire ceux qui ont peu d'Argent-vif, ne peuvent guéres être étendus. C'est ce qui fait que Jupiter s'étend plus facilement & plus delicatement que Saturne ; Saturne plus que Vénus ; celle-ci plus que Mars ; la Lune plus que Jupiter , & le Soleil beaucoup plus que la Lune.

C'est donc l'Argent-vif & le Soufre fixes qui donnent la dureté aux Métaux: Et ce qui fait leur mollesse, ce sont les deux causes opposées à celles-là ; c'est-à-dire l'Argent-vif volatil, & le Soufre *combustible*. Et c'est le Soufre qui n'est pas fixe , & l'Argent-vif quel qu'il soit, fixe ou volatil, qui leur donnent la fusion. Mais le Soufre qui n'est pas fixe donne nécessairement la fusion au Métail sans qu'il rougisse, comme on le voit par l'Arsenic, [qui est un Soufre *combustible*] & qui étant projetté sur les Métaux difficiles à fondre, leur donne la fusion, sans qu'il soit nécessaire qu'ils rougissent auparavant. L'Argent-vif, qui n'est pas fixe, rend tout de même les Métaux aisez à fondre. Mais l'Argent-vif fixe, ne donne la fusion au Métail qu'après que ce Métail s'est enflammé & qu'il a rougi. Et partant, c'est le

Soufre fixe, qui retarde & qui empêche la fusion de quelque Métail que ce soit.

Ce qui nous découvre un grand Sécret. Car puisque l'on trouve par l'expérience que les Métaux, qui ont le plus d'Argent-vif, font les plus parfaits : il s'enfuit néceffairement que les Métaux imparfaits, qui ont le plus d'Argent-vif, s'approchent auffi le plus de la perfection, & de la nature des parfaits. Et par conféquent plus les Métaux auront de Soufre, plus ils feront impurs & imparfaits. D'où l'on doit inférer qu'entre les imparfaits, Jupiter eft celui qui s'approche le plus des Corps parfaits ; puifquil a le plus d'Argent vif, qui eft ce qui fait la perfection, & que par cette même raifon Saturne en eft moins proche ; Vénus moins que Saturne, & Mars moins que pas un. Cela s'entend, fi l'on confidére ces Métaux à l'égard de ce qui fait la perfection. Car ce feroit toute autre chofe, fi on les confidéroit par rapport à la Médecine, qui les parfait, qui fupplée à ce qui leur manque, qui les pénétrant jufques dans l'intérieur, raréfie leur épaiffeur, & qui pallie & qui couvre leur noirceur & leur impureté, par un éclat & un brillant qu'elle leur communique: Par ce qu'à cét égard Vénus eft plus capable de recevoir la perfection par le moyen de cette Médecine ; Mars la

peut moins recevoir qu'elle ; Jupiter
moins que Mars ; & Saturne a le moins de
tous de difposiiton à la recevoir.

Cette diverfité des Métaux & les Opérations que l'on a fait fur eux, nous ont
appris que pour leur donner la perfection,
il falloit les préparer différemment, & qu'ils
avoient befoin de différentes Médecines
pour cela. Car on a vû que les Métaux
durs, & qui rougiffent au feu, avoient
befoin d'une Médecine qui pût les ramollir, & raréfier leur Subftance intérieure
trop ferrée, & la rendre uniforme & toute
égale par tout : Et qu'au contraire aux
Métaux moûs, & qui ne rougiffent point
au feu, il falloit une Médecine qui les en-
durcît, les refferrât & qui épaiffit leur
Subftance interne & cachée. Nous allons
voir quelles font ces Médecines, nous
dirons quels font leurs effets, & ce qui a
été caufe qu'on les a inventées, ce qu'elles laiffent d'imparfait dans les Métaux,
& ce à quoi elles peuvent donner la perfection.

SECONDE PARTIE
DU SECOND LIVRE.

DES MEDECINES
en général, & de la nécessité d'une Médecine vniverselle, qui donne la perfection à tous les Métaux imparfaits, & d'où elle se peut mieux prendre, & plus prochainement.

CHAPITRE XI.

Qu'il doit nécessairement y avoir deux sortes de Médecines, tant pour chaque Corps imparfait que pour l'Argent-vif, l'une au Blanc, l'autre au Rouge; mais qu'il n'y en a qu'une seule très-parfaite, qui rend toutes les autres inutiles.

NOus avons dit ci-devant. Que les Esprits avoient plus de conformité avec les Corps, que quoi que ce soit. Et la raison que nous en avons apportée, c'est qu'ils s'unissent mieux & plus amiablement à eux, que nulle autre chose qui soit dans la Nature. Ce qui m'a donné la prémiére

notion que les Esprits devoient être la
véritable Médecine pour altérer & changer les Corps. Et c'est cela même qui fut
cause que j'employai toute mon industrie
pour trouver l'artifice de transmuer véritablement, par le moyen des Esprits, chaque Corps imparfait, en Lune & en Soleil véritables & parfaits. Je crûs donc,
qu'il falloit faire nécessairement différentes
Médecines de ces Esprits, selon la diversité des choses qui devoient être trans-
muées. Car y ayant de deux sortes de
ces choses-là, l'Argent-vif, qui est un
Esprit, & qui doit être coagulé & fixé
parfaitement, & les Corps qui n'ont pas
la perfection, c'est-à-dire les Métaux imparfaits ; & ces Métaux n'étant pas d'ailleurs tous semblables ; puisque les uns sont
durs & rougissent au feu, tels que sont
Mars & Vénus, & les autres sont moûs,
qui ne rougissent point, comme sont Jupiter & Saturne : il faut nécessairement que
la Médecine, qui doit donner la perfection
à tant de choses différentes, soit aussi différente elle-même. Ainsi il faut une Médecine particuliére pour fixer & parfaire l'Argent-vif, laquelle soit différente de celle, qui
doit donner la perfection aux Métaux imparfaits. Et à l'égard de Vénus & de Mars,
qui rougissent au feu, il faut une autre
Médecine particuliére pour eux, & qui

ſoit différente de celle de Jupiter & de
Saturne, qui ſont moûs, & qui ne rougiſſent point: parce que la nature de ces
Métaux étant viſiblement différente, il eſt
certain que pour les rendre parfaits, il
leur faut des Médecines de différentes ſortes. D'ailleurs, quoique Mars & Vénus
ayent cela de commun entr'eux, que tous
deux ſont durs; ils ont néanmoins chacun
des propriétés particuliéres, qui les ſont
différer. Car Mars n'eſt pas fuſible, & Vénus l'eſt. Mars eſt entiérement livide,
plein de craſſes & d'impuretés; & Vénus
non. Mars a une blancheur obſcure, &
Vénus une rougeur impure & une verdeur.
En quoi l'on voit une grande différence.
De ſorte que ces deux Métaux étant différens en tant de choſes, il faut de néceſſité que la Médecine, qui doit leur donner la perfection, ſoit pareillement différente. Il en eſt de même de Jupiter & de
Saturne. Car quoi que tous deux conviennent en ce qu'ils ſont moûs, ils ne le
ſont pas néanmoins de la même maniére;
& ils différent encore en pluſieurs autres
choſes. Par exemple, Jupiter eſt net, &
Saturne ne l'eſt pas: ainſi la Médecine qui
les doit perfectionner, ne doit pas être la
même. De plus, l'Argent-vif & les Métaux imparfaits, qui peuvent être chan-

-gez, sont transmuëz en Lune ou en So-
-leil : ainsi il faut nécessairement qu'il y ait
une Médecine rouge , qui les transmuë en
Soleil, & une blanche qui les change en
Lune. De maniére qu'y ayant deux Médecines, l'une Solaire & l'autre Lunaire,
pour chacun des quatre Métaux imparfaits, il y aura par conséquent huit sortes
de Médecines pour la transmutation de
ces Métaux. Et parce que l'Argent-vif
peut être changé tout de même en Soleil
& en Lune ; il y aura donc encore deux
Médecines particuliéres pour lui. Et ainsi
ce seront en tout dix Médecines nécessaires pour donner la perfection, tant à
l'Argent-vif qu'aux Métaux imparfaits ; ce
que j'ai trouvé avec beaucoup de peine &
de travail.

Mais après avoir long-tems travaillé,
& après une étude opiniàtre & une longue
& profonde méditation , & de grandes
dépenses, j'ai enfin trouvé une seule Médecine qui nous exempte de travailler à
toutes celles dont nous venons de parler.
Car elle ramolit le Métail qui est dur, &
endurcit celui qui est moû; elle fixe ce
qu'ils ont de volatil, elle purifie ce qu'ils
ont d'impur & elle leur donne enfin une
Teinture & un éclat qu'on ne sauroit ex-
primer ; cette Teinture étant plus belle,

& cet éclat plus brillant que ni la Teinture ni l'éclat que la Nature donne aux deux Métaux parfaits.

Nous traiterons par ordre & en particulier de ces Médecines ; nous en dirons la composition & les causes , & nous n'avancerons rien que nous ne prouvions par expérience. Pour cet effet, nous parlerons prémiérement des dix Médecines particuliéres , & nous dirons en prémier lieu quelles sont celles des Métaux imparfaits ; ensuite celle de l'Argent-vif, & nous finirons par la Médecine Universelle du Magistére , qui donne généralement la perfection à tous. Mais parce que les Métaux imparfaits ont besoin d'être préparez auparavant que de recevoir la perfection , pour ne pas donner sujet à personne de se plaindre , que par envie nous ayons celé ou retranché quelque chose de notre Science , nous commencerons par dire la préparation qu'il faut donner aux Métaux imparfaits, pour les disposer à recevoir la perfection, soit au Blanc, soit au Rouge : après quoi nous traiterons de toutes les Médecines , & nous en dirons tout ce qu'il sera nécessaire d'en savoir.

CHAPITRE XII.

Qu'il faut donner une préparation particu-
liére à chaque Métail imparfait.

IL est aisé de connoître, par les choses
que nous avons dites ci-devant, ce
que c'est que la Nature, en travaillant à
la production des Métaux, laisse de superflu ou de défectueux en chacun de ceux
qui sont imparfaits. Car nous avons découvert la plus grande partie de leur nature, & ce que nous en avons dit suffiroit
pour les faire assez connoître. Mais parce
que nous n'avons pas donné une idée de
ces Métaux entiére & accomplie, nous
acheverons de mettre ici ce que nous a-
vons obmis, lorsque nous en avons traité
dans le Livre précédent.

Comme il y a donc deux sortes de Corps
imparfaits qui peuvent être changez, deux
mous, Jupiter & Saturne, qui ne rougissent point au feu, deux autres durs, Mars
& Vénus, qui ne sont point fusibles, ou
qui ne le sont au moins qu'après avoir
rougi, il est certain que la Nature nous
apprend par la différence qu'elle a mise entre eux, que nous devons aussi les préparer
différemment: Or les deux prémiers Corps
imparfaits, que nous avons dit être de

même nature, je veux dire le Plomb noir
que dans notre Art on appelle Saturne,
& le Plomb blanc qui a le cric, & que
nous nommons ordinairement Jupiter font
néanmoins bien différens , tant dans leur
essence profonde & cachée, que dans leur
apparence & leur extérieur. Car Saturne est
manifestement *livide*, pésant, noir, sans cric
& sans aucun son : au lieu que Jupiter est
blanc, quoi qu'un peu noirâtre, qu'il a le cric,
& qu'il a un petit son clair; comme nous l'a-
vons fait voir ci-devant , par les expériences que nous en avons rapportées , & par
la déclaration de leurs propres causes : Et
ce sont là autant de différences , par lesquelles un Artiste judicieux peut considérer les préparations qu'on leur doit donner, & dans l'ordre qu'on les leur doit
donner, selon que ces différences sont ou
moindres ou plus grandes.

Nous traiterons de toutes ces préparations de suite. Nous commencerons par
celle des Métaux mous, & nous dirons
prémiérement celles de Saturne; puis nous
viendrons à Jupiter, qui a une autre sorte de mollesse que Saturne; nous continuë-
rons par les autres Métaux, & nous finirons
par les préparations que l'on doit donner à
l'Argent-vif pour le coaguler. Mais il faut
remarquer auparavant que dans la préparation des Corps ou Métaux imparfaits ,

il n'y a rien de superflu à leur ôter de leur intérieur , mais de leur extérieur seulement.

CHAPITRE XIII.

Que la Médecine doit ajoûter ce qui est de défectueux dans les Métaux imparfaits; & que la préparation , qu'on leur donne, pour recevoir cette Médecine , doit ôter ce qu'ils ont de superflu.

ON donne diverses préparations à Saturne, & à Jupiter aussi , selon qu'ils sont dans un dégré ou plus proche ou plus éloigné de la perfection. Or il y a deux choses qui causent leur imperfection. L'une qui leur est naturelle , étant profondément enracinée en eux , & unie essentiellement aux Principes de leur composition; & c'est la terrestréité de leur Soufre, & l'impureté de leur Argent-vif. L'autre survient à cette prémiere mixtion, ou à ce prémier mélange de leurs Principes, & ce n'est autre chose qu'un Soufre combustible & impur, & un Argent-vif sale & plein d'ordure, qui sont des choses du prémier genre, [c'est-à-dire de la nature des Esprits,] qui corrompent la Substance de Saturne & de Jupiter. Pour la prémiére, il est impossible de la leur pouvoir

ôter, par quelque Médecine que ce soit
du prémier ordre, c'est-à-dire par nulle
des huit Médecines particuliéres, quelque
industrie qu'on y apporte; mais on peut
avec peu d'artifice en séparer la derniére.

Et la raison pourquoi l'on ne sçauroit
ôter à ces deux Métaux les impuretés dont
nous venons de parler, c'est qu'elles sont
si intimement unies avec les Principes naturels de ces Corps, qu'elles sont de leur
Essence, & ne font qu'une même Essence
avec eux. Et comme il n'est pas possible
de détruire l'Essence d'une chose, & qu'elle demeure toujours la même ; aussi est-il
impossible d'ôter à ces Métaux ces impuretés essentielles qui les corrompent. C'est
pourquoi quelques Philosophes ont crû
que de cette maniére on ne pouvoit point
perfectionner ces Métaux par l'Art.

Pour moi, lorsque je cherchois la
Science, j'avoüe que je suis demeuré
court en cet endroit, aussi bien qu'eux ;
& que par nul moyen ni par nulle préparation que j'aye pû imaginer, je n'ai jamais pû donner aux Métaux imparfaits un
éclat véritable & parfait : au contraire,
tout ce que je faisois ne servoit qu'à les
gâter & à les noircir entiérement. Ce qui
m'étonna fort, & je désespérai pendant
long-tems de pouvoir y réüssir ; mais enfin étant rentré en moi-même, après m'ê-

tre bien rompus la tête à rêver là-dessus,
je vins à considérer que les Métaux imparfaits étoient sales & impurs dans le profond de leur nature, & que l'on ne pouvoit trouver rien de brillant, ni de resplen-
dissant en eux, puisqu'il n'y avoit rien de
semblable dans leur composition naturelle,
étant impossible de trouver dans une chose ce qui n'y est pas. Et delà je tirai cette
conséquence : Puisque, dis-je, ces Métaux n'ont rien de parfait, il faut nécessairement, que ni dans la séparation, que
l'on en feroit en diverses Substances, ni
dans le profond de leur nature, l'on ne
puisse rien trouver de superflu. Et par ce
moyen je jugeai qu'il devoit y avoir en
eux quelque chose de manque, qu'il faloit suppléer & remplacer par une Matière ou Médecine, qui lui fût propre &
convenable, & qui pût ajoûter ce qu'il y
avoit de défectueux. Or le défaut de ces
Métaux est d'avoir trop peu d'Argent-vif,
& de ce que le peu qu'ils en ont, n'est pas
si condensé ni si resserré qu'il devroit l'être.
Et par ainsi, pour les parfaire & les achever, il faut augmenter leur Argent-vif, le
resserer, & lui donner une fixation stable,
& qui demeure à toute épreuve. Ce qui
se fait par une Médecine faite de l'Argent-
vif lui-même. Car quand elle est parfaite
du seul Argent-vif, alors par sa splendeur,

& par son éclat, elle pallie & couvre leur
noirceur, & elle la change en une splendeur brillante ; parce que l'Argent-vif,
qui est changé en Médecine, étant purifié
par notre Art, & réduit en une Substance
très-pure & très-éclatante, si on en fait
la projection sur les Corps imparfaits, il
les rendra éclatans, & leur donnera la perfection qui leur manque, par le moyen de
sa fixation ; & par sa pureté il les transmuera & les perfectionnera entiérement. Nous
dirons dans la suite quelle est cette Médecine, dans un Chapitre que nous ferons
particuliérement pour cela.

Ainsi de ce que nous venons d'établir,
on doit inférer qu'il faut nécessairement
trouver deux sortes de perfections ; l'une,
qui se fasse par une Matiére, laquelle sépare du Composé la Substance qui est impure ; & l'autre, par une Médecine, qui
couvre & pallie cette impureté par le brillant de sa splendeur, & qui lui donne la
perfection, en la rendant belle & éclatante. Au reste, comme l'on ne peut rien
trouver de superflu, mais seulement quelque chose de manque dans l'intérieur &
l'essence des Corps imparfaits ; s'il y a
quelque chose à leur ôter, c'est de l'extérieur & de l'apparence de ces Corps,
qu'il faut ôter ce qui leur survient, après
qu'ils sont déja faits & composez. Et cela

se fait par diverses préparations que nous allons rapporter. Nous commencerons par celles de Jupiter & de Saturne, dont nous parlerons conjointement dans le même Chapitre; puis nous traiterons de celles des autres Corps imparfaits selon leur rang.

CHAPITRE XIV.

De la préparation de Saturne & de Jupiter.

ON donne différentes préparations à Saturne & à Jupiter, selon qu'ils ont plus ou moins de besoin de s'approcher de la perfection. Ces préparations se réduisent pourtant à deux; l'une qui est générale, & l'autre particuliére. La générale se peut faire de différentes maniéres, par le moyen desquelles, comme par autant de dégrés, les Métaux imparfaits s'approchent de la perfection. Le prémier de ces dégrés consiste à leur donner l'éclat, & a bien purifier leur Substance. Le second, à les endurcir, en sorte qu'ils rougissent au feu avant que de se fondre. Et le troisiéme à les fixer, en leur ôtant leur Substance fugitive ou volatile. Or on les purifie & on les rend éclatans par trois moyens;

moyens : ou par des choses qui ont la
vertu de les purifier : ou en les calcinant
& en leur faisant reprendre corps : ou en
les dissolvant. Les choses qui les purifient
le font, ou lors qu'ils sont réduits en
chaux, ou étant en corps. On purifie leur
chaux, ou avec des Sels, ou avec des
Aluns, ou avec du Verre. Ce qui se fait
de cette maniére. On calcine le Métail,
après quoi on jette sur sa chaux de l'eau
d'Alun, ou de Sels toute pure, ou dans
laquelle on aura mis du verre en poudre :
& ensuite on fait reprendre corps à cette
chaux ; & on réitere cette opération, jufques à ce que le Métail paroisse être parfaitement purifié. Ce qui se fait, parce que
les Sels, les Aluns & le Verre ayant toute
une autre fusion, que n'ont les Métaux,
ces choses-là se séparent d'eux, & en se
séparant, elles emportent avec elles leur
Substance terrestres, laissant de cette maniére les Corps tous purs. Saturne & Jupiter, demeurant en corps & sans être calcinez, sont encore purifiez de cette mé-
me sorte. Pour cette effet, on les réduit en
limaille très subtile, que l'on mêle tout
de même avec les eaux d'Aluns, ou de
Sels, & la poudre de Verre : Puis on remet cette limaille en corps par la fusion,
& l'on refait cette opération jusqu'à ce que
ces deux Métaux paroissent être bien pu-

rifiez. Il y a encore une autre façon de
les purifier, en les lavant avec de l'Argent-vif, de la maniére que nous l'avons
dit ci-devant, dans le Chapitre onziéme.

Ces deux Métaux se purifient encore
d'une autre façon, en les calcinant & en leur
faisant reprendre corps avec un dégré de
feu proportionné, & propre à faire cette
opération, laquelle l'on réitére jusqu'à
ce qu'il paroissent plus nets. Car par ce
moyen on ôte à ces deux Corps imparfaits deux sortes de Substances, qui les
corrompent & les infectent ; l'une qui est
inflammable & volatile, & l'autre grossiére & terrestre ; à cause que le feu éléve &
consume tout ce qui est volatil. Et lorsqu'on remet ces Métaux en corps par la
fusion, le feu bien proportionné en sépare tout de même la terrestréité. On trouvera la maniére de donner cette proportion au feu dans notre Livre de la *Recherche de la perfection*, qui est devant celui-
ci. Car dans ce Livre-là j'ai mis toutes les
recherches que j'ai faites par mes raisonnemens, comme j'ai écrit en celui ci les
opérations & les expériences que j'ai faites, & que j'ai vu de mes yeux & touché
de mes mains, sans en avoir rien retranché,
& je l'ai mis dans l'ordre que la Science
la demande.

Il y a encore un autre moyen pour punifier Saturne & Jupiter, qui est de les dissoudre, comme nous l'avons déja dit, & de faire reprendre corps à ce qui en aura été dissous. Car de cette maniére il se purifie mieux que par quelque autre voye que ce soit : Et ainsi elle vaut mieux que pas une, hormis celle qui se fait par la Sublimation, qui est la meilleure de toutes.

Nous avons dit que l'un des dégrés qui approchoit ces deux Métaux de la perfection, étoit l'endurcissement de leurs Substances molles ; tellement qu'ils deviennent si durs par cette préparation, qu'ils ne se puissent fondre qu'après avoir rougi au feu. Pour faire cet endurcissement, il faut trouver le moyen d'unir intimement à leur Substance de l'Argent-vif, ou du Soufre, ou de l'Arsenic qui lui ressemble, & qu'ils soient fixes : ou bien de mêler avec eux des choses dures & qui ne soient pas fusibles, telles que sont la Chaux, les Marcasites, & les Tuties. Car tout cela s'unit si bien avec eux, qu'ils s'embrassent mutuellement, parce qu'ils s'entr'aiment : Et par ce moyen ces Métaux s'endurcissent de telle sorte, qu'ils ne se fondent point, qu'auparavant ils n'ayent rougi. La Médecine qui donne la perfection, & dont je dirai la composition ci-après, fait le même effet. Une autre sorte de préparation que l'on donne à ces deux Métaux

& qui est le troisiéme dégré, c'est, comme nous l'avons dit, de leur ôter leur Substance volatile. Ce qui se fait en les tenant dans un feu bien proportionné pour cela, après leur avoir donné le prémier dégré par la Calcination.

Au reste, ces trois dégrés, dont nous venons de parler, se doivent donner par ordre & de suite. Car prémiérement il faut ôter à ces deux Métaux tout ce qu'ils ont de volatil & de combustible, qui les corrompt, après quoi il faut les dépoüiller de leur terrestréité superfluë : & enfin, il faut les dissoudre, & les remettre en corps. Ou bien il faut les laver parfaitement, en les mêlant avec de l'Argent-vif. Pour bien purifier ces deux Métaux, il faut nécessairement suivre cet ordre.

Venons maintenant à la préparation particuliére de ces deux Corps. On prépare Jupiter différemment. Prémiérement, par la calcination, qui l'endurcit, ce qu'elle ne fait pas à Saturne. Jupiter s'endurcit aussi, en le préparant avec l'eau d'Alun, comme nous l'avons dit ci-devant. Secondement, en le tenant long-tems dans son feu de Calcination. Car par ce moyen il perd le cric, & il ne rend plus cassans les autres Métaux avec lesquels on le mêle, comme il faisoit auparavant. Ce qui ne se fait pas de même à Saturne, parce qu'il

n'a point de *cric*, & il ne rend point les
autres Métaux aigres & caſſans comme
fait Jupiter. Celui-ci perd encore ſon
cric en le calcinant, & en le remettant en
corps par pluſieurs fois, comme il fait auſſi, ſi l'on verſe de l'eau de Sels & d'Aluns
ſur ſa chaux ; parce que ces choſes lui
ôtent le *cric* par leur acrimonie.

La préparation particuliére de Saturne
ſe fait pareillement par la Calcination, qui
s'en fait par l'acrimonie des Sels. Car elle
l'endurcit, comme il ſe blanchit particuliérement avec le Talc, la Tutie, & la
Marcaſite auſſi. J'ai parlé plus au long de
toutes ces ſortes de préparations dans
mon Livre de la *Recherche de la perfection*,
où on les peut voir ; car je n'ai fait qu'a-
bréger ici ce que j'en ai dit là plus emple-
ment.

CHAPITRE XV.

De la préparation de Vénus.

EN ſuivant l'ordre que nous nous ſommes propoſé, nous avons maintenant
à parler de la préparation de Vénus, & de
celle de Mars qui ſont les deux Métaux
durs. Commençons par Vénus. On la
prépare de différentes façons, ou en l'élevant par la Sublimation ; ou ſans la ſubli-

mer. On l'éléve en uniſſant adroitement à elle de la Tutie, avec laquelle elle a plus de conformité ; & en la mettant enſuite à ſublimer dans un Vaiſſeau ſublimatoire, & par un dégré de feu, propre à faire élever ſa partie la plus ſubtile, qui ſe trouve être d'un grand éclat & fort brillante. Ou bien après avoir réduit ce Métail en très-menües parties, c'eſt-à-dire en limaille, on le mêle avec du Soufre, & on le ſublime comme nous venons de le dire. On prépare Vénus d'une autre ſorte ſans la ſublimer, ſoit qu'elle ſoit en chaux, ſoit qu'elle ſoit en corps, par les choſes mondificatives, c'eſt-à-dire qui ont la vertu de purifier, telles que ſont la Tutie, les Sels, & les Aluns. Ou bien en la lavant avec de l'Argent-vif, comme nous l'avons dit : ou en la calcinant, & lui faiſant reprendre corps, ainſi que les Métaux précédens : ou en la diſſolvant, & en remettant en corps ce qui en aura été diſſous : ou enfin on la purifie comme les autres Métaux imparfaits en la lavant avec de l'Argent-vif.

CHAPITRE XVI.
De la préparation de Mars.

ON prépare aussi Mars de plusieurs maniéres : ou en le sublimant ou sans le sublimer. On le sublime avec l'Arsenic, & cette Sublimation se fait ainsi. Il faut trouver le moyen d'unir à lui le plus profondément que l'on pourra (c'est-à-dire jusques dans son intérieur) de l'Arsenic, qui ne soit pas fixe, & de le si bien unir, qu'il se fonde conjointement avec ce Métail. Après quoi il le faudra sublimer dans un Vaisseau propre pour cela. Cette maniére de préparer Mars, est la meilleure & la plus parfaite de toutes. On le prépare encore avec de l'Arsenic, en les sublimant plusieurs fois tous deux ensemble, jusqu'à ce que Mars retienne une certaine quantité de cet Arsenic avec lui. Car si après cela on fait reprendre corps à ce Métail, il en sortira blanc, fusible, net & bien préparé. Il y a encore une troisiéme maniére de le préparer, en le fondant avec du Plomb & de la Tutie. Car cela le rend tout de même net & blanc.

Mais parce que j'ai promis d'enseigner la maniére d'amollir les Corps durs, & d'endurcir les mous par le moyen d'une

Calcination particuliére, de peur que l'on ne croye que je veüille obmettre quelque chofe, je vais dire comment cette Opération fe doit faire

Prémiérement donc pour endurcir les Métaux moûs, il faut diffoudre de l'Argent-vif précipité, & diffoudre pareillement le Corps que l'on voudra endurcir après l'avoir entiérement calciné. On mêle ces deux diffolutions enfemble, & de ce mélange on en arrofe alternativement le Métail calciné, le broyant, & *l'imbibant*, le calcinant, & lui faifant reprendre corps, jufqu'à ce qu'il devienne fi dur, qu'il ne fe puiffe fondre qu'il ne rougiffe auparavant. On fait la même chofe avec la Chaux des Corps moûs & la Tutie, & la Marcafite, que l'on calcine & que l'on diffout, dont enfuite l'on fait les mêmes *imbibitions*. Et plus ces chofes feront pures & nettes, plus le changement qu'elle feront[fur les Corps qu'elles endurciront,] fera parfait.

Les Corps durs feront ramollis par un artifice tout femblable, que voici. On les mêle & on les fublime avec de l'Arfenic. Et après les avoir fublimez, on les brûle par le dégré de feu dont j'ai dit, dans mon *Livre des Fourneaux*, qu'il fe faloit fervir pour cela. Enfin on les remet en corps avec un feu violent, mais proportionné.

tionné : & on réitere ces Opérations , jusqu'à ce que les Corps s'amolliſſent dans la fuſion, autant qu'ils peuvent l'être à proportion de leur dureté. Toutes ces altérations & ces changemens ſont du prémier ordre , & ſans cela la Tranſmutation de ces Métaux ne ſe peut faire.

***

CHAPITRE XVII.

De la maniére de purifier l'Argent-vif.

POur achever toutes les préparations , il nous reſte à parler de la *mondification* ou *purification* de l'Argent-vif, qui eſt toute la préparation qu'on lui peut donner. Elle ſe fait en deux maniéres. La prémiére, par la Sublimation, que nous avons enſeignée dans le Livre précédent : Et la derniére par la *Lotion* ou *Ablution*, c'eſt-à-dire en le lavant. Ce qui ſe fait ainſi. On met de l'Argent-vif dans un baſſin de verre, de grez, ou de faillence, & par-deſſus on verſe du vinaigre juſqu'à ce qu'il ſurnage. Cela fait, on poſe le plat ou baſſin ſur un feu doux, & on le laiſſe échauffer, tant que l'on puiſſe le remuer librement avec le doigt. On le remuë donc inceſſemment, juſqu'à ce qu'il ſe mette tout en grains auſſi menus que de la poudre, & que tout le vinaigre qu'on y aura mis,

soit confumé. Après quoi on lave avec
de nouveau vinaigre toutes les craffes terreftres, & les ordures qu'il aura laiffées
dans le plat, & on les jette. Il faut réitérer cette *Lotion*, jufqu'à ce que l'Argent-
vif foit entiérement depoüillé & nettoyé
de fa terreftréité, & qu'il paroiffe de couleur d'un très-beau bleu célefte. Ce qui
fera une marque qu'il aura été affez lavé,
& qu'il eft bien purifié. Voilà toutes les
fortes de préparations. Paffons maintenant
aux Médecines.

CHAPITRE XVIII.

*Que la Médecine très-parfaite donne né-
ceffairement cinq differentes propriétés
de perfeEtion, qui font la Netteté, la
Couleur ou Teinture, la Fufion, la
Stabilité, & le Poids : Et que par ces
effets, l'on doit juger de quelle chofe on
doit prendre cette Médecine.*

Nous parlerons prémiérement en général des Médecines, de leurs Caufes & de leurs Effets, conformément aux
expériences que l'on en peut faire. Mais
avant toutes chofes, voici des Maximes
qu'il faut établir, par le moyen defquelles
on connoîtra fi la Médecine eft véritable,
& fi la Tranfmutation qu'elle aura faite eft
parfaite,

Prémiérement, les Corps imparfaits ne
sçauroient recevoir la perfection, si la préparation ou la Médecine ne leur ôte tout
ce qu'ils ont de superflu ; c'est-à-dire leur
Soufre inutile & combustible & leur terrestréité impure : & si dans la fusion ces
deux choses ne sont séparées du Métail,
dans lequel elles sont mélées, lorsqu'on fait
sur eux la projection de la Médecine, qui
doit le transmuer. Quand on aura trouvé le
moyen de faire cette *sépa:ation*, on pourra
dire qu'on a l'une des espéces de la perfection.

Secondement, si la Médecine ne donne de l'éclat au Métail imparfait, & si elle
ne le change en couleur blanche ou rouge, selon que tu as dessein de le faire :
Et si cette couleur n'est accompagnée d'un
brillant, & d'une lueur agréable, sois sûr
que la Transmutation n'est pas bonne, &
que le Métail imparfait, que tu as voulu transmuer, n'a pas reçû une véritable
ni une entiére perfection.

Troisiémement, si la Médecine ne donne une fusion au Métail imparfait, telle
que l'ont le Soleil & la Lune, & dans le
tems précisément que l'ont ces deux Métaux parfaits, c'est une marque infaillible
que la Médecine n'est pas parfaite ; & très-
assurément elle ne demeurera ni ne persé-
vérera point dans les épreuves ; mais elle
se séparera du Métail sur lequel on l'aura

projettée, & elle s'en ira en fumée, comme je le ferai voir évidemment ci-après, lorsque je parlerai de la Coupelle.

Quatriémement, si la Médecine ne demeure, & si le changement qu'elle fait, & la teinture qu'elle donne au Métail imparfait, n'est stable & permanente à toute épreuve, cela ne vaut rien, parce que tout s'en va en fumée.

En cinquiéme & dernier lieu, si la Médecine ne donne au Métail imparfait le véritable poids des Métaux parfaits, la Transmutation que l'on prétend qu'elle fait, n'est ni parfaite ni véritable, mais sophistique, n'ayant qu'une apparence trompeuse. Parce que le poids [dans le même volume,] est une des marques essentielles de la perfection.

Ce sont là les cinq différences de la perfection. Et parce que la Médecine de notre Magistére doit nécessairement communiquer toutes ces propriétés au Métail imparfait & à l'Argent-vif en les transmuant; il est aisé de juger de-là de quelle chose il faut la tirer. Car il est certain que cette Médecine ne peut être prise que des choses qui s'unissent le mieux aux Corps Métalliques, qui ont plus de conformité avec eux, qui les pénétrent jusques dans l'intérieure, qui s'attachent & s'unissent à eux, & qui par ce moyen les peuvent changer.

Or quelque recherche & quelque épreuve
que j'aye pû faire dans toutes les autres
chofes , je n'ai jamais rien trouvé, qui ait
tant de liaifon avec les autres Corps Métalliques , que l'Argent-vif. De maniére
qu'ayant travaillé fur l'Argent-vif j'ai reconnu , par l'expérience , qu'il eft la véritable Médecine , qui donne la perfection
aux Métaux imparfaits , & qui les change,
& les tranfmuë véritablement avec très-
grand profit.

CHAPITRE XIX.

*Des préparations qu'il faut donner à la
Médecine , afin qu'elle ait toutes les propriétés qu'elle doit néceffairement avoir.*

Nous n'avons donc plus qu'à déterminer quelle doit être la Subftance
de l'Argent-vif, afin d'être une véritable
Médecine , & quelles propriétés il doit
avoir pour cela. Or comme l'expérience nous a fait voir que l'Argent - vif ne
fait nul changement dans les Métaux imparfaits , fi lui-même n'eft changé auparavant en fa nature : Nous avons reconnu
par-là , que néceffairement il doit être préparé , pour faire cet effet. Car il ne fe
mêle point dans l'intérieur des Métaux imparfaits , s'il n'a eu fa préparation particuliére , laquelle ne confifte qu'à le rendre

tel, qu'il puisse se mêler jusques dans le profond & dans l'intérieur du Métail, qui doit être transmué, sans pouvoir jamais en être séparé. Or l'Argent-vif ne peut point se mêler de cette maniére, s'il n'est rendu extrémement subtil, par la préparation particuliére, que nous avons déclarée dans le Chapitre, où nous avons traité de sa Sublimation. Mais quand il pourroit se mêler de cette sorte, il ne demeureroit point avec le Métail, & l'impression qu'il feroit sur lui, ne subsisteroit point, s'il n'est rendu fixe. Il ne donnera point aussi l'éclat au Métail qu'il doit nécessairement avoir, s'il est véritablement transmué, & si sa Substance n'est renduë fort éclatante, par un artifice particulier, & par une opération qui se fait par le moyen d'un dégré de feu propre & convenable. Il ne communiquera pas même aux Imparfaits la fusion des Métaux parfaits, si on ne le fixe de telle maniére, qu'en cet état il puisse ramollir les Corps durs, & endurcir les moûs. Car sa *fixation* doit être si bien ménagée, qu'elle n'empêche pas qu'il ne lui reste assez d'humidité pour pouvoir donner la fusion que nous demandons, & qui est nécessaire.

Il faut donc si bien préparer l'Argent-vif, que prémiérement il s'en fasse une Substance très-brillante & très-pure. Puis on le doit fixer avec cette précaution, que l'on sache lui donner le feu si à propos & si juste, que ce feu ne lui laisse d'humidité que ce qu'il en faut pour faire une fusion parfaite, & qu'il consume tout le surplus. Pour cette effet, si l'on en veut faire une Médecine pour ramollir les Métaux qui font durs & longs à fondre, on doit lui donner au commencement un feu lent, parce que le feu lent conserve l'humidité & donne une fusion parfaite. Que si au contraire on veut, par cette Médecine, endurcir les Métaux moûs, on doit faire un feu fort & violent, à cause qu'un tel feu consume l'humidité, & retarde la fusion. Et ce font-là des régles & des maximes, à quoi tout Artiste bien sensé doit soigneusement prendre garde, & les avoir toûjours présentes, à quelque Médecine que ce soit qu'il veüille travailler : comme il doit aussi faire plusieurs autres considérations sur le changement du poids, qui se fait dans la Transmutation ; & en rechercher la cause & remarquer l'ordre dans lequel ce changement se fait.

Or pour ce qui est de la grande pésanteur des Métaux parfaits, elle ne provient, que de ce que leur Substance est fort subtile & uniforme, c'est-à-dire toute de même nature. Car par ce moyen, n'y ayant rien entre les parties de ces Métaux, qui

les sépare & les désunisse ; c'est cette presse
& ce resserrement de parties, qui leur donne un si grand poids en si petit volume.

CHAPITRE XX.

De la différence des Médecines, & qu'il y en a du prémier, du second, & du troisième Ordre.

CE n'est donc qu'à rendre plus subtiles
les Matiéres , sur lesquelles il faut
travailler , que l'Artiste doit s'appliquer
dans toutes ses Opérations; soit qu'il veüille préparer les Corps imparfaits, soit qu'il
ait dessein de faire la Médecine, qui doit
leur donner la perfection. Car plus les
Corps , qui seront transmuez , seront pé-
sans, & plus ils seront trouvez parfaits , par
les régles de l'Art & par l'expérience qu'on
en fera. Mais parce qu'il y a plusieurs sortes
de *Médecines*, pour en parler utilement, il
est nécessaire de les comprendre toutes, &
d'en rapporter toutes les différences. Je dis
donc qu'il y en a de trois sortes. L'une qui
est *du prémier Ordre*, une autre *du second Or-*
drè ; & une autre enfin *du troisiéme Ordre*.

J'appelle *Médecine du prémier Ordre* , la
préparation, quelle qu'elle soit, que l'on donne aux Minéraux, laquelle, après qu'ils sont
ainsi préparez, étant projettée sur les Corps

imparfaits, leur imprime un changement & une altération, qui ne leur donne pas néanmoins une perfection si grande ni si forte, qu'ensuite ils ne puissent être corrompus & changez, c'est-à-dire revenir en leur prémiére nature, & que la Médecine & l'impression qu'elle a faite sur eux, ne se dissipent & ne s'évaporent entiérement, sans qu'il en reste rien. Telle est la Sublimation, laquelle, sans avoir reçû aucune fixation, blanchit Vénus & Mars. Telle est encore la Teinture, tirée du Soleil & de la Lune ou de Vénus, que l'on mêle ensemble, & que l'on met sur un Fourneau de Ciment, comme du *Ziniar*, & des autres choses semblables. Car c'est une Teinture, qui teint à la vérité, mais qui ne demeure pas: au contraire, elle se perd dans les épreuves, en s'éxhalant en fumée.

Par la *Médecine du second Ordre*, j'entends toutes sortes de préparations, desquelles faisant projection sur les Corps imparfaits, elles les changent, & leur donnent quelque perfection ; mais leur laissent cependant beaucoup d'impuretés, comme est la Calcination des Corps imparfaits, laquelle leur ôte tout ce qu'ils ont de volatil, & qui leur laisse leur terrestréité. Comme est encore la Médecine qui rougit la Lune, ou qui blanchit Vénus ; sans que ces deux Teintures puissent après cela être ôtées à ces deux Métaux, qui demeurent néanmoins au furplus dans leur même nature, & gardent les autres impuretés qu'ils avoient auparavant.

Enfin, j'appelle *Médecine du troifiéme Ordre*, la préparation, laquelle furvenant aux Corps imparfaits, par la projection que l'on en fait fur eux, les dépoüille de toutes leurs impuretés, & leur donne une perfection entiére & accomplie. Et cette Médecine eft feule & unique en fon efpéce. Et quiconque l'a, il n'a que faire de fe mettre en peine de chercher les dix efpéces différentes de Médecines du fecond Ordre.

Au refte, on appelle l'Oeuvre du prémier Ordre, *la petite Oeuvre*; celle du fecond Ordre, *l'Oeuvre moyenne*; & celle du troifiéme Ordre, *la grande Oeuvre*. Voilà toutes les fortes de Médecines.

CHAPITRE XXI.

Des Médecines du prémier Ordre, qui blanchiſſent Venus.

S'Uivant l'ordre que nous avons établi, nous parlerons de toutes ces fortes de Médecines l'une après l'autre. Pour cet effet, nous dirons prémiérement les Médecines des Corps ou Métaux, puis nous passerons à celles de l'Argent-vif, qui sont différentes de celles des Corps. Et nous rapporterons toutes ces Médecines de suite. Ainsi nous commencerons par celles du prémier Ordre ; nous poursuivrons par celles du second, & nous finirons par celles du troisiéme.

Les Médecines des Corps *du prémier Ordre,* sont ou *pour les Corps* [ou Métaux] *durs,* ou *pour les Corps moûs.* De celles qui sont pour les Corps durs, les unes sont pour *Vénus,* les autres pour *Mars,* & les autres pour *la Lune.* A l'égard de Vénus & de Mars, leur Médecine est pour leur donner une blancheur pure; & la Médecine de la Lune, pour la rendre rouge avec un beau brillant. Car on ne donne point ni à Vénus ni à Mars une couleur rouge avec un éclat apparent, par nulle Médecine du prémier Ordre : parce que ces deux Métaux étant tout à fait impurs, ils ne sont pas en état de recevoir le brillant de la Teinture du Soleil, si auparavant on ne leur donne une préparation, qui leur communique de l'éclat. Parlons donc prémiérement de toutes les Médecines du prémier Ordre pour Vénus, après quoi nous verrons celles qui sont pour Mars.

Il y a une Médecine qui blanchit Vénus avec l'Argent-vif, & il y en a une qui la blanchit avec l'Arsenic.

La prémiére se fait ainsi. On dissout

prémiérement de l'Argent - vif précipité, puis on diſſout tout de même de la Chaux de Vénus ; on mêle ces deux Diſſolutions, enſuite on les coagule, & enfin l'on faıt projection de cette Médecine ſur Vénus en corps, c'eſt-à-dire telle que Vénus eſt naturellement ſans être calcinée, & ſans qu'elle ait nulle autre préparation ; & elle la rend blanche & nette. *Ou bien.* On diſ-ſout de l'Argent-vif précipité & de la Litharge, l'un & l'autre ſéparément. On mêle ces deux Diſſolutions, après quoi on diſſout de la Chaux de Vénus, que l'on veut blanchir ; & ayant mis cette Diſſolu-tion avec les précédentes, on les *coagule,* puis l'on en fait projection ſur le Corps, & elle le blanchit. *Autrement.* On ſubli-me avec le Corps de Vénus alternative-ment une certaine quantité d'Argent - vif juſqu'à ce qu'il en demeure une partie avec elle, ſans qu'ils s'en ſépare, encore qu'on le faſſe rougir au feu. Puis l'ayant arroſée fort ſouvent avec du vinaigre diſ-tillé ; on la broye, afin que l'Argent - vif la pénétre mieux. Enſuite on la brûle, & on la ſublime une ſeconde foıs avec l'Ar-gent-vif, on l'arroſe ou *imbibe* avec du vinaigre, on la brûle, comme on a fait la prémiére fois, & l'on réitere ces Opé-rations, juſqu'à ce qu'une bonne quantité d'Argent-vif demeure ſans s'évaporer, en-

core qu'on le faſſe fortement rougir au feu.
Cette Teinture au blanc, pour être du prémier ordre, eſt fort bonne. *En voici d'u-
ne autre manière.* On fait ſublimer de
l'Argent-vif, tel qu'il vient de la Mine
avec d'autre Argent-vif précipité, juſqu'à
ce que celui-là ſe fixe ſur celui-ci, & qu'il
ſoit fuſible: après quoi on en fait projection ſur Vénus en corps, & elle deviendra
d'une blancheur à porter du profit. *Autrement encore.* On fait diſſoudre de la Lune
& de la Litharge ſéparément ; & ces deux
Diſſolutions, étant mêlées enſemble, elles blanchiſſent Vénus. Mais elles ſe blanchit mieux, ſi dans toutes les Médecines,
dont on ſe ſervira pour la blanchir, on y
ajoûte de l'Argent-vif, & que l'on faſſe ſi
bien, qu'il y demeure toûjours ſans s'éx-
háler.

On blanchit encore Vénus avec l'Arſenic ſublimé, & c'eſt l'autre ſorte de Médecine qui la blanchit. Cela ſe fait en prenant
de la Chaux de Vénus, & en ſublimant
avec elle de l'Arſenic une ou deux fois,
juſqu'à ce qu'ils s'incorporent enſemble,
& que par ce moyen Vénus devienne blanche. Mais je t'avertis, que ſi tu n'es bien
adroit à faire les Sublimations, l'Arſenic
ne demeurera point avec Vénus, & ne lui
communiquera point de blancheur qui ſoit
permanente. Après l'avoir donc ſublimé

une fois, il faut que tu le sublimes encore une seconde, de la maniére que je l'ai dit, quand j'ai parlé de la Sublimation de la Marcasite. On blanchit encore Vénus d'*une autre maniére.* On fait projection de l'Arsenic sublimé sur de la Lune, puis l'on projette le tout sur du Vénus, & elle blanchit avec utilité. *Ou bien.* On mêle prémiérement avec de la Lune, de la Litharge, ou du Plomb brûlé, qu'on aura dissous auparavant, puis on jette de l'Arsenic par dessus ; & enfin on fait projection du tout sur du Vénus, & elle paroît d'un fort beau blanc. Et c'est-là un blanc du prémier Ordre. *Ou,* L'on jette seulement de l'Arsenic sublimé sur de la Litharge dissoute & remise en corps, puis on en fait projection sur du Vénus étant en fusion, & cette Médecine lui donne une blancheur agréable. *Ou bien.* On mêle du Vénus & de la Lune ensemble, & sur cela on fait projection de quelque Médecine que ce soit qui ait la vertu de blanchir. Or la Lune se plaît mieux avec l'Arsenic qu'avec nul des Métaux ; c'est pourquoi elle l'empêche d'être aigre & cassant. Après la Lune, Saturne a plus d'affinité avec l'Arsenic. Et c'est pour cela qu'on mêle ordinairement l'Arsenic avec la Lune & Saturne. *Autrement.* On fait fondre de l'Arsenic sublimé, jusqu'à ce qu'il se mette par morceaux,

puis on le jette piéce à piéce fur du Vénus.
Je dis qu'il le faut jetter par piéces, & non
pas le mettre en poudre pour en faire projection ; parce qu'étant en poudre, il s'enflamme bien plûtôt qu'en piéces. Et par
ainfi il s'éxhale plus facilement, & ayant
pris feu, il eft confumé avant qu'il ne foit
tombé fur le Corps qui eft rougi, & qu'il
ne l'ait touché.

On ôte encore la rougeur à Vénus, &
on l'a blanchit avec de la Tutie. Mais parce que la Tutie ne la blanchit pas affez
bien, elle ne fait que la jaunir feulement.
Or toute forte de jaune a beaucoup d'affinité avec le blanc. Voici comment on fe
fert de la Tutie pour cela. Or prend quelque forte de Tutie que ce foit ; on la diffout & on la calcine ; puis on diffout du
Vénus, on mêle ces Diffolutions, & on
en jaunit la Subftance de Vénus ; & quiconque travaillera fur Vénus avec la Tutie,
il y trouvera du gain.

Enfin on blanchit Vénus avec de la
Marçafite fublimée, de même qu'avec l'Argent-vif fublimé, & l'un fe fait comme
l'autre.

CHAPITRE XXII.
Du blanchiſſement de Mars.

NOus devons parler maintenant des divers blanchiſſemens de Mars, qui ſe font par le moyen de ces Médecines particuliéres du prémier Ordre, ſuivant quoi il n'a pas une véritable fuſion, c'eſt-à-dire qu'il ne ſe peut fondre de lui-même, ſi l'on ne lui ajoûte un Fondant. Ainſi il faut le blanchir avec une Médecine fondante.

Toute Médecine, qui blanchit Vénus, fait le même effet ſur Mars, en le préparant de la même maniére. Néanmoins l'Arſenic, de quelque forte qu'il ſoit, eſt la Médecine qui le rend particuliérement fuſible. Mais avec quoi qu'on le blanchiſſe & qu'on le fonde, il faut néceſſairement le méler & le laver avec de l'Argent-vif, juſqu'à ce qu'il n'ait plus d'impureté, & qu'il ſoit devenu blanc & bien fuſible. *Ou bien*. Il le faut rougir à fort feu, & jetter de l'Arſenic par deſſus ; & quand il ſera fondu, en faire projećtion ſur une quantité de Lune. Parce qu'étant une fois mêlé avec de l'Argent, on ne l'en ſçauroit ſéparer qu'avec bien de la peine. *Ou bien encore*. On calcine le Mars, on lui ôte toute

te son *aluminosité* qui peut être dissoute, & qui est ce qui le rend impur. Ce qui se fait en le dissolvant de la maniére que je viens de le dire. Ensuite on sublime avec lui l'Arsenic, lequel on aura purifié auparavant, par quelque Sublimation qu'on en aura faite. Et on le resublime plusieurs fois de cette sorte, jusqu'à ce que quelque partie de l'Arsenic se fixe avec lui. Après cela on l'*imbibe* [ou l'arrose] avec la Dissolution de la Litharge, les mêlant, les remuant, & les brûlant alternativement ; & enfin on lui fait reprendre corps par le même dégré de feu, avec lequel j'ai dit qu'on remettoit Jupiter en corps, après qu'il a été calciné. Cela fait, Mars sera blanc, net, & fusible. *Ou bien.* On le remettra en corps, après avoir mêlé sa Chaux seulement avec de l'Arsenic sublimé, & il paroîtra blanc, net & fusible.

Mais il faut que l'Artiste agisse ici avec la même précaution, que nous avons dit qu'il devoit prendre, en refaisant la Sublimation de Vénus avec l'Arsenic, afin de faire entrer l'Arsenic, & de le fixer jusques dans sa profondeur.

Mars se blanchit encore avec la Marcasite & la Tutie, & cela se fait de la même maniére & par le même artifice, que nous avons dit ci-devant que l'on blanchissoit Vénus. Néanmoins ces deux Médecines ne le

purifient ni ne le blanchiffent pas parfaitement.

CHAPITRE XXIII.

Des Médecines qui jauniffent la Lune.

POur parler maintenant avec fincérité
de la Médecine du prémier Ordre,
qui donne à la Lune la Teinture du Soleil,
nous dirons que c'eft une Médecine, laquelle s'attache intimément à la Lune, &
la pénétre jufques dans fon intérieur, &
qui par ce moyen lui communique cette
Teinture : foit que cette Médecine s'uniffe
ainfi à la Lune, & qu'elle la colere d'elle-
même & par fa propre vertu ; foit que cela lui vienne de l'artifice de notre Magiftére. Ce qui fait qu'il y a de deux fortes
de Médecines pour teindre la Lune. Nous
parlerons prémiétement de celle, qui d'elle-même s'attache & s'unit naturellement à
elle. Puis nous dirons par quel artifice nous
rendons les autres Médecines, (de quelque efpéce qu'elles foient) propres à s'u-
nir tant à la Lune qu'aux autres Métaux,
à les pénétrer, & à s'y attacher fortement,
fans pouvoir en être féparées.

On tire la prémiére Médecine, ou du
Soufre, ou de l'Argent-vif, ou de la compofition & du mêlange de ces deux Efprits. Mais la Médecine, qui fe prend du

Soufre, est bien moins efficace : au lieu que celle qui se fait de l'Argent-vif, est beaucoup plus parfaite. On fait encore cette Médecine de certains Minéraux, qui ne sont pas de la nature de ces Esprits, tels que sont le Vitriol, & la Couperose, qu'on appelle la *Gomme du Cuivre*, ou son égoût. Nous parlerons prémiérement des Médecines de l'Argent-vif, puis de celles qui se font du Soufre ou du mêlange de ces deux Esprits. Ensuite nous verrons quelles sont celles que l'on fait avec la Gomme du Cuivre, & les autres choses semblables.

On fait la Médecine avec l'Argent-vif de cette maniére. On prend de l'Argent-vif qui soit précipité, & que la précipitation ait mortifié & rendu fixe. On met ce Précipité dans un Fourneau, qui fasse un feu fort, comme est celui où l'on met les Chaux des Métaux pour les maintenir & les conserver toûjours en même état. Et on laisse ce Précipité dans ce Fourneau jusqu'à ce qu'il devienne rouge, comme est le Cinnabre, qui se fait du mêlange de l'Argent-vif & du Soufre. Que s'il ne rougit pas dans ce feu, il faudra prendre une partie d'Argent-vif, sans être mortifié, & l'ayant mêlé avec du Soufre, resublimer ainsi ce Précipité. Mais il faut que le Soufre & l'Argent-vif, dont on se servira pour faire cette Opération, soient bien purifiez de toutes leurs impuretés, & après qu'on aura sublimé ce Soufre vingt fois avec le Précipité, on le dissoudra dans des Eaux acres & dissolvantes, puis on le calcinera, & on le dissoudra plusieurs fois, jusqu'à ce qu'il le soit assez. Cela fait, dissous une partie de Lune, mêles-en la Dissolution avec les précédentes ; coagule le tout, & fais-en projection sur de la Lune fonduë, & tu verras que cela la teindra utilement. Mais si l'Argent-vif rougit lorsqu'on le précipitera, afin qu'on en fasse la projection, & que ce Précipité donne la Teinture à la Lune ; il suffira de le mettre, & de le tenir dans le Fourneau, comme je viens de le dire, sans qu'il soit besoin de le mêler avec quoi que ce soit de tingent.

On teint tout de même la Lune avec le Soufre ; mais c'est un travail difficile & pénible, plus qu'on ne le sçauroit croire. On la teint encore avec la Dissolution de Mars. Mais il faut nécessairement calciner le Mars & le fixer auparavant ; ce qui n'est pas une petite affaire. Après cela on le prépare comme nous avons dit qu'il faloit le faire pour la Médecine du Soufre & de l'Argent-vif, en le dissolvant & le coagulant & nous en faisons la projection de la même manière sur de la Lune fonduë. Et avec tout cela la Teinture, que cette Mé-

decine donne à la Lune n'est point brillante, mais elle est obscure & matte, & d'une
couleur pâle & désagréable.

La Médecine, qui se fait du Vitriol &
de la Couperose, pour teindre la Lune,
se fait ainsi. On prend une certaine quantité de chacun de ces Minéraux. On en
sublime ce qui peut être sublimé, & on
sublime le reste à fort feu. Il faut sublimer
une seconde fois ce qui aura été sublimé,
& on le fera par un dégré de feu, qui soit
propre à cette Opération, afin que par ce
moyen, une partie se fixe après l'autre,
jusqu'à ce que la plus grande partie soit
fixée. Puis on calcinera cette partie avec
un feu, qu'on fera de telle maniére, qu'on
puisse l'augmenter, afin d'achever & de
parfaire cette Médecine. Ensuite on dissoudra cette Matiére, & il s'en fera une
Eau parfaitement rouge, & qui n'a pas sa
pareille. Après quoi, il faudra trouver
moyen de luy donner *ingrez*, c'est-à-dire
de la rendre si subtile qu'elle puisse entrer &
pénétrer dans le Corps de la Lune. Je t'en
ai suffisemment enseigné l'artifice par les
choses que j'ai dites dans ce Livre, si tu
es un véritable Inquisiteur de l'Oeuvre
parfaite. Et parce que nous avons vû que
ces choses s'attachoient & s'unissoient amiablement & intimement à toute la Substance de la Lune, nous avons inféré de là,

qu'elles étoient faites & composées des mêmes Principes qu'elle. Ce qui est assurément très-véritable. Car c'est pour cela même qu'elles ont la vertu de l'altérer & de la changer.

Voilà toutes les Médecines du *prémier Ordre*. Ce n'est pas qu'on ne puisse en augmenter le nombre, en les mêlant diversement, sans que dans les différentes maniéres, avec lesquelles leurs mélanges se peuvent faire, les choses tingentes perdent rien de leur essence ni de leur vertu. Mais à dire le vrai, la Médecine pour la Lune que l'on tire de l'Argent-vif, n'est pas une Médecine du *prémier Ordre* ; parce qu'elle ne communique pas seulement une des cinq espéces de la perfection que nous avons remarquées ci-devant, mais elle donne la perfection toute entiére.

Il y en a qui ont imaginé plusieurs autres Médecines ; mais il arrive nécessairement de deux choses l'une, ou qu'ils font leur Médecine des mêmes choses, ou qui sont du moins de même nature que celle dont nous avons parlé ; ou bien qu'ils la font d'une chose, laquelle par l'altération & le changement qu'on lui donne, a la même vertu que ce qu'elle n'est pas en effet : c'est-à-dire, qui fait le même effet que les Médecines dont nous venons de parler, quoi qu'elle ne soit pas de même nature *qu'elles. Mais cette Médecine ne peut de rien servir à ce qui est net & pur, ni à ses parties, jusqu'à ce que le Moteur se soit reposé dans le plus haut Mobile de la Nature, sans être nullement corrompu.*

CHAPITRE XXIV.

Des Médecines du second Ordre, & de leurs propriétés.

VEnons maintenant aux Médecines du second Ordre, & disons-en tout ce qu'il sera nécessaire d'en sçavoir avec les preuves & les expériences, que par effet nous avons trouvées être véritables. Or comme il y a des Médecines pour transmuer les Corps, & qu'il y en a aussi pour coaguler parfaitement ; c'est à-dire pour fixer l'Argent-vif en véritable Soleil, & Lune, nous commencerons par les prémieres.

La Médecine du second Ordre, est une Médecine, laquelle, comme je l'ai dèja dit, donne seulement une seule sorte de perfection aux Corps imparfaits. Mais parce que dans les Corps imparfaits il y a plusieurs impuretés qui les corrompent, & qui sont cause de leur imperfection, comme par éxemple dans Saturne, il y a un Soufre volatil & un Argent-vif aussi volatil, & outre cela une terrestréité qu i l rendent nécessairement imparfait ; on fait une Médecine, laquelle ôte entièrement l'une ou l'autre de ces imperfections, ou qui la pallie & la cache, en l'embellissant, sans toucher aux autres imperfections, qui y demeurent toutes entières. D'ailleurs, comme dans les Corps, il y a quelque chose qui ne peut être changé, parce que c'est une chose qui leur est essentielle ; étant née avec leurs Principes, elle ne peut point aussi leur être ôtée par aucune Médecine du second Ordre : Et il n'y a que la seule Médecine du troisième & grand Ordre, qui puisse la faire perdre aux Corps mixtes dans lesquels elle se trouve. Mais parce que l'expérience a fait voir, que par la Calcination, on pouvoit ôter les superfluités des Volatils, & que la terrestréité qui n'étoit pas essentielle aux Corps, ni unie à leurs Principes, se perdoit en les calcinant, & en les remettant plusieurs fois en corps ; Cette connoissance a fait que l'on a inventé la Médecine du second Ordre, laquelle peut pallier & couvrir les imperfections essentielles des Corps, ramollir ce qu'ils ont de dur, & endurcir ce qu'ils ont de mou, & communiquer aux Imparfaits, tant durs que mous, une perfection *du second Ordre*, qui ne soit pas Sophistique, mais une véritable perfection de Soleil & de Lune.

Mais

Mais parce qu'aussi on ne sçauroit, par cette Oeuvre du second Ordre, empêcher que les Corps moûs ne se fondent fort promptement, ni leur ôter l'impureté qui est enracinée dans leurs Principes, on a été obligé de rehercher une autre Médecine, laquelle, dans la projection qu'on en fera sur eux, puisse épaissir & resserrer leurs parties trop rares & trop éloignées les unes des autres, & par ce moyen les endurcir assez pour ne pas se fondre, avant qu'ils ayent rougi dans le feu. Cette Médecine a été encore nécessaire pour faire un effet tout contraire sur les Corps durs imparfaits, en raréfiant & attenuant leur épaisseur, autant qu'ils est nécessaire pour se fondre plus promptement, qu'elles ne faisoient sans leur ôter pourtant la propriété qu'ils ont de rougir avant que de se fondre. Et afin encore qu'en paliant la noirceur, qui se trouve dans les uns & dans les autres de ces Corps imparfaits, elles les embellissent : & qu'enfin, comme cette Médecine est ou Blanche ou Rouge, la blanche les transmuë en blanc de Lune, & la rouge en rouge parfait. Or ces deux Médecines, la Blanche & la Rouge, ne diffèrent qu'en ce que l'une n'est pas si bien préparée ni digérée, & par conséquent si parfaite que l'autre ; le différent effet qu'elles font de changer en blanc & enrouge, ne provenant nullement de la différence des

Corps, sur lesquels on en fait projection, ni de ce qu'elles soient composées de choses différentes en Teinture ; mais de la seule préparation ou cuisson.

Au reste, la Médecine du second Ordre, qui doit épaissir & resserrer les parties trop rares des Corps mous, doit être tout autrement préparée, que celle qui doit attenuer & raréfier le trop d'épaisseur des Corps durs. Car on doit donner à la prémiére un feu propre à consumer le trop d'humidité des Corps mous ; au lieu que la derniére a besoin d'un feu doux, & qui conserve l'humidité qui fait la fusion.

CHAPITRE XXV.

De la Médecine Lunaire & Solaire pour les Corps imparfaits.

PArlons maintenant de toutes les Médecines Lunaires & Solaires du second Ordre, & enseignons la maniére de les faire, en commençant par les Médecines Lunaires. Il faut néanmoins remarquer auparavant, que le Soufre, quel qu'il soit, est ce qui empêche la perfection, comme nous l'avons fait voir ci-devant, & que l'Argent-vif est ce qui fait la perfection dans les Ouvrages de la Nature, par un régime ou une digestion parfaite. Notre

intention étant donc, non pas de changer
les ordres de la Nature, mais d'en imiter
les opérations, autant que nous le pouvons faire ; nous nous servons tout de même de l'Argent-vif dans le Magiſtére de
cette Oeuvre, pour faire toutes les Médecines Lunaires & Solaires, ſoit pour parfaire les Corps imparfaits, ſoit pour coaguler & fixer l'Argent - vif. Car, comme
nous avons dèja fait voir , il faut des
Médecines différentes pour faire ces deux
choſes, nous allons maintenant traiter des
unes & des autres par ordre & de ſuite.

La Matiéres néanmoins de ces deux Médecines eſt la même , & il n'y en a qu'une
ſeule , & nous l'avons aſſez fait connoître
en tout ce que nous venons de dire. Prens-
là donc & t'en ſers pour faire la Médecine
Lunaire du ſecond Ordre , que j'ai promis
de t'enſeigner , & pour cet effet éxerce
toi & apprens à la préparer par les Opérations qui ſont néceſſaires pour faire ce
Magiſtére, que tu ne peux ignorer, & qui
ne ſe terminent toutes qu'à ſéparer la pure
Subſtance de cette Matiére, à fixer une
partie de cette Subſtance , & à laiſſer l'autre, pour faire l'Incération. Continuant
ainſi à faire le Magiſtére , juſqu'à ce que tu
ayes rendu la Médecine fondante , qui eſt
ce que tu dois chercher , & que tu reconnoîtras par expérience. Car ſi faiſant pro-

jection de ta Médecine sur les Corps durs,
elle leur donne une prompte fusion ; & si
elle fait un effet tout contraire sur les
Corps mous, ce sera une marque assurée
qu'elle est parfaite. De sorte qu'étant projettée sur quelque Métail imparfait que ce
soit, elle le changera parfaitement en Substance de Lune, pourvû qu'on lui ait donné les préparations nécessaires ; sinon elle
laisse quelque imperfection au Corps qu'elle change, & elle ne lui communique tout
au plus qu'une des sortes de perfections,
dont nous avons parlé ci-devant. Par ce
qu'elle ne peut rien faire davantage, n'ayant
eu les préparations, que pour être Médecine du second Ordre : au lieu que la
Médecine du troisiéme Ordre donne la perfection aux Imparfaits, par la seule projection que l'on en fait sur eux, sans qu'il soit
besoin de les préparer auparavant.

La Médecine Solaire du second Ordre,
pour chacun des Corps imparfaits, se fait de
la même Matiére & par le même Régime. Elle différe néanmoins de la Lunaire, en ce que
ses parties sont renduës plus subtiles, par une
manjére de digestion toute particuliére ; &
par le mêlange qu'on fait d'un Soufre préparé par un Régime subtil, avec cette Matiére
que nous avons assez déclarée, pour la
faire connoître. Et ce Régime ne tend
qu'à fixer ce même Soufre très pur , & à

le diſſoudre ou rendre foible avec modération. Car c'eſt ce Soufre qui teint la
Médecine, & c'eſt par ſon moyen, qu'é-
tant projettée ſur quelqu'un des Corps imparfaits, elle lui donne la perfection de
l'Or, autant que la préparation qu'elle a
eüe auparavant, comme Médecine du ſecond Ordre, la rend efficace ; & autant
que celle que l'on a donnée au Corps imparfait, le rend capable de la recevoir. Et
ſi l'on fait projection de cette même Médecine ſur la Lune, elle lui donnera la
perfection du Soleil avec beaucoup de
profit.

CHAPITRE XXVI.

De la Médecine qui coagule & fixe l'Argent-vif.

POur achever les Médecines du ſecond
Ordre, il nous reſte à parler de celles
qui coagulent ou fixent l'Argent-vif. Je
dis donc que la Matiére de cette Médecine ſe doit prendre des mêmes choſes d'où
ſe prend celle des autres Médecines, c'eſt-
à-ſçavoir de ce que nous avons aſſez fait
connoître, par tout ce que nous avons
dit dans les Chapitres précédens. Et la raiſon en eſt que l'Argent-vif, qui eſt volatil,
s'enfuyant aiſément, ſans même qu'il ſoit

beaucoup échauffé, a befoin d'une Médecine, laquelle, avant qu'il s'éxhale, s'attache d'abord intimement & profondément
à lui, qui s'y uniffe par fes moindres parties, qui l'épaiffiffent, & qui par fa fixation le retiennent, & le confervent dans le
feu jufqu'à ce qu'il puiffe en fouffrir un
plus violent, qui confume fon humidité
perfluë, & qui par ce moyen le convertiffe
en un moment, en véritable Soleil ou Lune, felon que la Médecine aura été préparée au Rouge ou au Blanc.

Or comme on ne fçauroit rien trouver
qui convienne mieux à l'Argent-vif, que ce
qui eft de même nature que lui, nous avons
jugé de-là, qu'il faloit faire cette Médecine du Vif-Argent lui même; & nous a-
vons imaginé le moyen de le changer en
Médecine par notre artifice. Et ce moyen
ne confifte qu'à préparer l'Argent-vif de
la maniére que nous avons dèja dit, par
un long & affidu travail, par lequel fa
Subftance fubtile & plus pure fe change,
celle qui eft blanche en Lune, & celle qui
eft orangée en Soleil. Or il ne peut point
devenir Orangé, fi l'on ne mêle avec lui
quelque chofe, qui lui donne cette Teinture, & qui foit de fa même nature: &
qu'après, de cette Subftance très-pure de
l'Argent-vif, par le moyen des Opérations,
dont on fe fert pour faire le Magiftére,

il se fasse une Médecine qui s'attache très-
fortement à l'Argent-vif ; qui le rende très-
facilement fusible , & qui le coagule & le
fixe. Car si on le prépare auparavant, comme il le doit être, cette Médecine le convertira en véritable Soleil ou Lune.

On demande d'où se doit principalement
tirer cette Substance d'Argent-vif. Je réponds, qu'on la doit prendre dans les choses où elle est ; & la tirer de ces mêmes
choses. Or il est certain que naturellement elle est dans les Corps & dans l'Argent-vif même ; puisque & l'Argent-vif,
& les Corps , sont constamment tous d'u-
ne même nature, ainsi que l'expérience le
fait voir. Néanmoins il est plus difficile de
trouver cette Substance dans les Corps; au
lieu qu'elle est plus aisée à trouver, & plus
proche dans l'Argent-vif , quoi que pourtant elle n'y soit pas plus parfaite. Mais
dans quelque lieu que l'on trouve, & d'où
l'on prenne cette Médecine, soit dans les
Corps , soit dans la Substance de l'Argent-
vif, on peut dire que c'est la Médecine
de la Pierre précieuse.

CHAPITRE XXVII.

Comment par l'Art on peut rendre les Medecines entrantes, ou leur donner ingrez.

IL arrive quelquefois que les Médecines, dont nous venons de parler, se mêlent, & quelquefois aussi elles ne se mêlent pas avec les Corps. Ainsi il est nécessaire d'enseigner par quel moyen on peut les rendre capables de se mêler, c'est à-dire d'entrer profondément dans les Corps, dans lesquels elle ne sçauroient entrer sans cela. Ce moyen est de dissoudre ce qui est *entrant*, & de dissoudre aussi ce qui ne l'est pas, & de mêler ensuite ces deux Dissolutions. Car tout ce qui pourra se mêler par les moindres parties, avec ces Dissolutions, de quelque nature qu'il soit, deviendra aussi-tôt *entrant*. Or il est certain que c'est par la Dissolution que cette *ingrez* s'acquiert, parce que c'est par la Dissolution, que la fusion se communique à ce qui n'est pas fusible. Et par conséquent, c'est par ce moyen qu'elles deviennent propres à entrer dans les Corps, & à les *alterer* ou changer. Et c'est aussi pour cela que nous calcinons de certaines choses, qui ne sont pas de la nature de celles dont nous parlons, afin qu'elles se puissent mieux dissoudre. Et on ne les dissout, qu'afin que les Corps reçoivent mieux leur impression, & que par ce moyen ils soient mieux préparez & mieux purifiez.

Il y a encore une autre manière de rendre *entrant* ce qui ne l'est pas, à cause de son épaisseur. Ce qui se fait en le sublimant plusieurs fois avec des Esprits, qui ne sont pas inflammables, comme sont l'Arsenic & l'Argent-vif, sans le rendre fixe. Ou bien en dissolvant plusieurs fois ce qui de soi n'est pas *entrant*.

Voici encore un autre bon moyen pour donner *ingrez* aux choses qui ne se peuvent pas mêler avec les Corps ou Métaux. Il faut dissoudre le Corps dans lequel on veut faire entrer la Médecine, afin de le changer & de l'altérer : & il faut de même dissoudre la Chose, ou la Médecine, que l'on veut qui entre dans le Corps, & qu'elle le change. Il ne faut pas néanmoins le dissoudre tout à la fois, mais une partie seulement ; & de cette Dissolution on en abreuvera, à plusieurs reprises, ce qui n'aura pas été dissous. Car par ce moyen, il faut nécessairement que cette Médecine entre dans ce Corps-là, & qu'elle le pénétre, quoi qu'il ne s'ensuive pas pour cela, qu'elle doive *entrer* aussi aisément dans les autres Corps. Ce sont-là les artifices par lesquels les choses deviennent *entrantes*, par la conformité de leur nature : Et c'est par ce moyen, que l'on a trouvé de les mêler facilement avec les Corps, qu'elles les changent & les altèrent.

Ainsi voilà nos dix Médecines parachevées, & tout ce que nous avions à dire là-dessus.

CHAPITRE XXVIII.

De la Médecine du troisième Ordre en générale.

NOus n'avons plus à parler que de la *Médecine du troisième Ordre*. Il y en a de deux sortes, l'une que l'on appelle *Lunaire*, & l'autre *Solaire*. Ce n'est pourtant qu'une seule Médecine, puisque toutes les deux n'ont qu'une même Essence, & qu'elles agissent de même maniére. C'est pourquoi *les anciens Philosophes*, dans les Livres que nous avons lûs d'eux, *assurent tous qu'il n'y a qu'une Médecine*. La seule différence qui s'y trouve, c'est que pour faire la Médecine Solaire, on lui ajoûte la Couleur rouge, qui lui donne la Teinture. Et cette Couleur vient de la Substance très-pure du Soufre fixe, qui n'est que dans la Médecine Solaire, & qui ne se trouve point dans l'autre. Or on appelle cette Médecine du troisiéme Ordre, *la grand' Oeuvre*; parce qu'il faut une plus grande application pour la découvrir, un plus long travail pour la préparer, & beaucoup plus de peine pour la parfaire, que celles du prémier & du second Orde. Cette Médecine ne différe pas néanmoins essentiellement de celle du second Ordre, si ce n'est qu'elle demande seulement une préparation plus subtile, par un Régime de feu qui se doit faire par dégré, & un travail plus long & plus assidu. Je dirai son Régime & la Maniére de le préparer par ses Causes, & ses Expériences, & j'enseignerai quel différent dégré de feu il faut lui donner pour être *Médecine du troisiéme Ordre*. Car afin que la Médecine Solaire ait sa Teinture parfaite, elle a besoin d'un dégré de feu différent de celui, qu est nécessaire pour donner la perfection à la Médecine Lunaire: parce qu'il faut ajoûter un Soufre tingent à la prémiére, que la derniére ne doit pas avoir, ce qui ne se fait que par une plus forte digestion, & par conséquent par un plus fort dégré de feu.

CHAPITRE XXIX.

De la Médecine Lunaire du troisiéme Ordre.

LA maniére de faire cette Médecine, est de prendre la Pierre, c'est-à-dire la Matiére, qui doit être maintenant assez connuë; séparer sa partie la plus pure & la mettre à part, puis fixer quelque chose de cette partie très-pure, & en laisser aussi sans fixer. On prend ce qui est fixé; l'on en dissout tout ce qui peut se dissoudre; & ce qui ne s'est pas dissous, on le calcine. Puis on dissout tout de même une seconde fois tout ce qui le peut être, continuant ainsi à calciner & à dissoudre, jusqu'à ce que l'on en ait dissous une bonne partie. Après quoi l'on mêle toutes ces Dissolutions, on les coagule, & en les rotissant légérement, on les tient dans un feu modéré jusqu'à ce qu'on puisse donner à cette Matiére un feu plus fort, selon qu'elle en a besoin. Recommencez ensuite, comme à la prémiére fois, à dissoudre tout ce qui pourra être dissous; coagulez-le, & le remettez dans un feu modéré, jusqu'à ce qu'il puisse en souffrir un plus grand pour lui donner sa perfection. Il faut réitérer quatre fois ces préparations, & à

la fin on calcinera cette Matiére comme elle doit être. Ce qui étant fait, la très-
précieuse Terre de la Pierre sera bien préparée. Prenez alors cette partie de votre
Matiére, que vous avez gardée sans la
fixer, & la mêlez subtilement & adroitement,
avec cette Terre ainsi préparée, par leurs
moindres parties ; & tâchez de les sublimer
si bien ensemble, de la maniére que je l'ai
dit, que ce qui est fixe s'éléve & se sublime entiérement avec ce qui n'est pas fixe,
c'est-à-dire avec ce qui est volatil. Et si
après cela ce qui est fixe ne s'élévoit pas,
il faudra encore lui ajoûter autant de la Matiére volatile ou qui n'est pas fixe, qu'il en
faudra pour le faire sublimer. Après quoi,
il faut les resublimer & continuer à le faire,
jusqu'à ce que tout soit devenu fixe. Ensuite on l'abbreuvera une partie après l'autre, avec la même Matiére [que l'on a gar-
dée] & qui n'a pas été fixée, de la maniére que vous le devez sçavoir, jusqu'à
ce que tout s'éléve & se sublime. Fixez
encore jusqu'à ce qu'il se fonde facilement,
après avoir rougi ; & vous aurez une
Médecine qui transmuera tous les Corps
imparfaits & quelque Argent-vif que ce
soit, en très-parfaite Lune.

CHAPITRE XXX.

De la Médecine Solaire du troisiéme Ordre.

POur faire cette Médecine, il faut, en la préparant, lui ajoûter avec grand artifice un Soufre incombustible, en fixant, calcinant & dissolvant, & en réïtérant ces Opérations jusqu'à ce que ce Soufre soit pur & net. Mais avant tout cela, il faut avoir parfaitement sublimé la Matiére de cette Médecine. La maniére d'ajoûter ce Soufre se fait en réïtérant la Sublimation de la partie de la Pierre, c'est-à-dire de sa Matiére, qui n'est pas fixe, & en la joignant industrieusement avec la partie fixe ; tellement que celle-ci s'éléve avec l'autre, & qu'elle lui communique sa fixité & sa stabilité. Et plus on refait de suite ces Opérations, qui donnent une perfection *exubérante* à cette Médecine, plus elle acquiert de perfection, plus elle devient efficace, & plus enfin sa vertu s'augmente & se *multiplie.*

Mais pour ne donner sujet à personne de se plaindre de moi, je m'en vais dire en quoi consiste tout l'accomplissement du Magistére, & cela en peu de mots fort intelligibles, qui comprendront tout, sans rien omettre.

Tout le Sécret consiste donc à purifier parfaitement, par la Sublimation, tant la Pierre, ou sa prémiére Matiére, que ce qu'on lui ajoûte, c'est-à-dire son Soufre : puis à fixer adroitement ce qui est volatil, & à rendre volatil ce qui est fixe ; & enfin à faire encore le fixe volatil. Fais cela, & tu posséderas un Sécret très-précieux, qui vaut mieux incomparablement que tous les Sécrets de toutes les Sciences du Monde, & qui est véritablement un Trésor, qu'on ne sçauroit assez estimer. Applique-toi à le chercher avec un travail assidu & une très-profonde méditation. Car par ce moyen tu pourras l'acquérir, & non autrement.

Au reste, en refaisant, comme je l'ai dit, les Opérations de cette Médecine, ce qui s'appellle sa Multiplication, on peut l'élever à une telle perfection, qu'elle changera véritablement une infinité d'Argentvif en Soleil & en Lune très-parfaits. Et cela ne dépend que de sa seule Multiplication.

Il ne nous reste plus qu'à loüer & à bénir en cet endroit le très-haut & très-glorieux Dieu, Créateur de toutes les Natures, de ce qu'il a daigné nous révéler toutes les Médecines, que nous avons vûës & connuës par expérience. Car c'est par sa sainte inspiration que nous nous sommes appliquez à les rechercher avec bien de la peine, & qu'enfin nous les avons faites, & que nous avons vû de nos yeux & touché de nos mains le parfait Magistére, que nous avons tant cherché. Que si nous avons célé la chose, celui qui sera Fils de la Science, ne s'en doit pas étonner. Car ce n'est pas à lui que nous l'avons cachée; mais au Méchant, l'ayant enseigné de telle maniére, que très-assûrément un Fou n'y comprendra rien; au lieu que ce que nous en avons dit encouragera un Homme sage à s'attacher encore plus fortement à la rechercher.

Courage donc, Fils de la Science, cherchez & vous trouverez infailliblement ce Don très-excellent de Dieu, qui est réservé pour vous seuls. Et vous, Enfans d'iniquité, qui avez mauvaise intention, fuyez bien loin de cette Science, parce qu'elle est votre Ennemie, & qu'elle est faite pour votre perte & votre ruine, qu'elle vous causera très-assûrément. Car la Providence divine ne permettra jamais que vous joüissiez de ce Don de Dieu, qui est caché pour vous, & qui vous estdéfend

Après avoir parlé de toutes les sortes de Médecines, en suivant l'ordre que nous nous sommes proposé, nous allons traiter maintenant des différentes Epreuves, par lesquelles on connoît si le Magistére est véritablement parfait.

TROISIE'ME

TROISIE'ME ET DERNIERE PARTIE

DU SECOND LIVRE.

Des Epreuves de la perfection.

CHAPITRE XXXI.

Division des choses contenuës en cette Partie.

NOus ne nous arrêterons point à parler ici des *Expériences*, que tout le monde sçait faire, comme d'éxaminer les Métaux parfaits par leur poids, leur couleur, & l'extension qu'ils reçoivent sous le Marteau ; parce qu'il ne faut pas être fort habile pour cela. Ainsi nous ne traiterons en cette Partie que des *Epreuves* ou *Essais* que font les Artistes, pour connoître si la Médecine, dont on aura fait projection sur les Corps imparfaits, & qui les aura transmuez, leur aura donné une véritable perfection.

Ces Epreuves font *la Coupelle*, *le Ciment*, *le Rougiffement du Métail* au feu, *la Fufion*, *l'Expofition* que l'on en fait *fur la vapeur des chofes aiguës* ou acides, *le Mélange* ou *l'Addition du Souftre combuftible*, *l'Extinction du Métail* qui a été rougi, *la Calcination*, *la Réduction* en corps, & *la facilité* ou *difficulté* qu'il aura à recevoir *l'Argent-vif*. Enfuivant cet ordre, nous commencerons par *la Coupelle*, puis nous viendrons aux autres Epreuves, & nous rapporterons les Caufes de chacune dans leur lieu.

CHAPITRE XXXII.

De la Coupelle.

VOyons donc ce que c'eft que *la Coupelle*; difons-en les Caufes, qui feront très-manifeftes, & la maniére de la faire. Mais il faut remarquer prémiérement qu'il n'y a que le Soleil & la Lune qui puiffent fouffrir cet éxamen. En recherchant donc quelle eft la Caufe de l'Effet que produit la *Coupelle*, & d'où vient que des Métaux imparfaits, que l'on met à cet Examen, il y en a qui le fouffrent plus long-tems, & d'autres moins, nous verrons par même moyen, ce qui fait la vé-

ritable différence des deux Corps parfaits,
d'avec les imparfaits.

Ce n'est pas que ce soit une chose nécessaire à faire en cet endroit, puisque
nous avons dèja suffisemment éxaminé &
découvert la Composition essentielle des
deux Métaux parfaits, par leurs Principes,
lorsque nous en avons ci-devant traité ex-
pressément. Car nous avons dit alors que
leur Substance étoit composée d'une grande quantité d'Argent vif, & de sa plus
pure Substance, très-subtile d'abord, mais
qui depuis a été épaissie, & renduë en
état de ne se fondre, qu'étant devenuë rouge dans le feu. Et de-là nous tirons cette
conséquence. Que les Métaux imparfaits,
qui ont le plus de terrestréité, souffrent le
moins la *Coupelle*, & que ceux qui en
ont le moins, la souffrent davantage. Et
la raison en est, parce que les parties de
ces derniers étant plus subtiles, n'étant en-
tremélées d'aucune terrestréité grossiére,
elles se mêlent mieux, & elles s'unissent
plus fortement ensemble ; & ainsi elles sont
beaucoup plus tenantes les unes aux autres.
Et de-là il s'ensuit encore que les Corps,
dont les parties sont plus minces & plus
subtiles, ou au contraire qui sont plus é-
paisses & plus grossiéres, que ne sont celles des Corps parfaits, étant mêlez ensemble, doivent nécessairement se séparer en

tiérement les uns des autres, lorsqu'on les met à cette Epreuve, parce que ces Corps ne se fondent pas tous de la même maniére, & au même tems, entre ceux-là, & ceux qui dans leur composition ont le moins d'Argent-vif, se séparent le plûtôt des autres.

Ce qui nous fait évidemment connoître la raison pourquoi de tous les Métaux, Saturne souffre moins la *Coupelle*, & pourquoi il se sépare le prémier de ceux qu'on met à cette Epreuve avec lui. Car c'est qu'il est composé de beaucoup de terres-tréité & de fort peu d'Argent-vif, & qu'il se fond facilement & promptement, qui sont deux choses toutes opposées à cet Examen. Et parce qu'il s'en va & s'éxhale plûtôt, que pas un des autres Cops imparfaits, c'est pour cela qu'il est plus propre que nul autre à faire cette Epreuves, & à servir d'*Examinateur*. Car s'éxhalant d'abord, il enléve & entraîne avec lui les autres Corps imparfaits qu'on y met. Et par cette-même raison, il se consume moins du Corps parfait dans le feu qu'on fait pour la *Coupelle*, quoi qu'il soit très-violent; parce que Saturne, qui est l'Examinateur, n'y demeure pas si long-tems; au lieu que le Corps parfait y demeure jusqu'à la sin, & long-tems après que Saturne est tout consumé. Et par ainsi, il se brûle moins du Corps parfait en cet éxamen, qui se fait par l'entremise du Plomb, & même il s'y purifie davantage.

C'est pourquoi Jupiter, ayant moins de terrestréité, & plus d'Argent-vif que Saturne, & ce qu'il en a étant plus pur & plus subtil, lorsqu'il est mêlé avec les autres Métaux, il souffre plus long-tems la *Coupelle* que ne font Saturne ni Vénus, parce qu'il s'attache plus intimement à ce qu'il y a de Métail parfait mêlé avec lui. Et c'est pour cela même, que lorsqu'il y a du Jupiter mêlé avec quelqu'un des Corps parfaits, dans la masse dont on fait l'Epreuve, le Corps parfait diminuë beaucoup, avant que Jupiter s'en sépare.

Pour ce qui est de Vénus, quoi qu'elle ne se fonde qu'après avoir rougi, néanmoins, lorsqu'elle est mélée avec un Corps parfait, comme elle ne se fond pas si-tôt que lui, cela est cause qu'elle s'en sépare, mais non pas pourtant si-tôt que Saturne, parce qu'elle rougit avant que de se fondre. Mais comme elle a bien moins d'Argent-vif que Jupiter, qu'elle a plus de terrestréité que lui, & qu'elle est par conséquent d'une Substance plus épaisse, elle se sépare aussi plûtôt que Jupiter de la masse où elle sera mélée avec un Métail parfait ; parce que Jupiter s'y attache bien plus intimement que ne fait Vénus, pour la raison que je viens de dire.

A l'égard de Mars, n'ayant point de fusion, à cause qu'il n'a presque point d'humidité, il ne se mêle avec nul des Métaux; & s'il arrive que par la violence du feu, il se mêle avec le Soleil ou la Lune, n'ayant point d'humidité, il boira celle de ces deux Métaux parfaits, & s'unira avec eux fort éxactement, & par ses moindres parties. De sorte qu'encore qu'il ait beaucoup de terrestréité, & fort peu d'Argent-vif, & qu'il ne soit pas même fusible, on a pourtant bien de la peine à le séparer d'avec les Métaux parfaits, & il faut être bien expert pour le pouvoir faire.

L'Artiste, qui comprendra bien les raisons que je viens de dire (pourquoi il y a des Métaux qui souffrent la *Coupelle*, & d'autres qui la souffrent plus ou moins) connoîtra par-là ce qu'il faut faire pour perfectionner les Métaux imparfaits, c'est-à-dire ce qu'on doit leur ajoûter & leur ôter. Mais s'il ne m'entend ou s'il ne me croit pas, & qu'il ne veüille suivre là-dessus que son caprice, cela ne lui servira de rien pour découvrir la vérité.

J'ai dit au commencement de ce Chapitre que les deux Corps parfaits, c'est-à-dire le Soleil & la Lune, souffrent l'Examen de la *Coupelle*. J'en ai dit la raison, je l'explique encore & j'ajoûte, que c'est

à cause de leur bonne & forte composition,
qui vient de leur parfaite mixtion, & de
leur pure Substance ; au lieu que les Métaux imparfaits ne la peuvent souffrir, à
cause de l'impureté & de la foible union
de leurs Principes.

CHAPITRE XXXIII.

Comment l'on fait l'Examen des Métaux par la Coupelle.

POur faire la *Coupelle*, il faut prendre
des Cendres criblées, de la Chaux,
ou de la poudre des Os des Bêtes, que
l'on aura brûlez. On mêle tout cela ensemble, ou une partie seulement ; on le
détrempe avec un peu d'eau, & on lui
donne la forme en l'applatissant avec la
la main, afin qu'il ait une assiette ferme &
solide, & on enfonce un peu le milieu plus
que les côtés ; & sur ce milieu, qui a la
figure d'une petite Coupe, l'on jette un
peu de poudre de verre, & on la laisse
sécher. On se sert ensuite de cette *Coupelle,* comme je vais le dire.

On pose le Métail, ou la masse du Métail que l'on veut coupeller, dans le milieu
de cette *Coupelle*, à l'endroit où elle est un
peu creuse ; on met des charbons pardessus

qu'on allume, & on fouffle continuellement avec un foufflet fur la Matiére qu'on
y a mife, jufqu'à ce qu'elle foit fonduë.
Cela fait, on jette du Plomb piéce à piéce
pardeffus, & on continuë à fouffler fortement, afin d'y entretenir continuellement
un feu de flamme. Et quand vous verrez
la Matiére fe tourner, & fe remuer fortement, foyez affuré qu'elle n'eft pas pure.
Il faut attendre pourtant jufqu'à ce que
tout le Plomb foit éxhalé. Car fi après cela l'agitation de la Matiére continuë toujours, c'eft une marque qu'elle n'eft pas
affez purifiée, ainfi il faut encore jetter
d'autre Plomb pardeffus, & fouffler continuellement jufqu'à ce qu'il s'en aille. Que
fi après y avoir jetté du Plomb la feconde
fois, vous voyez que la Matiére ne demeure pas encore en repos, il faut fouffler
pardeffus, jufqu'à ce que fon mouvement
s'arrête, & que la fur-face de la Matiére
fonduë vous paroiffe nette & claire. Alors
ôtez les charbons, défaites le feu, & jettez
de l'eau fur votre Matiére, parce que vous
devez la trouver bien coupellée.

Que fi en foufflant vous jettez de fois à
autre de la Poudre de verre dans votre
Coupelle, le Métail que vous éxaminez,
s'en purifiera mieux ; parce que le Verre
emporte les ordures en les accrochant. Au
lieu

lieu de Verre, on peut y jetter du Sel,
ou du Borax, ou de l'Alun de quelque
forte que ce foit. Cette Epreuve fe peut
auffi bien faire dans un *Creufet* de terre,
qu'avec une *Coupelle*, en fouflant tout autour pardeffus, afin que le Métail qu'on
mettra dedans à éprouver, foit plûtôt fondu & purifié.

Parlons maintenant du *Ciment*, & difons-en les caufes & l'ufage.

CHAPITRE XXXIV.

*Du Ciment, & pourquoi il y a des Corps ou
Métaux qui le fouffrent mieux, & d'autres qui le fouffrent moins.*

NOus avons dit ci-devant que les
Corps, qui ont le plus de Soufre
combuftible, fe brûloient beaucoup plus
par la Calcination ; & que ceux qui en ont
le moins, ne fe brûloient pas fi facilement.
Le Soleil étant donc celui de tous les
Métaux qui a le moins de Soufre, & ce
qu'il en a étant fixe, il s'enfuit de-là qu'il
eft le moins combuftible de tous, même
par le feu de flamme. La Lune ayant pareillement moins de Soufre que tous les
autres Métaux, & en ayant pourtant plus
que le Soleil, il eft certain qu'elle ne peut
pas fouffrir fi long-tems le feu de flamme

que le Soleil, non plus que les autres
choses qui brûlent de la même manière,
Vénus le pourra encore moins souffrir, parce qu'outre qu'elle a plus de Soufre que
ces deux Métaux parfaits, elle a encore
des terrestréités. Jupiter ayant moins de
Soufre & de terrestréité que Vénus, mais
pourtant plus que le Soleil & la Lune, il
se brûlera moins par conséquent au feu de
flamme, que ne fera Vénus ; mais plus
que le Soleil & la Lune. Pour Saturne,
il a plus de Soufre & de terrestréité dans
sa composition, que nul des Corps dont
nous venons de parler ; aussi il s'enflamme
beaucoup plûtôt, & se brûle bien plus
vîte au feu de flamme. Ce qui vient principalement de ce que son Soufre est fortement mêlé dans sa Substance, & que ce
Soufre est plus fixe que celui de Jupiter.

A l'égard de Mars, s'il ne se brûle pas,
c'est par accident que cela se fait, non pas
que cela vienne de lui. Car quand on le
mêle avec des Corps qui ont beaucoup
d'humidité, il la boit, à cause qu'il n'en
a point, & qu'il est extrémement sec,
n'ayant que très-peu de Mercure. Et si on
le mêle avec quelque autre Corps, il ne
s'enflamme ni ne se brûle, à moins que
les Corps avec lesquels il sera mêlé, ne
soient d'eux-mêmes inflammables & com-
bustibles. Car en ce cas-là il se brûle &

s'enflamme nécessairement, selon que les Corps ausquels il est mêlé, font inflammables & combuftibles eux-mêmes.

Cela préfuppofé, le *Ciment* étant fait de chofes inflammables, on voit pourquoi il a été inventé, & quel est fon ufage, qui est, 'n que tout ce qui feroit combuftible dans les Métaux, fe brûlât & fût confumé. N'y ayant donc qu'un feul Corps, qui est le Soleil, qui foit incombuftible ; il n'y a que lui, ou ce qui s'approchera le plus de fa nature, qui ne fera pas confumé par le *Ciment*. Il y a pourtant des Corps qui lui réfiftent davantage, & d'autres qui le fouffrent moins. Et il est aifé, par les chofes que nous venons de dire, d'en faire le difcernement. Car par cette raifon la Lune y dure plus après le Soleil, Mars moins qu'elle, Jupiter moins que Mars, Vénus moins que Jupiter, & Saturne le moins de tous.

CHAPITRE XXXV.

Dequoi est fait le Ciment, & comment on en fait l'Epreuve.

VOyons maintenant de quelle maniére on fait le *Ciment*. Car comme il est d'un grand ufage, pour éxaminer fi les Métaux font parfaits, ou non, un Artifte doit nécessairement le sçavoir faire. *Le Ciment* se fait donc avec des Matiéres minérales, qui s'enflamment, comme sont toutes celles qui noircissent, qui s'enfuient de dessus le feu, qui pénétrent & qui brûlent. Par exemple, le *Vitriol*, le *Sel ammoniac*, le *Verdet*, à quoi on ajoûte un peu de *poudre de vieille Brique*, & tant soit peu, ou point du tout de *Soufre*, de l'*Urine* d'Homme, avec d'autres choses semblables, aiguës & pénétrantes. De tout cela détrempé avec l'Urine, on compose un *Ciment*, dont on fait des couches, sur des lamines du Métail, qu'on veut passer par le *Ciment*. On arrange ensuite ces lamines dans un Pot de terre, où il y aura des grilles de fer, & l'on pose ces lamines de telle maniére, qu'elles ne se touchent pas, & ne soient pas couchées les unes sur les autres ; mais qu'il y ait de l'espace entre deux, afin que l'ardeur du feu puisse s'étendre librement, & agir également sur toutes. Il faut mettre ce Pot, ainsi accommodé, dans un Fourneau, & l'y tenir durant trois jours à fort feu, prenant garde néanmoins de ne pas faire le feu si violent, que les lamines se puissent fondre ; mais qu'il soit tel, que les lamines se tiennent seulement toûjours rouges. Après ce tems-là, on trouvera les lamines nettes, & purifiées de toutes sortes d'ordures & d'im-

puretés ; pourvû que le Métail, dont elles font, foit parfait: Car s'il ne l'eft pas,
elles feront entiérement détruites & brû-
lées par la Calcination qui s'en fera faite.

Il y en a qui, fans *Ciment*, mettent des
lamines de Métail dans un feu de flamme,
& elles fe purifient tout de même, fi elles
font de Métaux parfaits : car autrement
elles fe brûlent & fe réduifent en cendre.
Mais dans l'Examen, qui fe fait de cette
forte, il faut tenir bien plus long-tems les
lamines dans le feu, que lorfqu'on les ac-
commode avec du *Ciment*.

Au refte, comme la Lune n'eft pas
beaucoup différente de la nature du Soleil,
pour peu qu'on la prépare, elle demeure
avec lui dans le même Examen, & elle le
fouffre tout de même, fans fe féparer de
lui. Auffi les Métaux ne fe féparent les
uns des autres, tant à la *Coupelle* qu'au
Ciment, qu'à caufe de la différence qui fe
trouve dans la compofition de leur Subftance : parce que c'eft ce qui leur donne
une fufion différente, & ce qui fait qu'ils
ont leurs parties ou plus ou moins ferrées.
Et de-là vient qu'ils fe féparent les uns des
autres dans ces deux Examens. Car la Subftance des Métaux, qui font d'une compofition très-forte, ne fçauroit être corrompuë par aucun Corps étranger, à caufe que ces Métaux, & ces Corps étran-

gers, font deux différentes Subſtances ,
qui ne peuvent point ſe mêler & s'unir enſemble par leurs moindres parties. C'eſt
pourquoi , quand les Métaux ſont mêlez
les uns avec les autres , ils ſe ſéparent par
cet artifice, ſans que pour cela leur Eſſence ſoit entiérement corrompuë ni dé-
truite. C'eſt pourquoi l'on connoît , ſi,
dans la Tranſmutation, les Corps imparſaits
ont reçû une véritable perfection , s'ils ſe
fondent comme il faut , s'ils rougiſſent au
feu , & s'ils ont la ſolidité & la fermeté
qu'ils doivent avoir pour être parfaits.

CHAPITRE XXXVI.

Du Rougiſſement des Métaux au feu.

LEs Métaux parfaits , rougiſſant au feu
dans un tems déterminé , avant que de
ſe fondre, afin que les imparſaits ſoient véritablement tranſmuez , & qu'ils reçoivent
une véritable perfection , il faut néceſſairement qu'ils ſoient fuſibles de la même maniére: je veux dire qu'auparavant de ſe fondre , il faut qu'ils rougiſſent en s'enflam-
mant , & qu'ils paroiſſent d'un beau bleu
céleſte, comme font les Corps parfaits ,
avant que de venir comme eux à cette
blancheur éclatante que l'œil ne ſçauroit
ſupporter. Car les Corps parfaits rougiſ-

sent parfaitement d'une rougeur très-forte,
auparavant que de se fondre, & ils ne
viennent à cette grande blancheur, que
l'on ne sçauroit regarder, que lorsqu'ils
sont fondus. Ainsi, si les Corps imparfaits,
sur lesquels on fait la projection, se fondent avant que de rougir ; c'est une marque qu'ils ne sont pas parfaits ; & s'ils ne
rougissent qu'avec peine, & par un feu
fort violent, leur Transmutation n'est pas
véritable. Ce qui se doit entendre des
Corps imparfaits, qui sont naturellement
moûs ; la même chose se doit inférer de
Mars tout seul. Car les Métaux qui ne
rougissent pas naturellement, n'acquié-
rent pas facilement cette propriété, par la
préparation qu'on leur donne ; ni ceux qui
ne sont pas fusibles d'eux-mêmes, ne reçoivent pas non plus par-là une fusion
semblable à celle qu'ont naturellement les
Corps parfaits. Et si après avoir fait projection de la Médecine sur ces Métaux,
ils ne rougissent pas avant leur fusion &
s'ils ne jettent pas une lueur d'un beau
bleu céleste fort agréable, on peut dire
véritablement que leur transmutation n'est
pas parfaite. De plus, s'ils n'ont pas le
même poids des Métaux parfaits, dans le
même volume, s'ils n'ont pas la même
couleur, ni le même éclat ; s'ils ne rougissent pas de la même maniére, & enfin

s'il leur manque quelque autre propriété des Corps parfaits, que l'on peut reconnoître par les différentes Epreuves que l'on a imaginées pour cela, on peut dire que l'Artiste n'a pas bien réüssi dans ses Recherches, ni dans son travail. Ainsi il doit recommencer à étudier, & à chercher tout de nouveau, jusqu'à ce qu'il acquiére la véritable connoissance du Magistére, qu'il ne doit pourtant attendre que de la bonté de Dieu seul.

CHAPITRE XXXVII.

De la Fusion.

NOus allons parler maintenant de la *Fusion* & nous en dirons tout ce qui sera nécessaire, parce que c'est une Epreuve, qui nous fait évidemment connoître les Métaux qui rougissent au feu, & ceux qui n'y rougissent point. Je dis donc prémiérement que la *Fusion* des Corps parfaits ne se fait que d'une seule maniére, qui est qu'ils ne se fondent jamais, qu'ils n'ayent rougi auparavant. Mais comme il y a d'autres Métaux qui rougissent tout de même, avant que de fondre, il faut remarquer que les parfaits rougissent d'une maniére particuliére. Car lors qu'ils rougissent, ils ne deviennent pas tout à fait

blancs, il ne paroît point de noirceur
dans le feu qui en sort, & ils ne se fondent
pas d'abord qu'ils ont rougi, ni ils ne
deviennent pas tout aussi-tôt liquides &
coulants.

Quand on verra donc qu'un Métail fondra à un fort petit feu, ou qu'il fondra
sans rougir, ou qu'en fondant il paroîtra
noirâtre ; c'est une marque infaillible, que
c'est ou un Corps imparfait (tel qu'il est
naturellement, ou si l'on a fait projection
de quelque Médecine sur lui) que cette
Médecine est imparfaite. Que si encore
après qu'un Métail aura rougi, on ne le fait
point refroidir en le trempant dans l'Eau,
& que sa rougeur se change tout à coup
en noirceur, & qu'ainsi il perde sa rougeur auparavant que de s'endurcir ; il est
certain que ce Métail, quel qu'il soit,
n'est pas parfait ; & c'est assurément un
des Métaux imparfaits, qui sont naturellement mous. Mais si c'est un Métail, qui
avant que de fondre ne rougisse qu'avec
peine, & même qu'à fort feu ; & si étant
rouge il jette un éclat & une lueur fort
resplendissante & toute blanche, c'est un
témoignage que ce Corps-là n'est pas parfait ; mais c'est l'un ou l'autre des deux
Corps durs, c'est-à-dire Vénus ou Mars.
De même, si l'on ôte du feu un Métail
après être fondu, & qu'il s'endurcisse tout

auſſi-tôt, tellement qu'il ne ſoit plus coulant ni liquide, demeurant toujours rouge & éclatant, quel que ſoit ce Corps-là,
& quelque Médecine qu'on ait projettée
ſur lui, il n'a pas la véritable perfection
de Lune ni de Soleil ; mais c'eſt ou Mars,
ou quelque choſe de ſemblable.

De ce que nous venons de dire, il eſt
évident que les Corps fuſibles rougiſſent
de trois différentes maniéres, auparavant
que de fondre, comme il ſe connoît par
expérience. Car il y en a, qui étant rouges, paroiſſent noirâtres ; & c'eſt-là la maniére de rougir des Métaux imparfaits,
qui ſont moûs. Il y en a d'autres, dont
la rougeur eſt d'un rouge clair ; & ceux-
là ce ſont les Métaux parfaits. Et enfin il
y en a d'autres, dont la rougeur eſt fort
blanche, & qui jettent des rayons brill-
lans ; & ceux-là ce ſont néceſſairement
les Corps imparfaits qui ſont durs, ainſi
que la raiſon & l'expérience le font voir.

Mais pour être plus aſſuré de toutes
les maniéres dont les Métaux rougiſſent
au feu l'on n'a qu'à en faire fondre un peu
de chacun, & à conſidérer prémiérement,
à quel dégré de feu, chacun d'eux ſe fond,
& enſuite prendre garde à toutes les différences de leur fuſion. Car de cette maniére on s'inſtruira pleinement de toutes
choſes, & non autrement. Cela dépen-

dant uniquement de la Pratique & de l'Expérience. Et c'est-là un Avertiſſement géneral, qui doit ſervir pour toutes les maniéres d'*Examens*, tant de ceux dont j'ai déja parlé, que de ceux qui nous reſtent encore à dire. Voila pour la *Fuſion*.

CHAPITRE XXXVIII.

De l'Expoſition qu'on fait des Métaux ſur les vapeurs des choſes acides.

NOtre ordre veut que nous parlions maintenant de la Preuve que l'on fait, pour connoître ſi les Corps ſont parfaits, en les mettant ſur les vapeurs des choſes acres & *acides*. On a imaginé cette Preuve, parce qu'on a vû par expérience, que les Corps parfaits étant mis ſur la vapeur des choſes aiguës, c'eſt-à-dire de celles qui ont un ſuc aigre, pontique & acide, s'ils ſont purs & ſans mêlange, il ne ſe forme rien au deſſus, principalement ſur le Soleil. Et ſi ces Corps parfaits ont quelque alliage, il ſe fait ſur leur ſuperficie une eſpéce de petite fleur ou duvet, de couleur de bleu céleſte très-agréable; ce qui ſe fait encore mieux ſur l'Or, qui eſt mélangé avec quelque autre Métail, que ſur l'Argent. Ainſi, à l'imitation de la Nature, nous mettons les Corps, qui ont été préparez & altérez par nos Médecines, à la même Epreuve, pour essayer si la même chose & la même couleur d'un bleu céleste se formera sur eux. Ce qui ne provient que d'un Argent-vif net & pur, comme nous l'avons fait voir suffisamment ci-devant. C'est pourquoi lorsqu'on mettra quelque Corps ou Métail que ce soit, qui aura été altéré par la Médecine, sur la vapeur des choses acides, & qu'on verra qu'il ne produira pas cette belle couleur céleste, on peut dire que ce Corps-là n'est pas entiérement parfait.

Or voici la différence que par cet Examen, on remarque entre les Corps ou Métaux imparfaits. Sur *Mars*, il se forme une *rougeur brune*, où un jaune brun entre-mêlé de verdeur. Sur *Vénus* un *verd brun* mêlé d'un bleu céleste, trouble & obscur. Sur *Saturne* un *blanc brun* & sur *Jupiter* un *blanc clair*. Et d'autant que l'Or, qui est le Corps ou Métail le plus parfait, étant mis à cette Epreuve, ne produit rien de semblable, ou qu'il en produit bien peu, & qu'il est même fort long-tems à le faire ; & que d'ailleurs Jupiter, par la vapeur des acides, jette cette fleur gommeuse, plus tard que ne font les autres Métaux imparfaits ; nous inférons de-là, que Jupiter est celui de tous les Métaux imparfaits qui a le plus de disposition à recevoir la perfection, par la grand'Oeuvre. C'est ainsi que, par le moyen de cet Examen, tu pourras aisément connoître de quelle espéce de Métail sera celui que tu auras voulu changer par la Médecine, si tu considéres bien de suite, ce que je viens de dire dans ce Chapitre. Que si cela ne te peut de rien servir dans ce dessein, tu ne dois t'en prendre qu'à ton ignorance toute pure.

CHAPITRE XXXIX.

De l'Extinction des Métaux rougis au feu.

ON fait cette Epreuve de diverses maniéres, pour connoître par-là si le Métail imparfait, sur lequel on aura fait projection du Magistére, est parfait ou non. Car prémiérement, ayant éteint dans une Liqueur ce Métail, après l'avoir rougi au feu, si l'on a prétendu le changer en Lune, & qu'il ne devienne pas blanc étant éteint ; ou si ayant reçû la Médecine Solaire, il ne devient jaune, & qu'il prenne quelque autre couleur ; c'est une marque évidente que la Médecine, par laquelle on a voulu transmuer ce Métail, n'est ni véritable, ni parfaite. Secondement, si après avoir fait rougir & avoir éteint par plusieurs fois dans de l'Eau, où l'on aura diſſous des Sels ou de l'Alun, un Métail ſur lequel on aura fait projeçtion de quelque Médecine que ce ſoit, on voit ſe lever pardeſſus une écaille un peu noirâtre : ou ſi après l'avoir éteint dans de l'Eau ſouſrée, & l'avoir rougi, & éteint enſuite pluſieurs fois de la même maniére, il s'en ſépare beaucoup de *ſories* ou paillettes : ou s'il devient d'un vilain noir & déſagréable : ou s'il ſe caſſe ſous le marteau ; il eſt certain que la Médecine, dont on ſe ſera ſervi pour tranſmuer ce Métail, eſt trompeuſe & ſophiſtique. Troiſiémement, ſi après avoir fait paſſer un Métail par un *Ciment* fait avec du Sel Ammoniac, du Verdet, & de l'Urine d'Enfant, qui eſt celle qui a le plus d'acrimonie, ou de quelque autre choſe ſemblable : & ſi après cela, l'ayant fait rougir & éteint, celui qui paroiſſoit avoir été changé en Lune ou en Soleil, étant forgé, n'a par la couleur ni d'Argent ni d'Or, ou s'il s'écaille ſous le marteau ; il eſt certain que ce Métail n'a été changé que par ſophiſtication.

Enfin, voici une maxime conſtante & générale, pour toutes ſortes d'Examens & d'Epreuves : Qui eſt, que ſi le Métail, qui aura été altéré par quelque Médecine que ce puiſſe être, du prémier, du ſecond, ou du troiſiéme Ordre, ſe trouve n'avoir pas le *véritable poids*, dans le même volume, ni la *véritable couleur* du Métail parfait, dans lequel on aura prétendu le transmuer ; l'Artiste s'est assurément abusé dans son Ouvrage, & sa Médecine n'est qu'une fourberie & une sophistication, qui non-seulement ne profite de rien, mais qui cause la ruine & l'infamie de ceux qui s'appliquent à ces sortes d'Ouvrages.

CHAPITRE XL.

Du Mélange du Soufre combustible avec les Métaux.

ON connoît tout de même, par le mélange que l'on fait du Soufre avec les Métaux, si la Médecine qu'on aura projettée dessus, est véritable & parfaite. Car nous voyons par expérience, que le Soufre étant mêlé avec les Corps ou Métaux, en brûle les uns plus que les autres, & qu'il y en a qui après cela reprennent corps, & d'autres qui ne le reprennent point. Et ainsi l'on peut connoître par-là la différence d'entre les Métaux imparfaits, qui auront été changez par le moyen des Médecines sophistiques, d'avec ceux qui auront été véritablement transmuez par l'Elixir. De sorte que comme de tous les Corps ou Métaux, tant parfaits qu'imparfaits, nous voyons que le Soleil est celui que le Soufre brûle le moins, & après lui Jupiter, puis la Lune, & enfin Saturne : & que Vénus se brûle plus facilement que nul de ceux-là, & Mars encore plûtôt & plus facilement qu'elle, & que tous les autres. On peut juger de-là, qui sont les Métaux les plus proches de la perfection, & qui sont ceux qui en sont les plus éloignez.

On juge pareillement par la diversité des couleurs qu'ont les Corps, après avoir été brûlez par le *Soufre*, de quelle espéce ils sont, & quelle est leur véritable nature. Car au sortir de cette Epreuve, le Soleil paroît fortement orangé ou rouge clair. La Lune est noire, entre-mêlée d'un bleu céleste. Jupiter est noir avec un tant soit peu de rouge mêlé. Saturne est noir, brun, avec un peu de rouge & de *lividi-té*. Pour ce qui est de Vénus, si elle a été fort brûlée par le *Soufre*, elle paroît après cela noire & fort *livide* : mais si elle n'a été que légérement brûlée, elle a une couleur fort nette d'un beau violet, qui lui vient du mélange du Soufre. Mais à l'égard de Mars, bien qu'il soit beaucoup ou peu brûlé, il revient toûjours de cette Epreuve fort noir & fort obscur

On remarque pareillement la différence qui est entre les Métaux, en les remettant

tant en corps, après qu'ils ont été brulez par le *Soufre.* Car il y en a qui reprennent corps, & d'autres, qui après l'avoir repris, étant mis dans un feu violent, s'en vont entiérement, ou en partie en fumée avec le *Soufre.* De plus, quelques-uns de ceux qui reprennent corps, reviennent en leur même nature; & il y en a d'autres, qui après avoir été ainsi brûlez, reviennent & se changent en tout un autre Corps, que celui qu'ils avoient auparavant. Ceux qui après cette Epreuve reprennent leur même Corps, ce sont le Soleil & la Lune. Mais Jupiter & Saturne s'évaporent : Jupiter ou entiérement ou presque tout : Saturne ne s'évapore pas tout à fait, mais quelquefois plus & quelquefois moins. Au reste, cette différence vient de la diversité des choses & des Corps, & de la différente maniére de les préparer ou de les assayer par cette Epreuve. Car si au sortir de cet Examen, on remet Jupiter en corps, & qu'on lui veüille donner tout à coup un feu fort violent, il s'évapore & se perd : au lieu que si l'on donne le feu peu à peu & par dégrés, Saturne & Jupiter se conservent & se maintiennent en leur nature. Il est vrai que les Corps que ces deux Métaux reprennent après cela, ne semblent pas être leur véritable Corps, mais un autre tout différent. L'expérience nous ayant fait voir qu'après cette Epreuve, Jupiter se change comme en un *Régule d'Antimoine* clair, & Saturne en un *Régule d'Antimoine* brun & obscur. Que Vénus se diminuë, si on lui fait reprendre corps par un feu fort, & Mars encore plus. Mais Vénus, se remettant en corps, devient plus pésante qu'elle n'étoit, & d'une couleur jaune obscure, qui tient un peu de la noirceur, & elle s'ammollit en augmentant de poids. Ainsi l'on pourra juger par ces Expériences, de la nature des Corps, qui auront été altérez par les Médecines.

CHAPITRE XLI.

De la Calcination & de la Réduction.

NOus aurions encore une fois à parler ici de l'Examen, qui se fait en *calcinant* les Corps ou Métaux, en leur *faisant* ensuite *reprendre corps.* Mais, parce que nous avons dèja traité fort amplement de ces deux choses dans le Livre précedent, nous nous contenterons de dire, que nous avons prouvé par expérience, qu'encore que l'on *calcine* les Corps parfaits, & qu'on les *remette en corps,* tant que l'on voudra, ils ne perdront rien pour cela de leur perfection & de leur bonté : c'est-à-dire, qu'ils ne perdront rien, ni de leur couleur, ni de leur poids, ni de leur volume, ni de leur éclat, au moins qui foit confidérable. D'où il faut tirer cette conféquence, que fi en *calcinant* & en *remettant* plufieurs fois *en corps* les Métaux imparfaits, quels qu'ils foient, qui auront été altérez & changez par quelque Médecine, s'il déchoient de la bonté qu'ils fembloient avoir acquife par la projection, il eft certain que les Médecines, qui auront fait ce changement, ne font que de pures Sophiftications. Ainfi l'on doit travailler à faire des expériences, afin de n'y être pas trompé.

CHAPITRE XLII.

De la facilité qu'ont les Métaux à recevoir l'Argent-vif.

J'Ai ci-devant fait voir clairement, que les Corps ou Métaux, qui avoient beaucoup d'Argent-vif, étoient les plus parfaits, & que c'étoit la raifon pour laquelle ils *s'attachoient* beaucoup mieux *à l'Argent-vif*, que ne font les autres. Et il eft certain, par conféquent, que *les Corps qui reçoivent & boivent plus avidement l'Argent-vif*, s'approchent le plus de la perfection ; ainfi que nous le témoigne la grande facilité que le Soleil & la

Lune, qui font les deux Corps-parfaits ;
ont à le recevoir & à s'attacher à lui. D'où
il s'enfuit que tout Métail imparfait, qui
aura été tranfmué par quelque Médecine,
& qui ne recevra pas facilement l'*Argent-
vif* en fa Subftance, doit être fort éloigné
de la perfection.

CHAPITRE XLIII.

Récapitulation de tout l'Art.

APrès avoir parlé fuffifamment des
Expériences qu'on peut faire pour
éxaminer la perfection du Magiftére, &
avoir par conféquent fatisfait à ce que
nous avions promis au commencement de
ce Livre, il ne nous refte plus autre chofe à faire, pour achever notre Ouvrage,
qu'à mettre dans un feul Chapitre tout
l'accompliffement de cette divine Oeuvre,
& réduire en peu de mots le Procédé du
Magiftére, que nous avons *abrège en cette Somme*, & difperfé en tous les Chapitres qu'elle contient. Je déclare donc que
toute l'Oeuvre ne confifte qu'à prendre la
Pierre, (c'eft-à-dire la Matiére de la Pierre) que l'on doit affez connoître, par
toutes les chofes que nous en avons dites
dans les Chapitres de ce Traité ; & par
un travail affidu & continuel, lui donner

le prémier dégré de Sublimation , afin de
lui ôter toute l'impureté qui la corrompt.
La perfection que la Sublimation doit
donner à cette Matiére , ne consistant qu'à
la faire devenir si subtile , qu'elle soit élevée à la derniére pureté & subtilité ; qu'elle devienne enfin toute spirituelle & volatile. Après quoi, il faut la rendre tellement
fixe par les maniéres de Fixations ,que j'ai
décrites, qu'elles puisse résister au feu, quelque violent qu'il soit, & y demeurer sans s'en-
fuïr ni s'évaporer : Et c'est-là la fin du second dégré de la préparation qu'il faut donner à cette Matiére. Par le troisiéme dégré
on achéve de la préparer tout à fait Ce qui
se fait en sublimant cette Pierre (ou cette
Matiére) & par ce moyen de fixe qu'elle
est , la rendant volatile , puis de volatile
la faisant fixe une seconde fois , la dissolvant après l'avoir fixée, & étant dissoute la
rendant encore volatile , & la refixant tout
de même , tant qu'elle soit fusible , &
qu'elle transmuë les Imparfaits , & leur
donne la véritable perfection de Soleil &
de Lune à toute épreuve. Ainsi en refaisant les Opérations de ce troisiéme dégré,
on augmente la perfection de la Pierre ,
& on multiplie la vertu qu'elle a de transf-
muer les Corps imparfaits. De sorte que
ce n'est qu'en refaisant continuellement les
mêmes Opérations de l'Oeuvre , qu'on

donne la Multiplication à la Pierre, par laquelle on la rend si parfaite, qu'une de ses parties pourra convertir en véritable Soleil & en véritable Lune, cent parties de Métail imparfait, puis mille, & ainsi de suite en augmentant toûjours jusqu'à l'infini. Après quoi on n'a plus qu'à faire passer par les Epreuves, le Métail qui aura été transmué, pour connoître si le Magistére, qui en aura fait la transmutation, est véritable & parfait.

CHAPITRE XLIV.

De quelle maniére l'Autheur a enseigné l'Art en cette Somme de perfection.

MAis pour ôter toute sorte de prétexte aux Calomniateurs de nous accuser de mauvaise foi, & de n'avoir pas agi sincérement en ce Traité: Je déclare ici prémiérement qu'en cette Somme, je n'ai pas enseigné notre Science de suite, mais je l'ai dispersée çà & là en divers Chapitres. Et je l'ai fait ainsi à dessein, parce que si je l'avois mise par ordre & de suite, les Méchans, qui en feroient un mauvais usage, l'auroient apprise aussi facilement que les Gens de bien. Ce qui seroit une chose tout à fait indigne & injuste. Je déclare en second lieu, que par tout où il

femble que j'aïe parlé le plus clairement
& le plus ouvertement de notre Science,
c'eſt-là, où j'en ai parlé le plus obſcurément, & où je l'ai le plus cachée. Je n'en
ai pourtant jamais parlé par Allégories ni
par Énigmes ; mais je l'ai traitée, & je
l'ai enſeignée, en paroles claires & intelligibles, l'ayant écrite ſincérement, & de la
maniére que je l'ai ſçûë, & que je l'ai appriſe par l'inſpiration de Dieu, trés-haut,
très-glorieux, & infiniment loüable, qui
a daigné me la révéler, n'y ayant que lui
ſeul *qui la donne à qui il lui plaît, & qui
l'ôte quand il lui plaît.*

Courage donc, Enfans de la Science,
ne déſeſpérez pas de pouvoir apprendre
une Science ſi merveilleuſe. Car je vous
aſſure que vous la découvrirez indubitablement, ſi vous la cherchez, non pas
par le raiſonnement d'aucune autre Science que vous ayez appriſe ; mais par un
mouvement, & une impétuoſité d'eſprit.
Et celui qui la cherchera par l'intelligence
& la lumiére naturelle de ſon eſprit, la
trouvera. Mais celui qui prétendra l'apprendre par les Livres, ne doit pas eſpérer de la ſçavoir, qu'après avoir étudié
pendant un long-tems. Car je déclare encore que ni les Philoſophes qui m'ont précédé, ni moi, n'avons écrit notre Science que pour nous, & pour les Philoſo-

phes nos Succeſſeurs, & nullement pour les autres ; quoi que d'ailleurs cette Science ſoit très-véritable & très aſſurée. Pour moi, quoi que je n'aye écrit tout de même que pour moi la manière & de la rechercher & de l'apprendre : Je puis dire néanmoins que ce que j'en ai dit, je ne l'ai pas dit ſeulement pour exciter les Perſonnes ſages & intelligentes à s'appliquer à l'étude de cette Science ; mais même que j'en ai aſſez dit, pour leur donner le moyen de la rechercher par l'unique & la véritable voye. Et je puis aſſurer que quiconque aura bon eſprit, & qui s'appliquera ſoigneuſement à bien comprendre ce que j'ay dit en ce Livre, aura aſſûrément la ſatisfaction de découvrir un Don excellent de Dieu très-haut & très-puiſſant.

Voilà tout ce que j'avois à dire, touchant la recherche d'un Art ou d'une Science ſi relevée & ſi excellente.

Fin du ſecond Livre, & de toute la
Somme de perfection de Geber.

TABLE

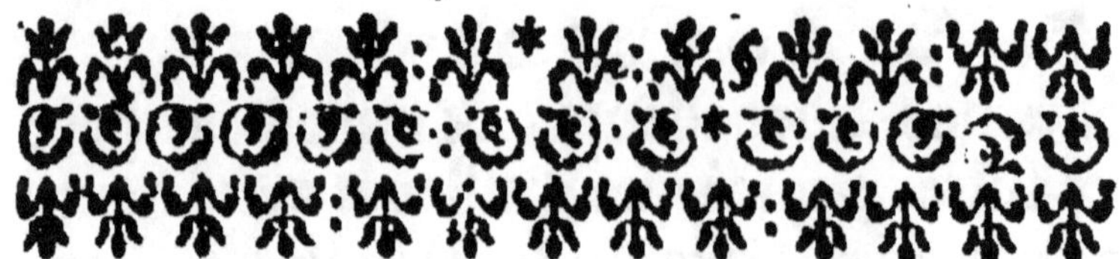

TABLE
DES CHAPITRES
DE LA SOMME DE GEBER
& des principales choses qui y
sont contenuës.

LIVRE PREMIER.

Tome I.   K k *

PREMIERE PARTIE

DU PREMIER LIVRE.

Des Empêchemens de cette Art.

CHAPITRE III. *page* 90.

Division des Empêchemens.
Ils viennent 1. de l'impuissance naturelle de l'Artiste considérée, ou de la part du Corps, ou de la part de l'Esprit; 2. de sa pauvreté; 3. de ses occupations.

CHAPITRE IV. *page* 91.

Des Empêchemens à l'Oeuvre, qui peuvent venir de la mauvaise disposition du Corps de l'Artiste.

L'Artiste devant être le Ministre de la Nature, ne sçauroit faire les travaux

TABLE.

TABLE.

clairement expliquées & aisées à comprendre.

Il faut seulement remarquer ici une Maxime, qui est: Il n'y a que la chaleur douce & moderée, qui puisse épaissir l'Humidité Mercurielle, & la réduire en
Corps, & la chaleur trop violente la
dissipe & la détruit.

CHAPITRE X. *page* 109.
l'Art ne doit & ne peut pas imiter exacte-
ment la Nature en toute l'étendue de ses
différentes actions; Où il est parlé des
Principes des Métaux.

Une Matiére humide ne peut s'épaissir,
que ses parties les plus subtiles ne s'évaporent, & que les plus grossiéres ou
les plus gluantes ne demeurent. Ce qui
se fait lentement & dans l'espace de plusieurs années.

Le véritable & l'éxact mélange du Sec &
de l'Humide, consiste en ce que le Sec
tempére l'Humide, & l'Humide tempére le Sec, & que des deux il ne s'en
fasse qu'une seule & même Substance,
dont les parties soient toutes homogénes; c'est-à-dire, toutes semblables &
de même nature.

On ne peut imiter la Nature dans l'épaississement qu'elle fait des Métaux, ni dans
le mélange & la proportion des Elémens, ni dans le dégré de chaleur

dont elle se sert pour cela.

CHAPITRE XI. *page 113.*

Réfutation des raisons de ceux qui nient l'Art absolument.

Dieu a diversifié les perfections de ses Créatures en donnant à celles, de qui la composition est foible, une plus noble & plus grande perfection par le moyen de l'ame qu'elles ont. Et à celles, dont la composition est plus forte, comme sont les Pierres & les Métaux ; il leur a donné une perfection beaucoup moindre & moins noble, puisqu'elle ne consiste que dans la seule maniére de leur mixition, qui est plus resserée.

Les Espéces se changent les unes en les autres lorsqu'un *Individu* d'une *Espéce* se change en l'Individu d'un autre, comme lorsque d'un Ver, il s'en forme une Mouche.

Les Philosophes ne sont que les Ministres de la Nature. Ainsi ils ne transmuënt pas les Métaux ; c'est la Nature, à laquelle, par leur artifice, ils préparent & disposent la Matiére.

CHAPITRE XII. *page 123.*

Différens sentimens de ceux qui supposent l'Art véritable.

Les opinons fausses des Sophistes, sont capables de détourner du bon chemin ceux qui étudient la Science.

TABLE.

On ne doit pas traiter de la Science, en
des termes qui soient tout-à-fait obscurs, & l'on ne doit pas aussi l'expliquer si clairement, qu'elle soit intelligible à tous.

*Raisons de ceux qui nient que l'Art soit
dans le Soufre*

*Réfutation de ce qu'on vient de dire dans
le Chapitre précédent.*

Le Soufre adustible, ou brûlant & volatil, gâte & corrompt les Corps ou Métaux.

*Raisons de ceux qui nient que l'Arsenic soit
la Matière de l'Art & leur Réfutation.*

*Raisons de ceux qui nient que la Matière de
l'Art soit dans le Soufre, l'Argent-vif,
la Tutie, la Magéfie, la Marcafite,
le Sel Ammoniac, & leur Réfutation.*

La dernière perfection de la Médecine, est
d'être entrante & pénétrante.

L'Argent - vif & la Tutie n'ont point de
Soufre adustible ou inflammable.

Tous les Esprits ont de la volatilité ; mais
les uns plus que les autres. Les voici
par ordre, en commençant par ceux
qui sont les plus volatils, & finissant par
ceux qui le sont moins, l'Argent-vif &

K k iiij

TROISIEME PARTIE
DU PREMIER LIVRE.

Des Principes naturels & de leurs effets.

TABLE.

Le Soufre eſt une graiſſe de la Terre, épaiſſie dans les Mines par une digeſtion modérée, dont la Compoſition eſt trêsforte, & la Subſtance homogéne en
toutes ſes parties.

On ne ſçauroit calciner le Soufre ſans perdre beaucoup de ſa Subſtance.

Il gâte & noircit les Corps avec qui on le
mêle.

Il augmente le poids des Métaux que l'on
calcine avec lui.

Etant ſublimé avec l'Argent-vif, il s'en
fait du Cinabre.

On calcine aiſément les Métaux avec le
Soufre, à la réſerve de l'Etain & de
l'Or. Et ceux qui ont le moins d'Argent-vif, ſe calcinent plus facilement.

On ne peut point avec le Soufre coaguler
l'Argent-vif en Soleil ni en Lune.

C'eſt le Soufre qui illumine, qui donne
l'éclat, & qui perfectionne tous les
Métaux, parce qu'il eſt Lumiére &
Teinture.

Le Soufre ne ſe diſſout qu'avec peine,
parce qu'il n'a point de parties de la nature du Sel, mais ſeulemeut d'oléagineuſes.

Il ſe ſublime, parce que c'eſt un Eſprit.

Le Soufre ne peut de lui-même ſervir à
l'Oeuvre des Philoſophes.

de déchet dans les uns, & moins dans
les autres

QUATRIEME ET DERNIERE
PARTIE DU PREMIER LIVRE.

Qui traite des Principes artificiels de l'Art.

CHAPITRE XXXIX. *page 170.*
*Division des choses contenues en cette Par-
tie, où il est parlé en passant de la perfection, de laquelle il sera traité dans le second Livre.*

Il parle en cette derniére Partie, des Principes artificiels du Magistére, & de la
perfection, qu'il ne fait que toucher en
gros; parce qu'il en doit traiter plus particuliérement dans le second Livre.

Les Principes artificiels, sont la Sublimation, la Descension, la Distillation, &c.

La perfection consiste à connoître : Prémiérement, les choses par le moyen
desquelles on peut parfaire l'Oeuvre.
Secondement, celles qui contribuent à
la perfection. Troisiémement, celle qui
donne la perfection. Et enfin celles par
le moyen desquelles on connoît si le
Magistére a toute la perfection qu'il
doit avoir.

1. Les choses par le moyen desquelles on
accomplit

accomplit l'Oeuvre, font une Substance réelle & corporelle, des couleurs
évidentes, les poids des Métaux, & la
connoissance des Métaux, tels qu'ils
font naturellement,& tels qu'ils peuvent
être par artifice, tant intérieurement ,
qu'extérieurement, afin dé connoître
ce qu'ils ont en eux de superflu, & ce
qui les éloigne ou les approche de la
perfection.

2 Les chofes qui contribuent à la perfection; font de trois fortes. 1. Celles
qui d'elles-mêmes & fans artifice, s'attachent aux Corps, & qui les changent
en quelque façon : comme font la Marcafite, la Tutie, &c. 2. Celles qui purifient les Corps fans s'unir à eux; comme font les Sels, les Alums , &c. 3. Le
Verre , qui purifie par la reffemblance
de Nature.

3. La chofe qui donne la perfection, eft la
pure & moyenne Subftance de l'Argent-
vif, ou une Matiére qui a pris fon origine de la Matiére de l'Argent-vif.

4. Les chofes par le moyen defquelles
on connoît fi le Magiftére eft véritablement parfait, ce font les Epreuves ou
Examens qui fe font par la Coupelle,
par le Ciment, &c. par le moyen defquelles on examine les Métaux qui ont
été tranfmuez.

Rien ne peut s'unir aux Corps que les Esprits, ou que ce qui a tout ensemble la nature du Corps & de l'Esprit.

Si les Esprits ne sont purifiés par quelque préparation, ou ils ne donnent point de couleur parfaite aux Corps imparfaits, sur lesquels on en fait projection, ou ils les corrompent & les noircissent.

Le Soufre, l'Arsenic & la Marcasite, brûlent & noircissent les Corps, si on ne leur ôte leur onctuosité, qui s'enflamme & qui noircit.

Les Tuties & l'Argent-vif sont volatils; & ne donnent aux Corps que des couleurs imparfaites, si on ne leur ôte leur terrestréité.

Ce qui se fait par la Sublimation, parce que le feu éleve les parties les plus subtiles des Esprits, & les plus grossiéres demeurent en bas.

Cela se reconnoît encore, en ce que les Esprits sont plus lucides & transparens, aprés avoir été sublimez.

Là Sublimation ôte tout de même l'adustion aux Esprits, parce que l'Arsenic & le Soufre étant sublimez, ne s'enflamment plus, comme ils faisoient auparavant.

sera bien faite, si ces deux Matiéres
étant sublimées, sont claires & luisan-
tes, & qu'elles ne s'enflamment point.

De la Sublimation du Mercure.

La Sublimation de l'Argent-vif consiste à
le dépoüiller de sa terrestréité, & à lui
ôter son humidité superfluë.

De la Sublimation de la Marcasite.

Du Vaisseau propre à bien sublimer la
Marcasite.

Le Verre a cette propriété, que lorsqu'il
est en fusion, il n'y a rien qu'il ne détruise, qu'il ne fasse fondre, & qu'il ne
vitrifie.

De la Sublimation de la Magnésie,
De la Tutie, & des Corps imparfaits.

De la Descension & du moyen de purifier
les Corps par les Pastilles.

De la Distillation, de ses causes & des
trois maniéres de la faire par l'Alambic, par le Descensoire, & par le Filtre.

La Distillation est une élévation qui se fait
des vapeurs aqueuses, de quelque Matiére, dans un Vaisseau propre pour cela.
Elle se fait avec le feu, par l'Alambic &

par le bain, ou par le Defcenfoire ;
ou fans feu par le Filtre.

CHAPITRE LI. *page* 219.

De la Calcination, tant des Corps que des
Efprits, de fes caufes, & de la maniére
de la faire.

La Calcination eft la Réduction qui fe fait
d'une chofe en poudre, par la privation de l'humidité qui lie & unit fes parties enfemble.

On calcine les Corps ou Métaux , pour
leur ôter , par la violence du feu , le
Soûfre qui les corrompt & les noircit,
& pour les purifier de leur terreftréité ;
& afin auffi d'endurcir les Métaux mous.

On calcine les Efprits pour les difpofer à
devenir fixes & à fe refoudre en eau.

Tout ce qui eft calciné, eft plus fixe & fe
diffout plus aifément que ce qui ne l'eft
pas ; parce que les parties en étant plus
fubtiles, elles fe mêlent plus facilement
à l'Eau, & fe diffolvent.

On calcine encore les chofes étrangéres,
qui ne font ni Corps ou Métaux , ni
Efprits pour fervir à préparer les Corps
& les Efprits.

Tout ce qui a perdu fon humidité naturelle , ne fe peut fondre que pour fe vitrifier.

Saturne a une humidité plus fixe , & plus
de terreftréité que Jupiter.

De l'Incération.

L'Incération eſt le Ramolliſſement qui ſe
fait d'une choſe dure & ſéche, & qui
n'eſt pas fuſible, pour la rendre liquide
& coulante.

L'humidité que la Nature a miſe dans les
Corps métalliques par la néceſſité qu'ils
avoient d'être fondus & ramollis, eſt
une humidité permanente, & qui dure
& ſubſiſte autant que les Métaux ; autrement, quand les Métaux auroient été
une fois rougis au feu, ou fondus, ils
n'auroient plus du tout d'humidité ; &
ainſi ils ne pourroient plus être forgez
ni fondus. Ce qui eſt contre l'expérience.

SECOND LIVRE
DE LA SOMME
DE PERFECTION DE GEBER.

PREFACE.

Division de ce second Livre en trois Parties.

PREMIERE PARTIE
DU SECOND LIVRE.

CHAPITRE I. page 252.

DE la connoissance des choses, par lesquelles on peut découvrir la possibilité de la perfection, & la maniére de la faire.

CHAPITRE II. page 253.

De la Nature du Soufre & de l'Arsenc.

Le Soufre & l'Arsenic sont une graisse de la Terre, n'y ayant que les huiles & les graisses, & ce qui est de leur nature, qui s'enflamme & se fonde facilement par la chaleur, comme sont ces deux Esprits.

Le

TABLE.

Le Soufre & l'Arfenic ont deux caufes
d'imperfection, une Subftance imflam-
mable, qui ne peut foutenir le feu, ni
donner la fixité, & qui de plus noircit
les Corps, & des *Féces* ou impuretez
terreftres, qui empêchent la fufion &
la pénétration.

Ainfi il n'y a que leur moyenne Subftance,
qui puiffe être caufe de la perfection, fi
elle eft renduë fixe.

Ce n'eft pourtant pas la véritable Matiére
de l'Oeuvre ; & quand cela feroit, le
Soufre ne pourroit être que Teinture
pour le rouge, & l'Arfenic pour le
blanc.

CHAPITRE III. *page* 256.

De la Nature du Mercure ou Argent-
vif.

L'Argent-vif a tout de même deux caufes
d'imperfections qu'il lui faut ôter ; l'une
eft une Subftance terreftre & impure, &
l'autre une humidité ou aquofité fuperfluë & volatile, qui s'évapore fans s'enflammer.

Il n'y a que la moyenne Subftance de
l'Argent-vif qu'il faille conferver pour
en faire la Médecine univerfelle ; parce
qu'elle ne fe brûle ni ne fe confume
point au feu, & qu'elle empêche les
Corps, à qui elle s'unit d'être brûlez
ni confumez, demeurant dans le feu

fans s'évaporer, & fixant ce qui eſt volatil.

L'Argent-vif eſt le Principe qui donne la
perfection aux Métaux, parcequ'il s'attache plus fortement, prémiérement à
d'autre Argent-vif, puis à l'Or & à
l'Argent. Ce qui fait voir que les deux
Métaux parfaits ont plus d'Argent-vif
que n'ont les Métaux imparfaits. C'eſt
auſſi l'Argent qui fait que les Métaux
réſiſtent au feu; parce que les Métaux
parfaits qui en ont le plus, y réſiſtent
fans fe confumer.

L'Argent-vif, tel qu'il eſt naturellement,
ne peut donner la perfection; mais une
chofe tirée & faite de lui par artifice,
en imitant la Nature.

Tous les Corps qui reçoivent quelque altération ou changement, le reçoivent
néceſſairement par la vertu de l'Argent-
vif ou du Soufre; parce qu'il n'y a que
ces deux chofes qui s'uniſſent aux Métaux par la conformité de Nature; &
que d'ailleurs rien ne peut faire d'impreſſion ni de changement, s'il s'unit
intimement à la chofe qu'il doit changer.

De la Nature du Soleil.

L'Or ou Soleil eſt formé de beaucoup d'Argent-vif très-ſubtil, & de peu de Soufre fort pur, fixe & clair, qui a une rougeur nette, & qui teint & fixe l'Argent-vif.

Celui qui voudra faire quelque altération ou changement dans les Métaux imparfaits, doit ſe propoſer l'Or pour modelle, & faire en ſorte qu'il y ait plus d'Argent-vif que de Soufre en ſa compoſition, comme il y en a plus en celle de l'Or.

La péſanteur de l'Or, vient de ce que ſes parties ſont fort ſubtiles & reſſerrées.

La perfection des Métaux, dépend de trois choſes. 1. De l'abondance de l'Argentvif. 2. De l'uniformité & égalité de leurs Subſtances qui ſe fait par un mêlange égale & proportionné. 3. Et de ce qu'ils s'endurciſſent & s'épaiſſiſſent par une digeſtion longue & modérée.

Ainſi l'imperfection des Métaux vient. 1. Du trop de Soufre. 2. De la diverſité de leur Subſtance. 3. Et d'une digeſtion trop hâtée, qui ſont les trois cauſes oppoſées.

La diverſité des Métaux ne provient que du divers mélange du Soufre & de l'Argent-vif, qui en ſont les Principes, &

TABLE,

CHAPITRE VI. *page* 268.

De la Nature de la Lune.

La Lune est formée d'un Soufre net, fixe, blanc, d'une blancheur pure & claire, mêlé avec plus d'Argent-vif pur, fixe & clair. Et comme ses parties ne sont pas si serrées que celles de l'Or, elle n'est pas si pésante, ni si fixe que l'Or.

CHAPITRE VII. *page* 269.

De la Nature de Mars, où il est traité des effets du Soufre & du Mercure, & des Causes de la corruption & de la perfection des Métaux.

Le Fer est fait du mêlange d'un Soufre fixe & terrestre avec moins d'Argent-vif, pareillement fixe & terrestre, qui ont l'un & l'autre une blancheur impure & livide, ou noirâtre.

Le Soufre fixe ne fond pas si promptement que l'Argent-vif, au lieu que le Soufre adustible, & qui n'est pas fixe, fond plûtôt. De-là vient que les Métaux qui ont plus de Soufre fixe que d'Argent-vif, sont fort difficiles à fondre.

L'Argent-vif qui est pur, est si pesant qu'il pese plus que l'Or.

Le feu détruit les Métaux pour trois raisons. La 1. à cause du Soufre adustible qu'ils ont, qui venant à se brûler, diminuë leur Substance. 2. Le feu de flamme continuel. 3. La Calcination dés Métaux.

La cause de la perfection des Métaux, c'est l'Argent-vif qui surmonte le feu, & que le feu ne sçauroit vaincre.

CHAPITRE VIII. page 274.

De la Nature de Vénus ou du Cuivre.

Le Cuivre est fait du mêlange d'un Soufre impur, grossier, rouge, livide, dont la plus grande partie est fixe, & la moindre adustible, avec vn Argent-vif grossier & impur; de sorte qu'il n'y ait guéres plus n'y guéres moins de l'un que de l'autre.

Les choses se dissolvent mieux à proportion qu'elles sont plus subtiles & plus calcinées.

Vénus & Mars noircissent au feu, à cause de leur Soufre adustible.

Qui peut faire l'Oeuvre de l'Argent-vif seul, a trouvé la voye la plus parfaite.

Il y a deux sortes de Soufre dans les Métaux; l'un qui est caché dans l'Argent-vif, & qui est dès le commencement de sa conformation; & l'autre qui survient à l'Argent-vif après qu'il est dèja fait.

On ne peut lui ôter le dernier qu'avec peine; mais il est impossible de lui ôter le prémier, par quelque régime de feu que ce soit.

Métaux ; celle que fait ce Soufre, est
ployante & cassante ; & celle qui vient
de l'Argent-vif, s'étend & s'allonge.

L'Argent-vif fixe & le Soufre fixe, donnent la dureté aux Métaux.

Le Soufre adustible, donne la fusion au
Métail avant qu'il rougisse.

L'Argent-vif volatil, rend aussi les Métaux
faciles à fondre.

L'Argent-vif fixe, ne donne la fusion au
Métail, qu'après avoir rougi.

Le Soufre fixe, retarde & empêche la fusion dans les Métaux.

Les Métaux qui ont le plus d'Argent-vif,
étant les plus parfaits, les Métaux imparfaits qui ont le plus d'Argent-vif,
doivent s'approcher le plus de la perfection.

Et par conséquent plus les Métaux auront
de Soufre plus il seront impurs & imparfaits.

SECONDE PARTIE
DU SECOND LIVRE.

*Des Médecines en général, & de la néces-
sité d'une Médecine Universelle, qui donne la perfection à tous les Métaux imparfaits, & d'où elle se peut mieux prendre, & plus prochainement.*

TROISIEME ET DERNIERE PARTIE DU SECOND LIVRE.

Des Epreuves de la perfection.

Le Soleil est celui des Métaux, que le